AUGUSTE COMTE

LA MÉTHODE POSITIVE

EN SEIZE LEÇONS

CONDENSÉE

PAR

J.-Émile RIGOLAGE

(Jules Rig)

INGÉNIEUR DES ARTS ET MANUFACTURES
AGRÉGÉ DE L'UNIVERSITÉ

PARIS
VIGOT FRÈRES, ÉDITEURS
23, RUE DE L'ÉCOLE-DE-MÉDECINE

1917

LA MÉTHODE POSITIVE

EN SEIZE LEÇONS

AUGUSTE COMTE

LA MÉTHODE POSITIVE

EN SEIZE LEÇONS

CONDENSÉE

PAR

J.-Émile RIGOLAGE

(Jules Rig)

INGÉNIEUR DES ARTS ET MANUFACTURES
AGRÉGÉ DE L'UNIVERSITÉ

PARIS
VIGOT FRÈRES, ÉDITEURS
23, RUE DE L'ÉCOLE-DE-MÉDECINE

1917

Si l'on a justement déploré, dans l'ordre matériel, le sort de l'ouvrier, occupé pendant toute sa vie, à la fabrication des manches de couteaux ou des têtes d'épingles, la philosophie ne doit pas faire moins regretter, dans l'ordre intellectuel, l'emploi exclusif et continu d'un cerveau humain à la résolution de quelques équations ou au classement de quelques insectes.

A. Comte, page 208.

PRÉFACE

Il était bien simple et bien facile de condenser mon Résumé et de le réduire à la méthode positive. Seulement il fallait y songer, et j'ai mis quarante ans à m'en apercevoir.

« La méthode positive, dit Comte, page 291, est, « comme la méthode théologique ou métaphysique, « l'œuvre continue de l'humanité ; elle n'est due à « aucun inventeur spécial : ses principaux carac- « tères ont été appréciables dès que les recherches « usuelles ont été dirigées vers un but déterminé. « Prenant pour type cette sagesse spontanée, recom- « mandée par des succès journaliers, elle s'est bornée « à la généraliser, en l'étendant aux diverses spécu- « lations abstraites, qu'elle a successivement régé- « nérées, soit quant à la nature des problèmes, soit « quant au mode de solution. »

La doctrine positive, c'est-à-dire l'ensemble des connaissances scientifiques, s'accroît avec le temps, mais la méthode ne change pas, autrement la science ne serait plus la science.

C'est ce que Littré fait remarquer dans sa Revue,

tome XIII, juillet à décembre 1874, page 167, ainsi qu'il suit :

« Le livre de M. Comte, au-lieu de paraître en « 1842, eût-il paru en 1874 avec toutes les décou- « vertes de ces trente années, la philosophie posi- « tive eût été exactement la même pour le principe, « le caractère et la portée. »

Au lieu de paraître en 1842 ou en 1874, le livre eût-il paru cette année, en 1917, le résultat eût été exactement le même.

Pour avoir une connaissance approfondie de la méthode, il faudrait également connaître à fond la doctrine. Ce n'est pas en lisant le gros ouvrage de Comte qu'on peut devenir mathématicien, astronome, physicien, chimiste et biologiste. En réduisant à ses plus simples éléments la doctrine de chaque science, j'ai rendu la connaissance élémentaire de la méthode positive accessible à tous.

Tel est le but que j'ai poursuivi, et que j'espère avoir atteint.

Montreuil (Seine), le 12 mars 1917.

ÉMILE RIGOLAGE.

LA MÉTHODE POSITIVE
EN SEIZE LEÇONS

PREMIÈRE LEÇON

NATURE ET IMPORTANCE DE LA MÉTHODE POSITIVE

En étudiant le développement de l'intelligence depuis son essor le plus simple jusqu'à nos jours, je crois avoir découvert une grande loi, à laquelle ce développement est assujetti. Une telle loi me semble pouvoir être établie, soit sur les preuves fournies par la connaissance de notre organisation, soit sur les vérifications historiques qui résultent de l'examen du passé. Elle consiste en ce que chaque branche de nos connaissances passe successivement par trois états théoriques différents : l'état théologique ou fictif. l'état métaphysique ou abstrait, l'état scientifique ou positif. En d'autres termes, l'esprit humain emploie successivement, dans chacune de ses recherches, trois méthodes de philosopher, différentes et même opposées : d'abord la méthode théologique, ensuite la méthode métaphysique et enfin *la méthode positive.* La première est le point de départ de l'intelligence ; la troisième, son état fixe et définitif ; la seconde est destinée à servir de transition.

Dans l'état théologique, l'esprit de l'homme, dirigeant ses recherches vers la nature intime des êtres, vers les causes premières et les causes finales de tous les effets qui le frappent, en un mot, vers les connaissances absolues, se représente les phénomènes comme produits par l'action d'agents surnaturels, plus ou moins nombreux, dont l'intervention explique toutes les anomalies apparentes de l'univers.

Dans l'état métaphysique, qui n'est qu'une modification du premier, les agents surnaturels sont remplacés par des forces abstraites ou entités, inhérentes aux divers êtres du monde, et conçues comme capables d'engendrer tous les phénomènes observés, dont l'explication consiste alors à assigner pour chacun l'entité correspondante.

Enfin, dans l'état positif, nous reconnaissons l'impossibilité d'obtenir des notions absolues ; nous renonçons à chercher l'origine et la destination de l'univers, et à connaître les causes intimes des phénomènes, pour nous attacher à découvrir leurs lois, c'est-à-dire leurs relations de succession et de similitude, par l'usage combiné du raisonnement et de l'observation. L'explication des faits n'est plus que la liaison établie entre les phénomènes particuliers et quelques faits généraux dont les progrès de la science tendent à diminuer le nombre.

Le système théologique est parvenu à sa plus haute perfection, quand il a substitué l'action providentielle d'un être unique au jeu varié de nombreuses divinités indépendantes.

Le dernier terme du système métaphysique consiste à concevoir, au lieu des différentes entités, une seule entité générale, la *nature*, envisagée comme la source de tous les phénomènes.

La perfection du système positif serait de présenter tous les phénomènes comme des cas particuliers d'un seul fait général, tel que celui de la gravitation.

Ce n'est pas le lieu de démontrer cette loi du développement intellectuel. Il suffit de l'énoncer, pour que la justesse en soit vérifiée par tous ceux qui connaissent l'histoire générale des sciences. En effet, les sciences qui sont parvenues à l'état positif ont été composées, dans le passé, d'abstractions métaphysiques, et primitivement dominées par les conceptions théologiques.

Cette évolution peut d'ailleurs être constatée par le développement de l'intelligence individuelle. Le point de départ est le même dans l'éducation de l'individu que dans celle de l'espèce. Les phases de la première représentent celles de la seconde. Chacun de nous ne se souvient-il pas d'avoir été *théologien* dans son enfance, *métaphysicien* dans sa jeunesse et *physicien* dans sa virilité ?

Je dois mentionner les considérations théoriques qui font sentir la nécessité de cette loi.

La plus importante consiste dans le besoin constant d'une théorie pour lier les faits, combiné avec l'impossibilité dans laquelle se trouve l'intelligence, à son origine, de se former des théories d'après les observations.

On répète, depuis Bacon, qu'il n'y a de connaissances réelles que celles qui reposent sur des faits observés. Cette maxime est incontestable, si on l'applique à l'état viril de notre entendement.

L'esprit humain, dans son état primitif, ne pouvait penser ainsi. D'une part, toute théorie positive doit être fondée sur des observations ; d'autre part, notre esprit, pour se livrer à l'observation, a besoin d'une théorie. Si nous ne rattachons pas les phénomènes à quelques principes, nous ne pourrons combiner nos observations, ni même les retenir.

L'intelligence, à son début, se trouvait enfermée dans un cercle vicieux, d'où elle n'a pu sortir que par le développement des conceptions théologiques.

Cette nécessité devient encore plus sensible si l'on a égard à la convenance de la philosophie théologique avec la nature des premières recherches. L'homme a d'abord envisagé les problèmes solubles comme indignes de lui ; il s'est proposé les plus inaccessibles, tels que la nature des êtres, l'origine et la fin des phénomènes. On en conçoit aisément la raison : c'est l'expérience seule qui a fourni à l'homme la mesure de ses forces; s'il n'avait pas commencé par en avoir une opinion exagérée, il n'aurait pu les développer.

Au point de vue pratique, ces recherches primitives offrent l'attrait d'un empire illimité à exercer sur le monde extérieur, envisagé comme destiné à l'usage de l'homme. Sans ces espérances chimériques, sans ces idées exagérées de son importance dans l'univers, on ne pourrait pas concevoir que l'esprit humain se fût déterminé primitivement à d'aussi pénibles travaux.

Notre raison est assez mûre pour que nous entreprenions de laborieuses recherches scientifiques, sans avoir en vue aucun but étranger, capable d'agir fortement sur notre imagination, comme celui que se proposaient les astrologues ou les alchimistes.

On voit ainsi que l'intelligence humaine a dû employer d'abord, pendant une longue suite de siècles, la philosophie théologique comme méthode et comme doctrine.

Contraint à ne marcher que par degrés insensibles, l'entendement humain ne pouvait passer brusquement à la philosophie positive. Il s'est servi de conceptions intermédiaires, d'un caractère bâtard, propres à opérer la transition. Telle est l'utilité des conceptions métaphysiques. En substituant, dans l'étude des phénomènes, à l'action surnaturelle directrice, une entité correspondante et inséparable, l'homme s'est habitué à ne considérer que les faits eux-mêmes. Les notions de ces agents métaphysiques ont été peu à peu subtilisées au point de n'être plus que les noms abstraits des phénomènes.

Il me sera maintenant aisé de déterminer la nature de la philosophie positive.

Cette philosophie regarde tous les phénomènes comme assujettis à des *lois* invariables. Elle considère comme vaine la recherche des *causes*, soit premières, soit finales. Dans les explications positives, on n'indique pas les *causes* génératrices des phénomènes ; on analyse les circonstances de leur production, et on les rattache les uns aux autres par des relations de succession ou de similitude.

Les phénomènes généraux de l'univers sont *expliqués* par la loi de la gravitation, parce que cette théorie montre l'immense variété des faits astronomiques comme étant un même fait, envisagé à divers points de vue. Ce fait général est représenté comme une simple extension d'un phénomène connu, la pesanteur des corps à la surface de la terre.

Toutes les fois qu'on a voulu déterminer ce que sont, en elles-mêmes, cette attraction et cette pesanteur, les plus grands esprits n'ont pu que définir ces deux principes l'un par l'autre, en disant, pour l'attraction, qu'elle est une pesanteur universelle, et ensuite, pour la pesanteur, qu'elle consiste dans l'attraction terrestre. De telles explications sont tout ce que nous pouvons obtenir. Elles montrent comme identiques deux ordres de phénomènes qui ont été si longtemps regardés comme n'ayant aucun rapport entre eux. Aucun esprit juste ne cherche à aller plus loin.

Je dois examiner à quelle époque de sa formation la philosophie positive est aujourd'hui parvenue, et ce qui reste à faire pour achever de la constituer.

Il faut d'abord remarquer que les différentes branches de nos connaissances n'ont pas dû parcourir d'une vitesse égale les trois phases de leur développement. Il existe, à cet égard, un ordre nécessaire qui sera étudié dans la prochaine leçon. Cet ordre est conforme à la nature des phénomènes ; il est déterminé par leur degré de généralité, de simplicité et d'indépendance.

Les théories positives ont rallié d'abord les phénomènes astronomiques, ensuite les phénomènes de la physique terrestre, ceux de la chimie, et enfin les phénomènes biologiques.

L'origine de cette évolution est inconnue ; elle s'est accomplie, d'abord depuis les travaux d'Aristote et de l'école d'Alexandrie, et ensuite depuis l'introduction, en Europe, des sciences naturelles par les Arabes. Enfin, il y a deux siècles, la philosophie positive a commencé son opposition contre l'esprit théologique et métaphysique par l'action combinée des préceptes de Bacon, des conceptions de Descartes et des découvertes de Galilée.

La philosophie positive embrasse-t-elle aujourd'hui tous les ordres de phénomènes ? Il est évident que cela n'est pas. Il reste à exécuter une grande opération scientifique, pour lui donner le caractère d'universalité indispensable.

Les phénomènes sociaux ne sont pas encore entrés dans son domaine. Les méthodes théologiques et métaphysiques y sont presque exclusivement usitées.

Telle est la seule lacune qu'il s'agit de combler. C'est le but spécial de ce cours.

Mes conceptions sur les phénomènes sociaux n'ont pas pour objet de donner à la sociologie la même perfection qu'aux sciences antérieures. Elles sont destinées à imprimer à cette dernière classe de connaissances le caractère positif de toutes les autres. Étant devenue homogène, la philosophie sera constituée à l'état positif. Il lui restera à se développer indéfiniment, et à se substituer aux deux autres philosophies, qui n'auront plus, pour nos successeurs, qu'une existence historique.

Le but spécial de ce cours étant ainsi exposé, il est aisé d'en comprendre le but général, qui en fait un cours de philosophie positive, et non pas seulement un cours de sociologie.

La fondation de la sociologie complétant le système des sciences, il devient possible, et même nécessaire, de résumer les connaissances acquises pour les coordonner en les présentant comme autant de branches d'un tronc unique, au lieu de continuer à les concevoir d'une manière isolée.

Il n'est pas question d'une suite de cours spéciaux sur chacune des branches de la philosophie. Au contraire, ce cours exige, pour être entendu, une série préalable d'études sur les diverses sciences qui y sont envisagées. En un mot, c'est un *Cours de philosophie positive*, et non de sciences positives.

Afin de résumer les idées relatives au double but de ce cours, je dois faire observer que ces deux objets, l'un spécial, l'autre général, sont inséparables. Il serait impossible de concevoir un cours de philosophie positive sans la fondation de la sociologie, puisque, par cela seul, les conceptions n'auraient pas le caractère de généralité qui doit en être le principal attribut. D'autre part, comment procéder avec sûreté à l'étude positive des phénomènes sociaux, si l'esprit n'est pas d'abord familiarisé avec la méthode positive, et muni de la connaissance des sciences antérieures, qui toutes influent, d'une manière plus ou moins directe, sur les faits sociaux ?

Pour prévenir les fausses interprétations, je dois ajouter quelques considérations au sujet de cette universalité de connaissances spéciales, que des juges irréfléchis pourraient regarder comme la tendance de ce cours.

Dans l'état primitif des connaissances, il n'existe aucune division régulière entre les travaux intellectuels.

Toutes les sciences sont cultivées par les mêmes esprits. A mesure que les divers ordres de conceptions se développent, chaque branche du système scientifique se sépare insensiblement du tronc, lorsqu'elle a pris assez d'accroissement pour comporter une culture isolée. C'est à cette répartition des recherches entre différents ordres de savants que nous devons le développement, si remarquable aujourd'hui, de chaque classe distincte des connaissances humaines. En un mot, la division du travail intellectuel est un des attributs de la philosophie positive.

Tout en reconnaissant les prodigieux résultats de cette division, on est frappé des inconvénients qu'elle engendre. Il est possible d'éviter les défauts de la spécialité exagérée, sans nuire à l'influence vivifiante de la séparation des recherches. Hâtons-nous de remédier au mal, avant qu'il soit devenu plus grave. C'est le côté faible par lequel les partisans de la philosophie théologique et de la philosophie métaphysique peuvent encore attaquer la philosophie positive.

Le moyen d'arrêter l'influence délétère dont l'avenir intellectuel semble menacé ne peut être de revenir à l'antique confusion des travaux, qui ferait rétrograder l'esprit humain. Il consiste à perfectionner la division du travail en faisant, de l'étude des généralités scientifiques, une grande spécialité de plus. Il faut qu'une classe nouvelle de savants, préparée par une éducation convenable, sans se livrer à la culture spéciale d'aucune science, s'occupe à déterminer l'esprit de chacune d'elles, à découvrir leurs relations et leur enchaînement, à résumer, s'il est possible, tous leurs principes en un moins grand nombre. Il faut que, en même temps, avant de se livrer à leurs spécialités respectives, les autres savants soient rendus aptes, par une éducation portant sur l'ensemble des connaissances positives, à profiter des lumières répandues par ces savants voués à l'étude des généralités.

Ces deux conditions une fois remplies, la division du travail dans les sciences sera portée sans danger aussi loin que le développement des divers ordres de connaissances l'exigera. Une classe distincte, contrôlée par toutes les autres, ayant pour fonction de relier chaque nouvelle découverte au sytème général, on n'aura plus à craindre qu'une trop grande attention, donnée aux détails, n'empêche d'apercevoir l'ensemble. En un mot, l'organisation moderne du monde savant sera dès lors fondée, et n'aura qu'à se développer en conservant toujours le même caractère.

Former ainsi de l'étude des généralités scientifiques une section distincte du grand travail intellectuel, c'est étendre l'application du principe de division qui a séparé les spécialités. Tant que les différentes sciences positives ont été peu développées, leurs relations n'ont pu avoir assez d'importance pour donner lieu à une classe particulière de travaux. Aujourd'hui chacune des sciences a pris assez d'extension pour que ce nouvel ordre d'études soit indispensable, afin de prévenir la dispersion des conceptions humaines.

Tel est le but de la philosophie positive dans le système général des sciences.

Je crois devoir signaler les avantages de ce travail relativement au progrès intellectuel. Je me bornerai à indiquer les quatre propriétés suivantes :

Premièrement, l'étude de la philosophie positive fournit le seul moyen rationnel de mettre en évidence les lois logiques de l'intelligence.

Pour expliquer ma pensée, je dois rappeler une conception exposée par Blainville dans l'introduction de ses principes généraux d'*anatomie comparée*. Elle consiste en ce que tout être actif peut être étudié au point de vue statique et au point de vue dynamique, c'est-à-dire comme apte à agir et comme agissant. Appliquons cette maxime à l'étude des fonctions intellectuelles.

Au point de vue statique, une telle étude consiste dans la détermination de leurs conditions organiques. Elle forme ainsi une partie de l'anatomie et de la physiologie.

Au point de vue dynamique, tout se réduit à étudier la marche de l'esprit humain en exercice, par l'examen des procédés qu'il emploie pour obtenir ses diverses connaissances. En un mot, en regardant toutes les théories scientifiques comme autant de faits logiques, c'est uniquement par l'observation approfondie de ces faits qu'on peut s'élever à la connaissance des lois logiques.

Telles sont les deux voies, complémentaires l'une de l'autre, par lesquelles on peut arriver à quelques notions sur les phénomènes intellectuels.

Lorsqu'il s'agit, non seulement de savoir ce qu'est *la méthode positive*, mais encore de la connaître assez pour en faire usage, il faut étudier les grandes applications que l'esprit humain en a faites. C'est par l'examen des sciences qu'il est possible d'y parvenir. L'étude de la méthode n'est pas susceptible d'être séparée de celle des recherches dans lesquelles elle est employée.

J'ignore si, plus tard, il sera possible de faire *à priori* un cours de méthode indépendant de l'étude philosophique des sciences. Je suis convaincu que c'est impossible aujourd'hui, parce qu'on ne peut encore séparer de leurs applications la connaissance des grands procédés logiques. Si l'on y arrive dans la suite, c'est par l'étude des applications des procédés scientifiques qu'on se formera un bon système d'habitudes intellectuelles.

Par une seconde conséquence, la philosophie positive

présidera à la refonte de notre système d'éducation.

Les bons esprits sont unanimes à reconnaître la nécessité de remplacer notre éducation théologique, métaphysique et littéraire par une éducation positive, conforme à l'esprit de notre époque, et adaptée aux besoins de la civilisation moderne. Malgré les utiles entreprises qu'on a déjà faites, on ne peut obtenir la régénération de l'éducation générale ; car l'isolement de l'étude des sciences influe sur la manière de les exposer dans l'enseignement. Pour en étudier aujourd'hui les principales branches, il faut le faire dans le même détail que si l'on voulait devenir astronome ou chimiste ; ce qui est presque impossible. Une telle manière de procéder serait chimérique par rapport à l'éducation générale, qui exige un ensemble de conceptions positives sur toutes les grandes classes de phénomènes. C'est un tel ensemble qui doit devenir, sur une échelle plus ou moins étendue, même dans les masses populaires, la base de toutes les combinaisons humaines, et constituer l'esprit général de nos descendants.

Il est nécessaire que les différentes sciences soient présentées comme les diverses branches d'un tronc unique, et réduites à leur méthode et à leurs résultats. C'est ainsi que l'enseignement des sciences peut devenir la base d'une nouvelle éducation générale, à laquelle s'ajouteront ensuite les études spéciales.

Si l'étude des généralités scientifiques est destinée à réorganiser l'éducation, elle doit aussi contribuer aux progrès des différentes sciences. C'est ce qui constitue la troisième propriété de la philosophie positive. Les divisions entre les sciences, sans être arbitraires comme quelques-uns le croient, sont artificielles. En réalité, le sujet de nos recherches est un. Nous le partageons pour séparer les difficultés, et les mieux résoudre. Il en résulte que, plus d'une fois, contrairement à nos répartitions classiques, des questions importantes exigeraient la combinaison de plusieurs points de vue spéciaux, qui ne peut guère avoir lieu dans la constitution actuelle du monde savant.

J'en pourrais citer comme exemple, dans le passé, la conception de Descartes relative à la géométrie analytique. Cette découverte, qui a changé la face de la science mathématique, est le résultat d'un rapprochement établi entre deux sciences, conçues jusqu'alors d'une manière isolée.

Enfin, une quatrième et dernière propriété de la philosophie positive, c'est qu'elle peut être considérée comme la base de la réorganisation sociale. Quelques réflexions suffiront pour justifier ce qu'une telle qualification paraît d'abord présenter de trop ambitieux.

La crise politique et morale des sociétés tient à l'anarchie intellectuelle. Le mal le plus grave consiste dans une profonde divergence relativement aux maximes dont la fixité est la première condition de l'ordre social. Tant que les intelligences individuelles n'auront pas adhéré à un certain nombre d'idées générales, capables de former une doctrine sociale commune, l'état des nations restera révolutionnaire, et ne comportera que des institutions provisoires. Dès que les esprits pourront être réunis dans une même communion de principes, les institutions convenables en découleront sans aucune secousse grave. C'est là que doit se porter l'attention de tous ceux qui sentent l'importance d'un état de choses normal.

Il est aisé de caractériser l'état des sociétés, et d'en déduire le moyen de le changer. Le désordre actuel des intelligences tient à l'emploi simultané des trois philosophies incompatibles, la philosophie théologique, la philosophie métaphysique et la philosophie positive. Si l'une de ces trois philosophies obtenait une prépondérance complète, il y aurait un ordre social déterminé.

C'est la coexistence de ces trois philosophies qui empêche de s'entendre sur aucun point essentiel. Il s'agit de savoir laquelle doit prévaloir. Il est évident que la philosophie positive est appelée à dominer. Depuis une longue suite de siècles, elle a constamment progressé, tandis que ses antagonistes ont décliné.

La philosophie théologique et la philosophie métaphysique se disputent la tâche de réorganiser la société. La philosophie positive n'est intervenue jusqu'ici dans le débat que pour les critiquer toutes deux. Mettons-la en état de prendre un rôle actif. Complétons la vaste opération intellectuelle commencée par Bacon, Descartes et Galilée, et la crise révolutionnaire sera terminée.

Tels sont les quatre points de vue auxquels j'ai cru devoir envisager l'influence de cette philosophie, pour compléter la définition que j'ai essayé d'en donner.

Avant de terminer, je désire faire une dernière réflexion, pour éviter toute opinion erronée sur la nature de ce cours.

En assignant pour but à cette philosophie de résumer, en un corps de doctrine homogène, l'ensemble des connaissances acquises sur les différents ordres de phénomènes, il était loin de ma pensée de les considérer comme résultant d'un même principe.

Je regarde comme chimériques les entreprises d'explication universelle de tous les phénomènes par une loi unique, même quand elles sont tentées par les intelligences les plus compétentes. Je crois l'esprit humain trop faible et l'univers trop compliqué pour qu'une telle perfection scientifique soit jamais à notre portée. Si l'on pouvait espérer y parvenir, ce ne pourrait être, suivant moi, qu'en rattachant tous les phénomènes à la loi de la gravitation, qui est la plus générale que nous connaissions.

Je n'ai pas besoin de plus grands détails pour achever de convaincre le lecteur que le but de ce cours n'est pas de présenter tous les phénomènes comme etant identiques, sauf la variété des circonstances. La philosophie positive serait sans doute plus parfaite, s'il pouvait en être ainsi. Cette condition n'est pas nécessaire à sa formation, ni à la réalisation de ses conséquences. Il n'y a d'unité indispensable que celle de la méthode. Il n'est pas nécessaire que la doctrine soit une, il suffit qu'elle soit homogène. C'est au double point de vue de l'unité de la méthode et de l'homogénéité des doctrines que je considérerai, dans ce cours, les différentes classes de théories positives.

DEUXIÈME LEÇON

HIÉRARCHIE DES SCIENCES POSITIVES

La théorie des classifications, établie par les travaux des botanistes et des zoologistes, offre un guide certain : c'est le principe de l'art de classer. Ce principe consiste en ce que la classification doit ressortir de l'étude des objets à classer, et être déterminée par l'enchaînement que les objets présentent, de telle sorte que cette classification soit elle-même l'expression du fait le plus général.

En appliquant cette règle au cas actuel, c'est d'après la dépendance mutuelle qui existe entre les sciences positives que nous devons procéder à leur classification. Cette dépendance, pour être réelle, doit résulter de celle des phénomènes correspondants.

Avant d'exécuter cette opération, il est nécessaire de circonscrire avec précision le sujet de la classification proposée.

Tous les travaux humains sont des travaux de spéculation ou d'action. La division la plus générale consiste à les distinguer en théoriques et en pratiques. C'est seulement des connaissances théoriques qu'il peut être question dans ce cours. Il ne s'agit pas d'observer le système entier des notions humaines, mais uniquement celui des conceptions relatives aux divers ordres de phénomènes qui fournissent une base solide à toutes les combinaisons, et qui ne sont fondées sur aucun autre système intellectuel. Dans un tel travail, c'est la spéculation qu'il faut considérer, et non l'application.

Quand on envisage l'ensemble des travaux humains, on doit concevoir l'étude de la nature comme étant destinée à fournir la base de l'action de l'homme. En résumé, *science d'où prévoyance ; prévoyance, d'où action* : telle est la formule qui exprime la relation de la *science* et de l'*art*.

Malgré l'importance de cette relation, ce serait se former des sciences une idée imparfaite que de les concevoir seulement comme les bases des arts. Quelques services qu'elles aient rendus à l'*industrie*, les sciences ont surtout pour but de satisfaire au besoin qu'éprouve notre intelligence de connaître les lois des phénomènes. Pour sentir combien ce besoin est profond et impérieux, il suffit de penser aux effets physiologiques de l'*étonnement*. La sensation la plus terrible que nous puissions éprouver est celle qui se produit quand un phénomène nous semble ne pas s'accomplir conformément aux lois naturelles qui nous sont familières.

Si l'intelligence s'occupait seulement de recherches d'une utilité pratique, immédiate, elle se trouverait, comme l'a remarqué Condorcet, arrêtée dans ses progrès, même à l'égard des applications auxquelles on aurait sacrifié les travaux spéculatifs. Les applications les plus importantes dérivent de théories formées dans une simple intention scientifique, cultivées pendant plusieurs siècles sans avoir produit aucun résultat pratique. C'est ainsi que Condorcet a pu dire avec raison : « Le matelot, qu'une exacte observation de la longitude préserve du naufrage, doit la vie à une théorie conçue, deux mille ans auparavant, par des hommes de génie qui avaient en vue de simples spéculations géométriques ».

L'esprit humain doit procéder aux recherches théoriques, en faisant abstraction de toute considération pratique. Nos moyens de découvrir la vérité sont tellement faibles que, si nous ne les concentrions pas exclusivement vers ce but, il nous serait presque toujours impossible d'y parvenir.

L'ensemble de nos connaissances sur la nature et les procédés que nous en déduisons pour la modifier à notre avantage forment deux champs distincts, qu'il faut concevoir et cultiver séparément. Le champ théorique me paraît devoir constituer exclusivement le sujet d'un cours de philosophie positive. Il serait possible d'imaginer un cours plus étendu, portant à la fois sur la théorie et sur la pratique. Cette entreprise me semble exiger préalablement un travail qui n'a pas encore été fait, celui de former, d'après les théories scientifiques, les conceptions destinées à servir de base aux procédés de la pratique.

Les sciences ne s'appliquent pas immédiatement aux arts, du moins dans les cas les plus parfaits. Il existe, entre ces deux ordres d'idées, un ordre moyen qui, encore mal déterminé dans son caractère philosophique, devient déjà plus sensible quand on considère la classe sociale qui s'en occupe. Entre les savants et les directeurs de travaux, il commence à se former une classe intermédiaire, celle des *ingénieurs*, qui ont pour mission d'organiser les relations de la théorie et de la pratique. Sans se proposer le progrès de la science, ils cherchent à en déduire les applications industrielles. Un travail qui embrasserait les théories des arts serait prématuré ; ces doctrines intermédiaires entre la théorie et la pratique ne sont pas encore formées ; il n'en existe que quelques éléments, relatifs aux sciences et aux arts les plus avancés. La géométrie descriptive de Monge est une théorie des arts de construction.

On concevra mieux la difficulté de construire ces doctrines intermédiaires, si l'on remarque que chaque art dépend, non seulement d'une science correspondante, mais encore de plusieurs autres. La théorie de l'agriculture exige une combinaison de la biologie, de la chimie et de la physique, ainsi que de l'astronomie et des mathématiques. Il en est de même des beaux-arts.

Ces théories n'ont pu être formées, parce qu'elles exigent le développement préalable de toutes les sciences principales. En résumé, nous devons considérer, dans ce cours, les théories scientifiques, sans leurs applications.

Avant de procéder à la classification des sciences, il me reste à exposer une distinction qui achèvera de circonscrire le sujet de cette étude.

Il faut distinguer deux genres de sciences : les unes, abstraites et générales, ont pour objet la découverte des lois qui régissent les diverses classes de phénomènes ; les autres, concrètes, particulières et descriptives, qu'on désigne quelquefois sous le nom de sciences naturelles, appliquent ces lois à l'histoire des différents êtres existants. C'est sur les premières seules que porteront nos études.

On peut apercevoir nettement cette différence en comparant, d'une part, la biologie générale et, d'autre part, la zoologie et la botanique.

L'étude des lois de la vie et la détermination du mode d'existence de chaque corps vivant constituent deux ordres de travaux d'un caractère distinct. Cette seconde étude est fondée sur la première.

Il en est de même de la chimie par rapport à la minéralogie. La première est la base de la seconde. Dans la chimie, on examine toutes les combinaisons possibles des molécules. Dans la minéralogie, on considère seulement celles de ces combinaisons qui sont réalisées dans la constitution du globe terrestre. La plupart des faits envisagés dans la première n'ont qu'une existence artificielle. Tel corps, comme le chlore ou le potassium, peut avoir une extrême importance en chimie, par l'étendue et l'énergie de ses affinités, tandis qu'il n'en a presque aucune en minéralogie. Réciproquement, un composé, tel que le granit ou le quartz, sur lequel porte la majeure partie des considérations minéralogiques, n'offre, en chimie, qu'un intérêt très médiocre.

Ce qui rend encore plus sensible la nécessité de cette distinction, c'est que chaque section de la physique concrète suppose la culture préalable de la section correspondante de la physique abstraite, et la connaissance des lois relatives à tous les ordres de phénomènes. L'étude de la terre exige la connaissance de la physique et de la chimie, ainsi que celle de l'astronomie et de la biologie. Il en est de même de chacune des sciences naturelles. C'est pour ce motif que la *physique concrète* a fait jusqu'à présent si peu de progrès. Elle n'a pu commencer à être étudiée d'une manière rationnelle qu'après la *physique abstraite.*

L'examen de cette condition confirme la raison pour laquelle nous devons nous borner à l'étude des sciences générales. Dans l'état présent de l'esprit humain, il y aurait une sorte de contradiction à vouloir réunir, dans un même cours, les deux ordres de sciences. La philosophie des sciences fondamentales, présentant un système de conceptions positives sur tous les ordres de connaissances, suffit pour constituer cette *philosophie première*, que cherchait Bacon, et qui, destinée à servir de base à toutes les spéculations, doit être réduite à son expression la plus simple.

Nous voyons ainsi : 1° que, l'ensemble de la science se composant de connaissances spéculatives et de connaissances d'application, c'est seulement des premières que nous devons nous occuper ; 2° que les connaissances théoriques se divisant en sciences générales et en sciences particulières, nous ne devons considérer que le premier ordre.

Notre sujet étant circonscrit, il est facile de procéder à la classification des sciences, qui constitue l'objet de cette leçon.

Il faut commencer par reconnaître qu'une telle classification, quelque naturelle qu'elle puisse être, renferme toujours quelque chose, sinon d'arbitraire, du moins d'artificiel.

En effet, le but principal, qu'on doit avoir en vue dans tout travail encyclopédique, c'est de disposer les sciences dans l'ordre de leur enchaînement naturel en suivant leur dépendance mutuelle, de telle sorte qu'on puisse les exposer successivement sans jamais être entraîné dans le moindre cercle vicieux. Or il est impossible d'accomplir cette condition d'une manière rigoureuse. Qu'il me soit permis de développer cette réflexion.

Toute science peut être exposée suivant la marche *historique* et suivant la marche *dogmatique.*

Par le premier procédé, on expose les connaissances dans l'ordre selon lequel l'esprit humain les a obtenues, et en suivant les mêmes voies.

Par le second, on présente le système des idées tel qu'il pourrait être conçu aujourd'hui par un seul esprit convenablement initié, s'occupant à refaire la science dans son ensemble.

Le premier mode est celui par lequel commence l'étude de chaque science naissante. Toute la didactique se réduit à étudier, dans l'ordre chronologique, les ouvrages originaux qui ont contribué aux progrès de cette étude.

Le mode dogmatique suppose que tous les travaux particuliers ont été refondus en un système général. A mesure que la science fait des progrès, l'ordre *historique* devient de plus en plus impraticable, et l'ordre *dogmatique* de plus en plus possible.

L'éducation d'un géomètre de l'antiquité se réduisait à l'étude des écrits d'Archimède et d'Apollonius. Un géomètre moderne a terminé son éducation sans avoir lu un seul ouvrage original, sauf en ce qui concerne les découvertes les plus récentes, qu'on ne peut connaître autrement.

Il y a une tendance à substituer l'ordre dogmatique à l'ordre historique.

Le problème de l'éducation intellectuelle consiste à faire parvenir, en peu d'années, un seul entendement, souvent médiocre, au point du développement atteint, dans une longue suite de siècles, par un grand nombre de génies supérieurs, ayant appliqué, pendant leur vie entière, toutes leurs forces à l'étude d'un même sujet.

L'ordre dogmatique ne peut pas être suivi d'une manière rigoureuse ; il n'est pas applicable, à chaque époque de la science, aux parties récemment formées, dont l'étude ne comporte qu'un ordre historique.

La seule imperfection qu'on puisse reprocher au mode dogmatique, c'est de laisser ignorer la manière dont se sont formées les diverses connaissances. Cette considération aurait beaucoup de poids, si elle était un motif en faveur de l'ordre historique ; mais il n'y a qu'une relation apparente entre l'étude d'une science suivant le mode *historique*, et la connaissance de l'histoire de cette science.

On ne connaît pas complètement une science lorsqu'on n'en connaît pas l'histoire. Cette étude doit être conçue comme séparée de l'étude dogmatique de la science, sans laquelle cette histoire ne serait pas intelligible. Nous considérerons l'histoire des sciences, lorsque nous étudierons les phénomènes sociaux.

La discussion précédente précise l'esprit de ce cours. Il en résulte la détermination exacte des conditions qu'on doit s'imposer dans la construction d'une échelle encyclopédique des sciences.

Cette classification ne saurait être tout à fait conforme à l'enchaînement historique. On ne peut éviter de présenter comme antérieure telle science qui emprunte des notions à une autre science, classée dans un rang postérieur.

L'astronomie doit être placée avant la physique, et néanmoins plusieurs branches de celle-ci, surtout l'optique, sont indispensables à l'exposition complète de la première.

De tels défauts secondaires, qui sont inévitables, ne sauraient prévaloir contre une classification remplissant les conditions principales. Ils tiennent à ce qu'il y a d'artificiel dans notre division du travail intellectuel.

Je dois indiquer, comme une propriété de mon échelle encyclopédique, sa conformité générale avec l'ensemble de l'histoire scientifique. Malgré le développement simultané des diverses sciences, celles qui sont classées comme antérieures sont plus anciennes et plus avancées que celles qui sont présentées comme postérieures. C'est ce qui doit avoir lieu, si nous prenons pour principe de classification l'enchaînement logique des sciences, le point de départ de l'espèce ayant dû être le même que celui de l'individu.

Abordons maintenant, d'une manière directe, cette grande question en nous rappelant que, pour obtenir une classification naturelle et positive des sciences, nous en devons chercher le principe dans la comparaison des divers ordres de phénomènes dont elles ont pour objet de découvrir les lois. Nous nous proposons de déterminer la dépendance des sciences. Cette dépendance ne peut résulter que de celle des phénomènes correspondants.

En considérant tous les phénomènes observables, il est possible de les classer en un petit nombre de catégories naturelles, disposées de telle sorte que l'étude de chaque catégorie soit fondée sur la connaissance des lois de la catégorie précédente, et devienne le fondement de l'étude de la suivante. Cet ordre est déterminé par le degré de simplicité, ou, ce qui revient au même, par le degré de généralité des phénomènes, d'où résulte leur dépendance successive.

Les phénomènes les plus simples sont nécessairement les plus généraux ; ce qui s'observe dans le plus grand nombre de cas est, par cela même, dégagé le plus possible des circonstances propres à chaque cas séparé. Il faut donc commencer par l'étude des phénomènes les plus généraux ou les plus simples, et considérer successivement les phénomènes plus particuliers ou plus compliqués. Cet ordre de généralité ou de simplicité, déterminant l'enchaînement des sciences par la dépendance de leurs phénomènes, fixe ainsi leur degré de facilité.

Les phénomènes les plus généraux, se trouvant les plus étrangers à l'homme, doivent être étudiés dans une disposition d'esprit plus calme. C'est un nouveau motif pour que les sciences correspondantes se développent plus rapidement.

Après avoir indiqué la règle de la classification des sciences, je puis passer à la construction de l'échelle encyclopédique qui détermine le plan de ce cours.

Un premier examen de l'ensemble des phénomènes nous porte à les diviser en deux classes, la première comprenant tous les phénomènes des corps bruts ; la seconde, tous ceux des corps organisés.

Ces derniers sont plus compliqués et plus particuliers

que les autres ; ils dépendent des précédents, qui n'en dépendent nullement. Les corps vivants présentent tous les phénomènes, soit mécaniques, soit chimiques, qui se manifestent dans les corps bruts. On y observe, en outre, les phénomènes vitaux, qui tiennent à l'*organisation*. Il ne s'agit pas de savoir si les deux classes de corps sont, ou ne sont pas, de la même *nature*. La philosophie positive fait profession d'ignorer la *nature* intime d'un corps quelconque.

Ce n'est pas ici le lieu de développer une comparaison entre les corps bruts et les corps vivants. Il suffit d'avoir reconnu, en principe, la nécessité de ne procéder à l'étude de la *physique organique* qu'après avoir établi les lois de la *physique inorganique*.

Passons à la détermination des subdivisions de ces deux parties de la philosophie.

La *physique inorganique* doit être partagée en deux sections, suivant qu'elle considère les phénomènes généraux de l'univers, ou ceux que présentent les corps terrestres.

Les phénomènes astronomiques étant les plus généraux, c'est par leur étude que doit commencer la philosophie, puisque leurs lois influent sur celles de tous les autres phénomènes, dont elles sont indépendantes.

La physique terrestre, à son tour, se subdivise en deux parties, suivant qu'elle envisage les corps au point de vue mécanique, ou au point de vue chimique. La chimie, pour être conçue d'une manière méthodique, suppose la connaissance de la physique ; car tous les phénomènes chimiques sont plus compliqués que les phénomènes physiques ; ils en dépendent, sans influer sur eux.

Telle est la distribution des principales branches de la science des corps bruts. Une division analogue s'établit dans la science des corps organisés.

Tous les êtres vivants présentent deux ordres de phénomènes : ceux qui sont relatifs à l'individu, et ceux qui concernent l'espèce, surtout quand elle est sociable. Cette distinction a lieu principalement pour l'homme. Le dernier ordre de phénomènes est plus compliqué et plus particulier que le premier ; il en dépend sans influer sur lui. De là nous déduisons les deux sections de la *physique organique*, la biologie et la sociologie.

La philosophie positive est donc partagée en cinq sciences qui sont : l'astronomie, la physique, la chimie, la biologie et la sociologie. Tel est le plan de ce cours.

Pour faire apprécier l'importance de cette hiérarchie, je dois en signaler les propriétés essentielles.

Il faut d'abord remarquer, comme une vérification de son exactitude, que cette classification est conforme à la coordination, en quelque sorte spontanée, implicitement admise par les savants qui se livrent à l'étude des diverses branches de la philosophie.

Un second caractère de notre classification, c'est d'être conforme à l'ordre du développement de la philosophie. C'est ce que vérifie l'histoire des sciences, particulièrement dans les deux derniers siècles.

L'étude de chaque science, exigeant la culture préalable de toutes celles qui la précèdent dans notre hiérarchie, n'a pu faire de progrès réels qu'après le développement des sciences antérieures. C'est dans cet ordre que la progression simultanée a dû se produire.

En troisième lieu, cette classification présente la propriété de marquer la perfection relative des différentes sciences, qui consiste dans le degré de précision des connaissances et dans leur coordination.

Plus les phénomènes sont généraux, simples et abstraits, plus les connaissances qui s'y rapportent peuvent être précises, en même temps que leur coordination peut être plus complète.

Cette observation, si frappante dans l'étude des sciences, a souvent donné lieu à des espérances chimériques ou à d'injustes comparaisons ; elle se trouve expliquée par l'ordre encyclopédique que j'ai établi.

Je ne dois pas passer à une autre considération, sans mettre le lecteur en garde contre une erreur fort grave et encore très commune. Elle consiste à confondre le degré de précision que comportent les différentes sciences avec leur degré de certitude.

La précision et la certitude sont deux qualités différentes. Une proposition absurde peut être très précise, comme si l'on disait que la somme des angles d'un triangle est égale à trois angles droits. Une proposition certaine peut ne comporter qu'une précision médiocre, comme lorsqu'on affirme que tout homme mourra.

Si les différentes sciences présentent nécessairement une précision inégale, il n'en est pas ainsi de leur certitude. Chacune peut offrir des résultats aussi certains que ceux de toute autre, pourvu qu'on en renferme les conclusions dans le degré de précision que comportent les phénomènes correspondants.

Enfin la propriété la plus intéressante de notre formule encyclopédique, c'est de déterminer le plan d'une éducation scientifique.

Avant d'entreprendre l'étude d'une science, il faut s'être préparé par l'examen de celles qui la précèdent dans notre échelle encyclopédique. Ce principe s'applique, non seulement à l'éducation générale, mais encore à l'éducation spéciale des savants.

Ainsi les physiciens qui n'ont pas d'abord étudié l'astronomie, au moins d'une manière générale, les chimistes qui n'ont pas fait des études d'abord astronomiques et ensuite physiques, les biologistes qui sont étrangers à l'astronomie, à la physique et à la chimie, tous ont manqué à l'une des conditions de leur développement intellectuel. Il en est de même des esprits qui veulent se livrer à l'étude des phénomènes sociaux sans avoir d'abord acquis une connaissance générale de l'astronomie, de la physique, de la chimie et de la biologie.

Cette condition est encore plus nécessaire pour l'éducation générale. Je la crois tellement indispensable que je regarde l'enseignement scientifique comme incapable de réaliser la rénovation du système intellectuel, si les diverses branches de la philosophie ne sont pas étudiées dans l'ordre convenable. Dans presque toutes les intelligences, même les plus élevées, les idées restent ordinairement enchaînées suivant l'ordre de leur acquisition première. C'est donc un mal, le plus souvent irrémédiable, de ne pas avoir commencé par le commencement.

Chaque siècle ne compte qu'un bien petit nombre de penseurs capables, à l'époque de leur virilité, comme Bacon, Descartes et Leibniz, de faire table rase pour reconstruire le système de leurs idées.

On peut apprécier l'importance de notre loi encyclopédique, pour servir de base à l'éducation scientifique, en la considérant aussi à l'égard de la méthode, au lieu de l'envisager, comme nous venons de le faire, relativement à la doctrine.

Une exécution convenable de notre plan d'études doit nous procurer une connaissance parfaite de la méthode positive. Cette connaissance ne pourrait pas être obtenue autrement.

En effet, les phénomènes ayant été classés de telle sorte que ceux qui sont homogènes restent dans une même étude, tandis que ceux qui correspondent à des sciences différentes sont hétérogènes, il doit en résulter que la méthode positive sera modifiée uniformément dans l'étendue d'une même science, et qu'elle éprouvera des modifications différentes, et de plus en plus composées, en passant d'une science à une autre. Nous aurons donc la certitude de la considérer dans toutes les variétés dont elle est susceptible.

Cette remarque est très importante : si nous avons vu, dans la première leçon, qu'il est impossible de connaître la méthode quand on veut l'étudier séparément de son emploi, nous devons ajouter qu'on ne peut s'en former une idée exacte qu'en étudiant, dans l'ordre convenable, son application à toutes les classes de phénomènes.

Une seule science ne suffirait pas ; car, bien que la méthode soit identique, chaque science en développe tel ou tel procédé, dont l'influence, trop peu prononcée dans les autres sciences, demeurerait inaperçue. Ainsi, dans certaines branches de la philosophie, c'est l'observation ; dans d'autres, c'est l'expérience. Tel précepte a été fourni par une science, et ensuite transporté dans d'autres : c'est à sa source qu'il faut l'étudier pour le bien connaître.

En se bornant à l'étude d'une science unique, il faudrait choisir la plus parfaite, pour avoir un sentiment plus profond de la méthode. La plus parfaite étant, en même temps, la plus simple, on n'aurait ainsi qu'une connaissance bien incomplète de la méthode, puisqu'on ignorerait les modifications qu'elle doit subir, pour s'adapter à des phénomènes plus compliqués.

Je dois, à l'égard de la méthode, insister sur la nécessité d'étudier les sciences suivant l'ordre encyclopédique. Comment obtenir des résultats en s'occupant, de prime abord, de l'étude des phénomènes les plus compliqués, sans avoir préalablement appris à connaître, par l'examen des phénomènes les plus simples, en quoi consistent une *loi*, une *observation*, une conception positive et même un raisonnement suivi ? Telle est pourtant encore la marche de nos jeunes biologistes. Il en est ainsi de l'étude des phénomènes sociaux. On commence à être convaincu qu'il faut les étudier d'après la méthode positive ; mais ceux qui s'en occupent ne savent pas en quoi consiste cette méthode, faute de l'avoir examinée dans ses applications antérieures.

Cette maxime est demeurée jusqu'à présent stérile pour la rénovation des théories sociales, qui ne sont pas encore sorties de l'état théologique, ni de l'état métaphysique, malgré les efforts des prétendus réformateurs.

Pour compléter l'exposition du plan de ce cours, il me reste à combler une lacune immense que j'ai laissée à dessein dans ma formule encyclopédique, où je n'ai pas marqué le rang de la science mathématique. Le motif de cette omission consiste dans l'importance même de cette science, à laquelle la prochaine leçon sera entièrement consacrée. Je vais indiquer sommairement les résultats de l'examen qui sera entrepris.

Dans l'état actuel du développement de nos connaissances, il convient de regarder la science mathématique, moins comme une partie de la philosophie que comme étant, depuis Descartes et Newton, la base de toute la philosophie.

La science mathématique est surtout importante, parce qu'elle constitue l'instrument le plus puissant que l'esprit humain puisse employer dans la recherche des lois des phénomènes. Elle doit être divisée en deux parties, la mathématique abstraite, ou le *calcul*, et la mathématique concrète, qui se compose de la géométrie et de la mécanique. La partie concrète est fondée sur la partie abstraite, et devient, à son tour, la base de toute la philosophie, quand on considère tous les phénomènes de l'univers comme géométriques ou comme mécaniques.

La partie abstraite est la seule qui soit purement instrumentale. C'est une immense extension de la logique à un certain ordre de déductions. La géométrie et la mécanique doivent être envisagées comme des sciences fondées, ainsi que toutes les autres, sur l'observation. Ces deux sciences seront toujours plus employées comme méthode que comme doctrine.

En plaçant la science mathématique à la tête de la philosophie positive, je restitue à cette série son premier terme. Les phénomènes géométriques et mécaniques sont les plus généraux, les plus simples, les plus abstraits et les plus indépendants de tous les autres, dont ils sont la base.

En résumé, ma formule encyclopédique est ainsi arrêtée : la science mathématique, l'astronomie, la physique, la chimie, la biologie et la sociologie.

TROISIÈME LEÇON

SCIENCE MATHÉMATIQUE ABSTRAITE

Pour se former une juste idée de l'objet de la science mathématique, on peut partir de la définition vague qu'on en donne ordinairement, en disant qu'elle est la *science des grandeurs*, ou la *science qui a pour but la mesure des grandeurs*. L'idée est juste au fond ; mais elle a besoin d'acquérir plus de précision.

La question de *mesurer* une grandeur ne présente à l'esprit d'autre idée que celle de la simple comparaison de cette grandeur avec une grandeur semblable, supposée connue, qu'on prend pour *unité*. Ainsi, quand on se borne à définir les mathématiques comme ayant pour objet la mesure des grandeurs, on en donne une idée fort imparfaite. Cette définition a le défaut de n'être pas suffisamment approfondie et, par là, elle ne fait pas concevoir la nature de la science.

Il faut remarquer que la mesure *directe* d'une grandeur, par la superposition, ou par quelque procédé semblable, est le plus souvent une opération impossible.

On comprendra l'exactitude de cette observation en se bornant au cas le plus facile, celui de la mesure d'une ligne droite par une autre ligne droite. La première et la plus grossière des conditions, celle de pouvoir parcourir la ligne d'un bout à l'autre, pour porter successivement l'unité dans toute son étendue, exclut la majeure partie des distances qui nous intéressent le plus, c'est-à-dire toutes les distances des différents corps célestes entre eux, celle de la terre à quelque autre corps céleste, et ensuite la plupart des distances terrestres, qui sont inaccessibles. Quand cette dernière condition est remplie, il faut encore que la longueur ne soit ni trop grande, ni trop petite, et qu'elle soit convenablement située.

Ce que je viens d'établir, relativement aux lignes, se conçoit, à plus forte raison, des surfaces, des volumes, des vitesses, des temps, des forces et, en général, de toutes les grandeurs susceptibles d'appréciation exacte. Nous devons regarder, comme suffisamment constatée, l'impossibilité de déterminer, en les mesurant directement, la plupart des grandeurs que nous désirons connaître. C'est ce fait général qui nécessite la formation de la science mathématique.

La méthode qu'on emploie consiste à rattacher les grandeurs, qui ne sont pas directement mesurables, à d'autres qui sont susceptibles d'être déterminées directement, et d'après lesquelles on parvient à découvrir les premières au moyen des relations qui existent entre les unes et les autres. Tel est l'objet précis de l'ensemble de la science mathématique.

La définition exacte de cette science consiste à dire qu'on s'y propose de *déterminer les grandeurs les unes par les autres, d'après les relations précises qui existent entre elles.*

La définition à laquelle nous venons d'être conduits s'applique à toute science ; chacune a pour but de déterminer des phénomènes les uns par les autres, d'après les relations qui existent entre eux. Toute *science* consiste dans la coordination des faits. Si les observations étaient isolées, il n'y aurait pas de science.

La *science* dispense de toute observation directe, autant que le comportent les phénomènes, et permet de déduire du plus petit nombre de données le plus grand nombre de résultats.

La science mathématique porte au plus haut degré, sur les sujets de son ressort, le même genre de recherches que poursuit chaque science à des degrés plus ou moins inférieurs.

C'est seulement par l'étude des mathématiques qu'on peut se faire une idée juste de ce qu'est une *science*. Toute éducation scientifique qui ne commence pas par une telle étude pèche par la base.

Nous devons considérer la division fondamentale de la science mathématique.

La solution complète de toute question mathématique se décompose en deux parties. Il faut d'abord parvenir à connaître les relations qui existent entre les quantités que l'on considère. Ce premier ordre de recherches constitue la partie *concrète* de la solution, qui se réduit ensuite à une question de nombres, consistant à déterminer des nombres inconnus, lorsqu'on sait quelle relation précise les lie à des nombres connus. C'est la partie *abstraite* de la solution. La science mathématique se divise donc en deux sciences : la mathématique abstraite et la mathématique concrète.

Les deux parties de chaque question sont distinctes, par l'objet que l'esprit s'y propose et par la nature des recherches dont elles sont composées.

La première doit porter le nom de *concrète* ; car elle dépend du genre des phénomènes considérés. Elle varie lorsqu'on envisage de nouveaux phénomènes. La seconde est indépendante de la nature des objets examinés. Elle porte seulement sur les relations numériques que ces objets présentent, ce qui doit la faire appeler *abstraite*.

La mathématique concrète a un caractère philosophique expérimental, physique, phénoménal ; le caractère de la mathématique abstraite est purement logique. La partie concrète de toute question mathématique est fondée sur la considération du monde extérieur, et, quelle que puisse être la part du raisonnement, ne peut pas se résoudre par une suite de combinaisons intellectuelles. La partie abstraite consiste dans une série de déductions, plus ou moins prolongée.

Pour terminer l'exposé de cette division, il nous reste à circonscrire chacune des deux sections de la science mathématique.

La *mathématique concrète,* ayant pour objet de découvrir les *équations* des phénomènes, semblerait devoir se composer d'autant de sciences distinctes qu'il existe de catégories phénoménales. Il n'y a que deux catégories dont on puisse connaître constamment les équations : ce sont celles des phénomènes géométriques et des phénomènes mécaniques. Ainsi la partie concrète des mathématiques se compose de la géométrie et de la mécanique.

Cela suffit pour lui donner un caractère complet d'universalité logique, quand on considère les phénomènes au point de vue le plus élevé de la philosophie. Si toutes les parties de l'univers étaient conçues comme immobiles, il n'y aurait à observer que des phénomènes géométriques ; tout se réduirait à des relations de forme, de grandeur et de situation. En ayant égard aux mouvements qui s'y exécutent, il y a lieu de considérer des phénomènes mécaniques. La géométrie et la mécanique constituent les deux sciences fondamentales, tous les effets naturels pouvant être conçus comme des résultats des lois de l'étendue ou du mouvement.

La *mathématique abstraite* se compose de ce qu'on appelle le *calcul*, depuis les opérations numériques les plus simples jusqu'aux plus sublimes combinaisons de l'analyse transcendante. Le calcul a pour objet de résoudre toutes les questions de nombres. Son point de départ est la connaissance de relations précises, c'est-à-dire d'*équations* entre les grandeurs considérées.

Si l'on compare le calcul avec la géométrie et la mécanique, on vérifie les caractères de notre méthode encyclopédique. Les idées analytiques sont plus abstraites, plus générales et plus simples que les idées géométriques ou mécaniques. Au point de vue logique, l'analyse est indépendante de la géométrie et de la mécanique ; celles-ci sont, au contraire, fondées sur la première. L'analyse mathématique est la base de nos connaissances positives ; elle constitue la première et la plus parfaite de toutes les sciences.

La perfection de l'analyse ne tient pas, comme l'a cru Condillac, à la nature des signes concis et généraux qu'elle emploie comme instruments de raisonnement. Les grandes conceptions analytiques ont été formées sans le secours des signes algébriques.

La perfection de la science du calcul tient à l'extrême simplicité des idées qu'elle considère, quels que soient les signes employés.

Notre examen resterait incomplet si, après avoir envisagé l'objet et la composition de la science mathématique, nous n'indiquions pas l'étendue de son domaine.

Au point de vue logique, cette science est universelle ; il n'y a pas de question qui ne puisse être conçue comme consistant à déterminer des quantités les unes par les autres d'après certaines relations, et comme réductible, en dernière analyse, à une simple question de nombres.

On objecterait vainement la division des idées, suivant

les deux catégories de Kant, la quantité et la qualité. La conception de Descartes sur la relation du concret à l'abstrait en mathématiques a prouvé que toutes les idées de qualité sont réductibles à des idées de quantité. Cette conception, établie par son auteur pour les phénomènes géométriques, a été étendue par ses successeurs aux phénomènes mécaniques ; elle vient de l'être, de nos jours, aux phénomènes thermologiques.

Toute question est réductible à une pure question de nombres. La difficulté d'effectuer une telle transformation est d'autant plus grande que l'on considère des phénomènes plus compliqués.

En examinant, à ce point de vue, les catégories de phénomènes établies dans la leçon précédente, on trouvera que c'est seulement pour les trois premières, comprenant toute la *physique inorganique*, qu'on peut espérer atteindre ce degré de perfection scientifique.

La première condition pour que des phénomènes comportent des lois mathématiques, c'est que les quantités qu'ils présentent puissent donner lieu à des nombres fixes. La *physique organique* tout entière et les parties les plus compliquées de la physique inorganique sont inaccessibles à l'analyse mathématique, à cause de l'extrême variabilité numérique des phénomènes correspondants. Toute idée de nombres fixes est déplacée dans les phénomènes des corps vivants, quand on veut l'employer autrement que comme un moyen de soulager l'attention.

A plus forte raison en est-il de même pour les phénomènes sociaux, qui offrent une complication supérieure et, par suite, une variabilité plus grande.

On ne doit pas cesser de concevoir, en thèse philosophique, les phénomènes de tout ordre comme étant soumis à des lois mathématiques, que nous sommes seulement condamnés à ignorer, dans la plupart des cas, à cause de la trop grande complication des phénomènes. Il n'y a aucune raison de penser que les phénomènes les plus complexes des corps vivants soient d'une autre nature que les phénomènes les plus simples des corps bruts.

Ce qui engendre la variabilité irrégulière des effets, c'est le grand nombre d'agents déterminant un même phénomène. Il en résulte que, dans les phénomènes très compliqués, il n'y a peut-être pas deux cas rigoureusement semblables. Ces difficultés se présentent même dans les phénomènes les plus complexes des corps bruts, par exemple, dans les phénomènes météorologiques. On ne peut douter que chacun des nombreux agents qui concourent à leur production ne soit soumis séparément à des lois mathématiques. Leur multiplicité rend les effets observés aussi irréguliers que si chaque cause n'était assujettie à aucune condition précise.

Dans les phénomènes les plus spéciaux, les résultats sont tellement variables que nous ne pouvons pas y saisir de valeurs fixes. De plus, quand même nous pourrions connaître la loi mathématique à laquelle est soumis chaque agent pris à part, la combinaison d'un aussi grand nombre de conditions rendrait le problème supérieur à nos faibles moyens. Ce n'est pas ainsi qu'on peut faire une étude féconde de la majeure partie des phénomènes.

Pourquoi l'analyse mathématique a-t-elle pu s'adapter avec tant de succès à l'étude des phénomènes célestes ? Parce qu'ils sont, malgré les apparences vulgaires, beaucoup plus simples que tous les autres.

Je crois qu'en réduisant aux diverses parties de la physique inorganique l'extension future des applications de l'analyse mathématique, j'ai plutôt exagéré que rétréci son domaine. Autant il importait de rendre sensible l'universalité logique de la science mathématique, autant je devais signaler les conditions qui limitent son extension.

Ainsi, tout en s'efforçant d'agrandir le domaine mathématique, on doit reconnaître que les sciences les plus difficiles sont destinées à rester dans cet état préliminaire qui prépare, pour les autres sciences, l'époque où elles deviennent accessibles aux théories mathématiques. Nous devons, pour les phénomènes les plus compliqués, nous contenter d'analyser avec exactitude les circonstances de leur production et de les rattacher les uns aux autres, afin de connaître le genre d'influence qu'exerce chaque agent principal, sans les étudier au point de vue de la quantité.

C'est par la science mathématique que la philosophie positive a commencé à se former ; c'est d'elle que nous vient la *méthode.* Lorsque la même manière de procéder s'est étendue aux autres sciences, on s'est efforcé d'y introduire l'esprit mathématique à un plus haut degré que ne le comportent les phénomènes correspondants.

QUATRIÈME LEÇON

GÉOMÉTRIE

La géométrie doit être considérée comme une science naturelle, plus simple et plus parfaite que toute autre. Cette perfection fait tellement illusion que beaucoup d'esprits la conçoivent comme une science rationnelle, indépendante de l'observation.

Il existe toujours, par rapport à chaque corps à étudier, un certain nombre de phénomènes primitifs qui, n'étant établis par aucun raisonnement, ne peuvent être fondés que sur l'observation, et constituent la base de toutes les déductions.

L'erreur commune à cet égard est un reste d'influence de l'esprit métaphysique qui a si longtemps dominé les études géométriques. Cette fausse manière de voir présente des inconvénients dans les applications en empêchant de concevoir le passage du concret à l'abstrait.

La supériorité scientifique de la géométrie tient à ce que les phénomènes qu'elle considère sont les plus universels et les plus simples.

Tous les corps de la nature peuvent donner lieu à des recherches géométriques et mécaniques. Les phénomènes géométriques subsisteraient, si l'on supposait toutes les parties de l'univers immobiles : la géométrie est plus générale que la mécanique ; ses phénomènes sont plus simples ;

ils sont indépendants des phénomènes mécaniques, tandis que ceux-ci se compliquent toujours des premiers. C'est pourquoi nous avons classé la géométrie comme la première partie de la mathématique concrète. On la définit la science de l'étendue. Il faudrait dire plutôt qu'elle a pour objet la mesure de l'étendue. Pour le faire comprendre, je dois éclaircir deux notions qui ont été obscurcies par des considérations métaphysiques.

La conception positive de l'espace consiste en ce que, au lieu de considérer l'étendue dans les corps eux-mêmes, nous l'envisageons dans un milieu indéfini, que nous regardons comme contenant tous les corps de l'univers. Cette notion nous est suggérée par l'observation, quand nous pensons à l'*empreinte* que laisserait un corps dans un fluide où il aurait été placé.

Au point de vue géométrique, une telle empreinte peut être substituée au corps, sans que les raisonnements en soient altérés. Nous devons nous représenter la nature physique de cet espace indéfini, comme analogue au milieu dans lequel nous vivons. Si ce milieu était liquide, au lieu d'être gazeux, notre espace géométrique serait sans doute conçu comme liquide. Cette image nous permet d'étudier les phénomènes géométriques, abstraction faite de tous les autres.

L'usage d'une semblable hypothèse doit être regardé comme le premier pas qu'on ait fait dans l'étude rationnelle de la géométrie. C'est peut-être la plus ancienne conception philosophique ; elle nous est devenue tellement familière que nous avons peine à en mesurer l'importance et à apprécier les conséquences qui résulteraient de sa suppression.

Si l'étendue était considérée dans les corps eux-mêmes, on ne pourrait prendre pour sujet des recherches que les formes réalisées dans la nature ; en concevant l'étendue dans l'espace, l'esprit humain peut envisager toutes les formes imaginables.

La seconde notion que nous devons considérer est celle des différentes sortes d'étendue, désignées par les mots *volume, surface, ligne* et *point*.

Il suffit, pour se former l'idée d'une *surface*, de concevoir la dimension que l'on veut éliminer comme devenue graduellement de plus en plus petite, les deux autres restant les mêmes, jusqu'à ce qu'elle soit parvenue à un tel degré de ténuité qu'elle ne puisse plus fixer l'attention. L'idée d'une *ligne* est obtenue par une seconde opération analogue, en renouvelant pour la largeur ce qu'on a d'abord fait pour l'épaisseur. Enfin, en répétant encore le même travail, on parvient à l'idée d'un *point*, ou d'une étendue considérée par rapport à son lieu, abstraction faite de toute grandeur, et destinée à préciser les positions. Les surfaces circonscrivent les volumes, les lignes circonscrivent les surfaces, et sont limitées par les points.

Les surfaces et les lignes sont toujours conçues avec trois dimensions. Il serait impossible de se représenter une surface autrement que comme une plaque excessivement mince, et une ligne autrement que comme un fil infiniment délié. Le degré de ténuité, attribué par chaque individu aux dimensions dont il veut faire abstraction, dépend du degré de finesse de ses observations géométriques.

Le mot *mesure* signifie l'évaluation des rapports qu'ont entre elles des grandeurs homogènes quelconques. La comparaison de deux surfaces ou de deux volumes est constamment indirecte ; celle de deux lignes est seule directe.

L'objet de la géométrie est de ramener toutes les comparaisons de surfaces ou de volumes à des comparaisons de lignes.

Il faut encore faire une distinction entre la ligne droite et les lignes courbes. La mesure de la première est seule directe. La géométrie des lignes a pour objet de réduire à des questions de lignes droites toutes les questions relatives à la grandeur des courbes.

Ainsi le but de la géométrie est de réduire les comparaisons de toutes les espèces d'étendue, volumes, surfaces ou lignes, à des comparaisons de lignes droites.

Il y a, en géométrie, une section spéciale relative à la ligne droite, parce qu'il n'est pas toujours possible de porter immédiatement sur elle l'unité linéaire. On doit alors faire dépendre la mesure de la droite proposée d'autres mesures analogues, susceptibles d'être effectuées.

La classification méthodique de la géométrie consiste à considérer d'abord les lignes, en commençant par la ligne droite, pour passer ensuite aux questions des surfaces et traiter enfin celles des volumes. Le principe fondamental de la géométrie rationnelle, c'est de considérer toutes les formes qu'on peut concevoir.

Un simple examen suffit pour faire comprendre que ces formes présentent une variété infinie.

En regardant les lignes courbes comme engendrées par le mouvement d'un point assujetti à une certaine loi, on aura autant de courbes différentes que l'on supposera de lois différentes pour ce mouvement, qui peut s'opérer suivant une infinité de conditions distinctes.

Ainsi, pour me borner aux seules courbes planes, si un point se meut de manière à rester constamment à la même distance d'un point fixe, il engendrera un cercle ; si c'est la somme ou la différence de ses distances à deux points fixes qui demeure constante, la courbe décrite sera une ellipse ou une hyperbole ; si le point s'écarte toujours également d'un point fixe et d'une droite fixe, il décrira une parabole ; s'il tourne sur un cercle en même temps que ce cercle roule sur une ligne droite, on aura une cycloïde ; s'il s'avance le long d'une droite, tandis que cette droite, fixée par une de ses extrémités, tourne d'une manière quelconque, il en résultera des spirales qui, à elles seules, présentent autant de courbes distinctes qu'on peut supposer de relations différentes entre ces deux mouvements de translation et de rotation.

Chacune de ces diverses courbes peut ensuite en fournir de nouvelles par les différentes constructions qui donnent naissance aux développées, aux épicycloïdes, aux caustiques. Enfin il existe une variété encore plus grande parmi les courbes à double courbure.

Les formes des surfaces sont plus diverses encore, si on les regarde comme engendrées par le mouvement des lignes : non seulement on peut varier les différentes lois en nombre infini auxquelles serait assujetti le mouvement de la ligne génératrice, mais encore on peut changer également la nature de cette ligne, ce qui n'a pas d'analogue dans les courbes, les points qui les décrivent ne pouvant avoir aucune figure distincte.

Deux classes de conditions très diverses peuvent faire varier les formes des surfaces, tandis qu'il n'en existe qu'une seule pour les lignes.

Sans citer d'exemples propres à vérifier cette multiplicité doublement infinie des surfaces, il suffit de considérer l'extrême variété du seul groupe des surfaces dites *réglées*, c'est-à-dire engendrées par une ligne droite, qui comprend toute la famille des surfaces cylindriques, celles des surfaces coniques et la classe plus générale des surfaces développables quelconques. Par rapport aux volumes, il n'y a lieu à aucune considération spéciale, puisqu'ils ne se distinguent entre eux que par les surfaces qui les terminent.

Les surfaces fournissent un moyen de concevoir des courbes nouvelles, puisque toute courbe peut être regardée comme produite par l'intersection de deux surfaces. C'est ainsi qu'ont été obtenues les premières lignes inventées par les géomètres, l'ellipse, la parabole et l'hyperbole, comme résultant de l'intersection d'un cône à base circulaire par un plan diversement situé.

La nature fournit la ligne droite et le cercle. On produirait, par l'emploi combiné de ces différents moyens, une suite infinie de formes distinctes, en partant seulement d'un très petit nombre de figures fournies par l'observation.

Ces divers moyens n'ont plus aucune importance depuis l'œuvre de Descartes ; car l'invention des formes se réduit à l'invention des équations : il suffit, pour cela, de changer à volonté les fonctions introduites dans les équations. Ce procédé abstrait est infiniment plus fécond que les ressources géométriques directes, développées par l'imagination la plus puissante. Il montre que les diverses formes de surfaces doivent être plus multipliées que celles des lignes, puisque les lignes sont représentées analytiquement par des équations à deux variables, tandis que les surfaces donnent lieu à des équations à trois variables.

Ce qui précède montre l'extension de chacune des trois sections de la géométrie, relativement aux lignes, aux surfaces et aux volumes, en présence de la variété des corps à mesurer.

La *mesure* de l'étendue est le but de cette science, bien que la majeure partie des recherches qui la constituent paraissent être faites en vue d'un objet différent. Il est nécessaire, pour atteindre ce but, de connaître les diverses propriétés de chaque ligne et de chaque surface : ce qui peut être démontré par les deux considérations suivantes.

Si l'on connaissait seulement les propriétés primitives d'après lesquelles chaque ligne et chaque surface ont été conçues, il ne serait pas possible de parvenir à leur mesure. Archimède n'eût jamais pu découvrir la quadrature de la parabole, s'il n'avait connu de cette courbe d'autre propriété que celle d'être une section conique.

En second lieu, une telle étude est indispensable pour organiser la relation de l'abstrait au concret, en géométrie.

En effet, la géométrie abstraite devant considérer toutes les formes imaginables, il en résulte que les questions relatives aux formes présentées par la nature y sont toujours implicitement comprises. Quand il faut passer à la géométrie concrète, on éprouve une difficulté pour savoir auquel des différents types abstraits on doit rapporter, avec une approximation suffisante, les lignes ou les surfaces réelles. C'est pour établir une telle relation qu'il est nécessaire de connaître le plus grand nombre de propriétés de chaque forme étudiée en géométrie.

Si Képler a reconnu l'ellipse comme étant la courbe que décrivent les planètes autour du soleil, ce n'est pas en considérant l'ellipse comme une section conique, mais en vérifiant la relation qui existe, dans cette figure, entre la longueur des distances focales et leur direction.

Si l'on n'avait jamais connu que la propriété de la sphère d'avoir tous ses points également distants d'un point intérieur, on n'aurait pas pu découvrir que la surface de la terre est sphérique. Il a fallu, pour y arriver, déduire de cette définition quelques propriétés susceptibles d'être vérifiées par des observations effectuées à la surface, comme le rapport constant entre la longueur du chemin parcouru le long d'un méridien en s'avançant vers un pôle et la hauteur angulaire de ce pôle sur l'horizon en chaque point. Il en a été de même pour constater plus tard que la terre n'est pas rigoureusement sphérique.

Sans une connaissance très étendue des diverses propriétés de chaque forme, la relation de l'abstrait au concret, en géométrie, serait purement accidentelle.

Après avoir exposé l'objet de la géométrie, il me reste à considérer, dans son ensemble, la méthode à suivre pour la formation de cette science.

Les questions géométriques peuvent être traitées suivant deux méthodes différentes. Les expressions de géométrie *synthétique* et de géométrie *analytique*, habituellement employées, en donnent une fausse idée. Je préférerais les dénominations de *géométrie des anciens* et de *géométrie des modernes ;* je propose d'employer plutôt les expressions de *géométrie spéciale* et de *géométrie générale.*

Ce n'est pas dans l'emploi du calcul, comme on le pense communément, que consiste la différence de ces deux méthodes ; c'est dans la nature même des questions envisagées. L'ensemble de cette science peut être ordonné par rapport aux corps étudiés, ou par rapport aux phénomènes à considérer. Le premier plan, plus naturel, a été celui des anciens. Le second, plus rationnel, est celui des modernes, depuis Descartes.

La géométrie des anciens était spéciale : on étudiait, une à une, les diverses lignes et les diverses surfaces, et il fallait, quelle que pût être la similitude des questions proposées, reprendre chaque fois l'ensemble de la recherche.

La géométrie des modernes est générale, c'est-à-dire relative à des formes quelconques. La méthode consiste à abstraire, pour la traiter à part d'une manière générale, toute question relative à un même phénomène géométrique dans quelque corps qu'il puisse être considéré. L'application des théories ainsi construites à la détermination spéciale du phénomène dont il s'agit, dans chaque corps particulier, n'est plus qu'un travail subalterne à exécuter suivant des règles invariables, et dont le succès est certain d'avance.

On voit l'immense supériorité de la géométrie moderne : à chaque question résolue, le nombre des problèmes géométriques à résoudre se trouve, une fois pour toutes, diminué d'autant par rapport à tous les corps possibles.

Si l'on étudiait les lignes et les surfaces une à une, l'application aux formes existant dans la nature n'aurait qu'un caractère accidentel, puisque rien n'assurerait que ces formes puissent rentrer dans les types abstraits envisagés.

Il y a quelque chose de fortuit dans l'heureuse relation qui s'est établie entre les spéculations des géomètres grecs sur les sections coniques et la détermination des orbites planétaires.

Dans la géométrie moderne, par cela seul qu'on procède par questions générales relatives à des formes quelconques, on a la certitude que les formes réalisées dans le monde extérieur ne sauront jamais échapper à chaque théorie, si le phénomène géométrique qu'elle envisage vient à s'y présenter.

La géométrie des anciens porte le caractère de l'enfance de la science. La géométrie générale n'était pas possible à l'origine, parce qu'elle est fondée sur l'emploi du calcul : or l'application de l'analyse mathématique ne peut commencer aucune science.

CINQUIÈME LEÇON

MÉCANIQUE

Le caractère de science naturelle, encore plus inhérent à la mécanique qu'à la géométrie, est aujourd'hui déguisé dans beaucoup d'esprits par l'emploi des considérations ontologiques. Il y a, entre le point de vue abstrait et le point de vue concret, une confusion constante, qui empêche de distinguer ce qui est purement physique de ce qui est purement logique, et de séparer les conceptions artificielles, destinées à faciliter l'établissement des lois générales de l'équilibre ou du mouvement, des faits naturels, fournis par l'observation, et constituant la base de la science.

L'extension des théories de la mécanique rationnelle, obtenue depuis un siècle, a fait rétrograder la conception philosophique de cette science, que Newton avait exposée d'une manière plus nette. Ce développement ayant été obtenu par l'usage exclusif de l'analyse, on a cherché à établir *a priori*, par le même moyen, les principes de la science, que Newton avait sagement présentés comme des résultats de l'observation. C'est ainsi que Daniel Bernouilli, d'Alembert et Laplace ont essayé de prouver la règle de la composition des forces. Lagrange seul a vu l'insuffisance de l'analyse, en pareil cas. S'il était possible de constituer analytiquement la mécanique, on ne pourrait pas se représenter comment une telle science serait applicable à l'étude de la nature. Ce qui en établit la réalité, c'est qu'elle est fondée sur quelques faits généraux, fournis par l'observation, que tout philosophe positif doit envisager comme n'étant susceptibles d'aucune explication.

L'objet de cette leçon est d'établir le caractère philosophique de la mécanique, et de la dégager de toute influence métaphysique, en distinguant le point de vue abstrait du point de vue concret, et en séparant la partie expérimentale de la partie rationnelle.

Commençons par préciser l'objet de cette science.

La mécanique laisse de côté les causes premières des mouvements, qui sont en dehors de toute philosophie positive, et les circonstances de leur production. Elle envisage le mouvement en lui-même, sans s'enquérir de quelle manière il a été déterminé. Les forces sont les mouvements produits ou tendant à se produire. Deux forces imprimant à un corps la même vitesse dans la même direction sont identiques, quelle que soit leur origine, que le mouvement provienne des contractions musculaires d'un animal ou de la dilatation d'un fluide élastique. Bien que cette manière de voir soit devenue familière, les géomètres doivent opérer, dans le langage habituel, une réforme essentielle pour écarter l'ancienne notion métaphysique des *forces*.

Le problème général de la mécanique rationnelle consiste à déterminer l'effet produit, sur un corps donné, par différentes forces agissant simultanément, lorsqu'on connaît le mouvement qui résulterait de l'action isolée de chacune d'elles ; ou, en sens inverse, à déterminer les mouvements dont la combinaison donnerait lieu à un mouvement connu.

L'étude de l'action d'une force unique n'est jamais du domaine de la mécanique rationnelle, où elle est toujours supposée connue. Toute cette science porte sur la combinaison des forces, soit qu'il résulte de leurs concours un mouvement dont il faut étudier les circonstances; soit que, par leur neutralisation mutuelle, le corps se trouve dans un état d'équilibre, dont il s'agit de fixer les conditions.

On ne pourrait établir aucune proposition sur les lois abstraites de l'équilibre ou du mouvement, si l'on ne commençait par regarder les corps comme *inertes*, c'est-à-dire comme incapables de modifier spontanément l'action des forces qui leur sont appliquées. Cette notion abstraite est un artifice logique pour rendre possible la formation de la science ; elle est souvent confondue avec la *loi d'inertie*, qui est un résultat d'observation. Certains esprits ne savent pas encore aujourd'hui si cet état passif des corps est hypothétique, ou s'il représente la réalité des phénomènes. Ils regardent les lois de la mécanique rationnelle comme s'appliquant uniquement aux corps bruts ; tandis qu'elles se vérifient aussi dans les corps organisés.

Cet état passif des corps est une abstraction, contraire à leur constitution réelle.

On concevait autrefois la matière comme étant, par sa nature, inerte ou passive, son activité lui venant du dehors sous l'influence de certains êtres surnaturels ou de certaines entités métaphysiques. Depuis que, sous l'influence de la philosophie positive, l'esprit humain s'est borné à étudier le véritable état des choses, sans s'enquérir des *causes* premières et génératrices, il est devenu évident que tous les corps manifestent une activité spontanée, plus ou moins étendue.

Il n'y a, entre les corps bruts et les corps animés, que de simples différences de degrés. Il n'existe pas de matière vivante *sui generis*, puisqu'on retrouve, dans les corps animés, des éléments identiques à ceux que présentent les corps inanimés. Ces derniers ont une activité spontanée, analogue à celle des corps vivants, mais seulement moins variée.

N'y eût-il, dans les molécules, d'autre propriété que la pesanteur, cela suffirait pour interdire à tout physicien de les regarder comme passives. C'est en vain qu'on voudrait, dans cette circonstance, présenter les corps comme inertes en disant qu'ils ne font qu'obéir à l'attraction de la terre. Quand même cela serait exact, on ne ferait que déplacer la difficulté en transportant à la masse totale de la terre l'activité refusée aux molécules isolées. Un corps pesant est aussi actif, dans sa chute, que la terre elle-même, puisque chaque molécule de ce corps attire une partie équivalente de la terre autant qu'elle en est attirée, bien que cette dernière attraction produise seule un effet sensible, à raison de l'immense inégalité des deux masses.

Dans une foule d'autres phénomènes également universels, thermologiques, électriques ou chimiques, la matière présente une activité spontanée très variée, dont nous ne saurions la concevoir privée.

Les corps vivants n'ont d'autre caractère particulier que de manifester quelques genres d'activité qui leur sont propres, et que les physiologistes tendent à regarder comme une simple modification des précédents. L'état passif, dans lequel les corps sont considérés en mécanique rationnelle, présente au point de vue physique, une véritable absurdité.

Examinons comment cette supposition n'empêche pas que les lois abstraites, qu'elle permet d'établir, puissent être appliquées aux corps réels. Il suffit de se rappeler qu'on envisage les mouvements en eux-mêmes, sans avoir égard au mode de leur production ; il en résulte la faculté de remplacer une force par une autre, pourvu que cette autre soit capable d'imprimer au corps le même mouvement. Il est donc possible de faire abstraction des forces inhérentes aux corps et de regarder ceux-ci comme sollicités par des forces extérieures, puisqu'on substitue ainsi, aux forces intérieures, des forces extérieures équivalentes.

Ainsi on considère, dans la mécanique abstraite, les corps comme dépouillés de la propriété de la pesanteur ; cette force est comprise au nombre des forces extérieures, si l'on envisage, comme il convient, un système de forces tout à fait quelconque. Que le corps, dans sa chute, soit mû par une attraction interne, ou qu'il obéisse à une impulsion extérieure, cela est indifférent pour la mécanique rationnelle, si le mouvement se trouve identique. Il en est de même de toute autre propriété naturelle, qu'il est toujours possible de remplacer par la supposition d'une action externe, construite de manière à produire le même mouvement ; ce qui permet de se représenter le corps comme passif.

S'il fallait d'abord tenir compte de la modification que le corps peut imprimer, en vertu de ses forces naturelles, à l'action de chacune des puissances extérieures, on ne pourrait pas établir une seule proposition générale, d'autant plus que cette modification est loin, dans la plupart des cas, d'être exactement connue. C'est en commençant par en faire abstraction, pour ne penser qu'à la réaction des forces les unes sur les autres, qu'il a été possible de fonder la mécanique abstraite, de laquelle on est passé ensuite à la mécanique concrète, en restituant aux corps leurs propriétés actives. Cette restitution constitue la principale difficulté du passage de l'abstrait au concret, en mécanique, et limite les applications de cette science, dont le domaine théorique est indéfini.

Il n'y a qu'une seule propriété naturelle et générale des

corps dont nous sachions tenir compte d'une manière convenable : c'est la pesanteur, soit terrestre, soit universelle, et encore faut-il supposer, dans ce dernier cas, que la forme des corps soit suffisamment simple. Si cette propriété se complique d'autres circonstances physiques, comme la résistance des milieux, les frottements, etc., si même les corps sont fluides, c'est fort imparfaitement qu'on en apprécie l'influence. A plus forte raison est-il impossible de prendre en considération les propriétés électriques ou chimiques et, bien moins encore, les propriétés biologiques. Aussi les grandes applications de la mécanique rationnelle sont-elles bornées jusqu'ici aux seuls phénomènes célestes, et même à ceux de notre système solaire.

Il nous reste à considérer les faits généraux ou les *lois physiques du mouvement,* qui fournissent une base aux théories de cette science.

Les lois du mouvement peuvent être réduites à trois, qui doivent être envisagées comme des résultats de l'observation, et dont il est absurde de vouloir établir *a priori* la réalité, bien qu'on l'ait tenté.

La première loi est désignée sous le nom de *loi d'inertie ;* elle a été découverte par Képler. Elle consiste en ce que tout mouvement est naturellement rectiligne et uniforme, c'est-à-dire que tout corps soumis à l'action d'une force unique, qui agit sur lui instantanément, se meut en ligne droite et avec une vitesse invariable. On a voulu démontrer cette loi par une application du principe de la raison suffisante, qui n'a pas la moindre solidité. On a dit que le corps doit suivre la ligne droite, parce qu'il n'y a pas de raison pour qu'il s'écarte d'un côté plutôt que de l'autre de sa direction primitive.

Comment pourrions-nous être assurés qu'il *n'y a pas de raison* pour que le corps se dévie ? Que savons-nous à cet égard, autrement que par l'expérience ? Les considérations *a priori*, fondées sur la *nature* des choses, sont interdites en philosophie positive. Ce raisonnement se réduit, comme toutes les explications métaphysiques, à répéter en termes abstraits le fait lui-même et à dire que les corps ont une tendance naturelle à se mouvoir en ligne droite, ce qui était la proposition à établir.

Il en est ainsi de l'invariabilité de la vitesse, qu'on prétend pouvoir démontrer abstraitement, en disant qu'il n'y a pas de raison pour que le corps se meuve plus lentement ou plus rapidement qu'à l'origine du mouvement.

Cette loi ne peut avoir de réalité qu'autant qu'on la conçoit comme étant basée sur l'observation. A ce point de vue, l'exactitude en est évidente, d'après les faits les plus communs.

La même loi naturelle est applicable aux corps vivants autant qu'aux corps dépourvus de vie. Quelle que soit l'origine de l'impulsion qu'il a reçue, un corps vivant tend à persister, comme tout autre corps, dans la direction de ce mouvement et à conserver sa vitesse acquise. Nous pouvons en acquérir une preuve en considérant l'effort très sensible que nous sommes obligés de faire pour changer la direction ou la vitesse de notre mouvement, à tel point que, quand ce mouvement est très rapide, il nous est impossible de le modifier ou de le suspendre à l'instant précis où nous le désirerions.

La seconde loi du mouvement est due à Newton ; elle consiste dans l'égalité constante et nécessaire entre l'action et la réaction, c'est-à-dire que, toutes les fois qu'un corps est mû par un autre d'une manière quelconque, il exerce sur lui, en sens inverse, une réaction telle que le second perd, en raison des masses, une quantité de mouvement égale à celle que le premier a reçue. Ce théorème n'est pas plus susceptible d'être établi *a priori* que le précédent ; c'est un simple résultat de l'observation.

La troisième loi du mouvement consiste dans le principe de l'indépendance ou de la coexistence des mouvements, qui conduit à la composition des forces.

Galilée a découvert cette loi, bien qu'il ne l'ait pas conçue sous la forme que j'indique ici : elle se réduit à ce fait que tout mouvement commun aux corps d'un système quelconque n'altère pas les mouvements particuliers de ces différents corps les uns à l'égard des autres, mouvements qui continuent à s'exécuter comme si l'ensemble du système était immobile.

Pour être précis et écarter toute restriction, il faut concevoir que tous les points du système décrivent des droites parallèles et égales, et considérer que ce mouvement général, avec quelque vitesse et dans quelque direction qu'il puisse avoir lieu, n'affectera nullement les mouvements relatifs.

Il est également impossible d'établir, par aucune idée *a priori*, cette loi fondamentale : cela est tellement vrai que, quand Galilée l'a exposée pour la première fois, il s'est élevé de toute part une foule d'objections, tendant à prouver l'impossibilité rationnelle d'une telle proposition. Elle n'a été unanimement admise que lorsqu'on a abandonné le point de vue logique pour se placer au point de vue physique.

C'est seulement comme un résultat de l'observation que cette loi peut être établie ; aucune proposition n'est fondée sur des observations aussi faciles à vérifier.

Dans le mouvement général d'un vaisseau, les mouvements relatifs continuent à s'exécuter, sauf les altérations provenant du roulis et du tangage, comme si le vaisseau était immobile. Le mouvement de la terre ne trouble nullement les phénomènes mécaniques qui s'opèrent à sa surface ou dans son intérieur.

Cette troisième loi n'est relative qu'aux mouvements de translation : ce sont les seuls qui puissent être rigoureusement communs, pour le degré aussi bien que pour la direction, à toutes les parties d'un système quelconque.

Tout mouvement de rotation présente des inégalités entre les parties du système, suivant qu'elles sont plus ou moins éloignées du centre de rotation. Tout mouvement de ce genre tend à altérer l'état du système, et l'altère en effet, si les conditions de liaison ne sont pas suffisantes. Dans le cas d'un vaisseau, le dérangement n'est dû qu'aux effets secondaires du roulis et du tangage, qui sont des mouvements de rotation.

Qu'une montre soit transportée dans une direction quelconque avec autant de rapidité qu'on voudra, mais sans tourner, elle n'en éprouvera aucune variation ; au contraire, un médiocre mouvement de rotation suffira pour déranger sa marche. La différence entre ces deux effets serait surtout sensible, si l'on répétait l'expérience sur un corps vivant.

Ce principe conduit à la *composition des forces*, qui n'est qu'une nouvelle manière d'énoncer la troisième loi du mouvement. La proposition du parallélogramme des forces consiste en ce que, lorsqu'un corps est animé de deux mouvements uniformes dans des directions quelconques, il décrit, en vertu de leur combinaison, la diagonale du parallélogramme dont il eût, dans le même temps, décrit séparément les côtés en vertu de chaque mouvement isolé. C'est une application du principe de l'indépendance des mouvements, d'après lequel le mouvement particulier du corps le long d'une droite n'est pas troublé par le mouvement général qui entraîne, parallèlement à elle-même, la totalité de cette ligne droite le long d'une autre droite quelconque.

Cette considération conduit à la construction géométrique énoncée par la règle du parallélogramme des forces. Le théorème peut être présenté comme une application d'une loi de la nature. Telle est la manière philosophique de l'établir, et d'écarter les nuages métaphysiques dont cette loi est encore environnée.

Les démonstrations analytiques reposent sur une fausse application du principe de l'homogénéité, et supposent la proposition *évidente* quand les deux forces agissent suivant une même droite, évidence qui ne peut résulter que de l'observation de la loi naturelle ; ce qui prouve qu'il est indispensable d'y avoir égard. Il serait étrange que, par de simples combinaisons logiques, l'esprit humain pût découvrir une loi de la nature, sans consulter le monde extérieur.

Je crois devoir envisager cette loi à un dernier point de vue, qui montrera que, malgré tous les efforts des géomètres, elle reste implicitement, même de leur aveu, une des bases de la mécanique, bien que présentée sous une forme différente et à une autre époque.

Il suffit de remarquer que cette loi, au lieu d'être exposée dans l'étude des prolégomènes de la science, est plus tard admise comme établissant le principe de la proportionnalité des vitesses aux forces, qui constitue la base de la dynamique.

Les rapports des forces peuvent être déterminés soit par le procédé dynamique, d'après l'intensité des mouvements qu'elles impriment à un même corps, soit par le procédé statique, par lequel on regarde comme égales les forces qui, appliquées en sens contraire, suivant une même droite, se détruisent réciproquement, et ensuite comme double, triple, etc., d'une autre la force qui ferait équilibre à deux, trois, etc., forces égales à celle-ci, et toutes directement opposées à la seconde. Cela posé, il s'agit de savoir si ces deux moyens sont équivalents ; ce qui n'est pas évident.

Tout au plus peut-on concevoir *a priori* que les plus grandes forces doivent donner les plus grandes vitesses. L'observation seule peut décider si c'est à la première puissance de la force ou à toute autre fonction croissante que la vitesse est proportionnelle.

Pour déterminer la loi de la nature, il faut considérer le fait général de l'indépendance des mouvements. La proportionnalité des vitesses aux forces est une conséquence de ce fait, appliqué à deux forces agissant dans une même direction. Si un corps, en vertu d'une force, a parcouru un espace déterminé suivant une droite, et qu'on vienne ajouter, selon la même direction, une seconde force égale à la première, d'après la loi de l'indépendance des mouvements, cette nouvelle force ne fera que déplacer la totalité de la droite d'application d'une égale quantité dans le même temps, sans altérer le mouvement du corps le long de cette droite, en sorte que, par la composition des deux mouvements, ce corps aura parcouru un espace double de celui qui correspondait à la force primitive.

C'est la seule manière de constater la proportionnalité des vitesses aux forces.

Telles sont les trois lois physiques du mouvement qui fournissent à la mécanique rationnelle une base expérimentale suffisante, sur laquelle l'esprit humain, par de simples opérations logiques et sans consulter davantage le monde extérieur, peut solidement établir l'édifice systématique de la science. Bien que ces trois lois me semblent suffire, je ne vois *a priori* aucune raison pour ne pas en augmenter le nombre, si l'on parvient à constater qu'elles ne sont pas complètes.

La première loi, celle de Képler, détermine l'effet produit par une force unique, agissant instantanément ; la seconde, celle de Newton, établit la règle de la communication du mouvement par l'action des corps les uns sur les autres ; enfin la troisième, celle de Galilée, conduit aux théorèmes de la composition des mouvements.

Toute la mécanique des mouvements uniformes ou des forces instantanées peut être traitée comme une conséquence de ces trois lois qui, étant très précises, sont susceptibles d'être exprimées par des équations analytiques faciles à obtenir.

La mécanique des mouvements variés ou des forces continues peut être ramenée à la précédente par l'application de la méthode infinitésimale, qui permet de substituer, pour chaque instant infiniment petit, un mouvement uniforme au mouvement varié, d'où résultent les équations différentielles relatives à cette dernière espèce de mouvements. La science se trouve fondée par l'ensemble des trois lois physiques établies ci-dessus, et le travail devient purement rationnel. En un mot, la séparation entre la partie physique et la partie logique de la science est ainsi effectuée.

Il nous reste à considérer les divisions principales de la mécanique.

La première division naturelle consiste à distinguer deux ordres de questions, suivant qu'on recherche les conditions de l'équilibre ou l'étude des lois du mouvement, d'où la *statique* et la *dynamique*. Les questions de statique sont plus faciles ; parce qu'on y fait *abstraction du temps*, qu'il faut introduire dans toute question de dynamique. Quand on traite la statique comme un cas particulier de la dynamique, elle correspond à la partie la plus simple de cette dernière, à la théorie des mouvements uniformes.

L'importance de cette division est vérifiée par l'histoire du développement de l'esprit humain. Les anciens avaient acquis des notions relatives à l'équilibre, soit des solides, soit des fluides, comme on le voit par les belles recherches d'Archimède. Ils ignoraient la dynamique, dont la création est due à Galilée.

Après cette division, la distinction la plus importante consiste à séparer, soit en statique, soit en dynamique, l'étude des solides et celle des fluides. Je subordonne cette division à la précédente, suivant la méthode de Lagrange.

On en exagère l'influence, dans les traités ordinaires de mécanique. Les principes de statique et de dynamique sont les mêmes pour les solides et pour les fluides ; ces derniers exigent une considération de plus, relative à la variabilité de forme, qui augmente beaucoup la difficulté. L'indépendance des molécules des fluides oblige à considérer séparément chaque molécule, et à envisager toujours un système composé d'une infinité de forces distinctes.

La solution générale des questions de statique est, dans ce cas, peu avancée, même quand on ne considère que la pesanteur. C'est encore pis en dynamique, où l'on n'est parvenu à surmonter la difficulté, dans le cas le plus simple d'un fluide uniquement mû par la pesanteur, qu'à l'aide d'hypothèses fort précaires, comme celle de Daniel Bernouilli sur le parallélisme des tranches, qui altèrent la réalité des phénomènes. Aussi l'hydrostatique, et surtout l'hydrodynamique, sont-elles moins avancées que la statique et la dynamique proprement dites.

La définition des solides et des fluides, en mécanique rationnelle, est une représentation exagérée, et par conséquent infidèle, de la réalité. Les molécules des fluides ne sont pas dans cet état d'indépendance où nous sommes obligés de les supposer. Beaucoup de phénomènes naturels sont dus à l'adhérence mutuelle des molécules d'un fluide.

La définition mathématique des solides représente plus exactement leur état réel. Il est cependant nécessaire de tenir compte de la possibilité de séparation qui existe toujours entre les molécules d'un solide, si les forces qui leur sont appliquées acquièrent une intensité suffisante. Cette imperfection est moins importante que la précédente ; elle ne peut influer sur les questions de mécanique céleste.

Ces questions constituent la principale application de la mécanique rationnelle, et probablement la seule qui puisse être complète.

Enfin nous devons signaler une lacune relativement aux semi-fluides ou semi-solides, tels que les sables et les fluides à l'état gélatineux. On n'a jamais établi la théorie générale de ces corps, désignés sous le nom de *fluides imparfaits* ; on possède seulement quelques notions relatives à leur équilibre.

SIXIÈME LEÇON

ASTRONOMIE

L'astronomie est jusqu'ici la seule science dans laquelle l'esprit humain se soit enfin rigoureusement affranchi de toute influence théologique et métaphysique, directe ou indirecte ; ce qui rend facile d'en présenter avec netteté le caractère philosophique. Pour se faire une idée de cette science, il faut circonscrire le champ des connaissances positives qu'on peut acquérir sur les astres.

Le sens de la vue est le seul qui puisse faire apercevoir les corps célestes. Il n'existe aucune astronomie pour les espèces aveugles, si intelligentes qu'elles soient. Pour nous-mêmes, les astres obscurs, qui sont peut-être les plus nombreux, nous échappent, et leur existence peut tout au plus être soupçonnée par induction. Toute recherche qui n'est pas réductible à de simples observations visuelles nous est interdite au sujet des astres.

Il serait téméraire de fixer, dans chaque science, les bornes de la connaissance : on les placerait trop près ou trop loin. Il est indispensable de poser des limites générales pour que l'esprit humain ne se laisse point égarer.

Toute question astronomique qui ne dépend que de l'observation visuelle plus ou moins directe peut devenir accessible tôt ou tard. Si l'on reconnaît qu'une question exige quelque autre genre d'explorations, on doit l'exclure comme inabordable.

Je ferai ressortir, dans ce cours, une loi philosophique dont la première application se présente. En voici l'énoncé : à mesure que les phénomènes deviennent plus compliqués, ils sont susceptibles de moyens d'exploration plus étendus et plus variés ; il n'y a pas une exacte compensation entre l'accroissement des difficultés et l'augmentation des ressources. Les sciences des phénomènes les plus complexes restent les plus imparfaites. Les phénomènes astronomiques, qui sont les plus simples, sont ceux pour lesquels les moyens d'exploration sont les plus bornés.

L'art d'observer se compose de trois procédés différents : 1° l'observation proprement dite, c'est-à-dire l'examen du phénomène tel qu'il se présente ; 2° l'expérience, c'est-à-dire la contemplation du phénomène plus ou moins modifié par des circonstances artificielles, que l'on institue en vue d'une plus parfaite exploration ; 3° la comparaison, c'est-à-dire la considération d'une suite de cas analogues, dans lesquels le phénomène se simplifie de plus en plus.

En astronomie, l'expérience est impossible ; la comparaison n'existerait que si nous pouvions observer plusieurs systèmes solaires. Il reste la simple observation, qui ne peut concerner qu'un seul de nos sens. Mesurer des angles et compter des temps écoulés, tels sont les moyens de découvrir les lois des phénomènes célestes ; ces moyens n'en sont pas moins parfaitement adaptés ; il ne faut pas autre chose pour observer des grandeurs ou des mouvements. L'astronomie est la science dans laquelle la part de l'observation est la plus petite, et celle du raisonnement la plus grande.

L'astronomie est indépendante de toutes les autres sciences ; elle a seulement besoin de s'appuyer sur la science mathématique. Les phénomènes physiques, chimiques et biologiques, ne peuvent exercer aucune influence sur les phénomènes astronomiques, auxquels tous les autres phénomènes, même les phénomènes sociaux, sont subordonnés. L'homme ne pourrait penser, d'une manière scientifique, à aucun phénomène terrestre sans considérer d'abord ce qu'est cette terre dans le monde dont il fait partie.

Je ne signale pas, comme trop évident, l'effet de l'astronomie pour dissiper les préjugés absurdes et les terreurs superstitieuses provenant de l'ignorance des lois célestes au sujet des éclipses, des comètes, etc. Suivant la remarque de Laplace, cet état se reproduirait, si les études astronomiques venaient à cesser.

Cette science est réputée religieuse chez les esprits qui y sont étrangers. Les cieux ne racontent plus d'autre gloire que celle d'Hipparque, de Képler, de Newton et de tous ceux qui ont concouru à en établir les lois.

Toute science est en opposition avec toute théologie, et ce caractère est plus prononcé en astronomie que partout ailleurs. Aucune n'a porté de plus terribles coups à la doctrine des causes finales.

La seule connaissance du mouvement de la terre a détruit l'idée de l'univers subordonné à notre planète et, par suite, à l'homme. L'exploration de notre système solaire a fait disparaître toute admiration aveugle et illimitée en montrant que la science permet de concevoir aisément un meilleur arrangement.

Quand des astronomes se livrent à un tel genre d'admiration, il porte sur l'organisation des animaux, qui leur est inconnue ; les biologistes, qui en connaissent toute l'imperfection, se rejettent sur l'arrangement des astres, dont ils n'ont aucune idée approfondie.

Depuis Newton, toute philosophie théologique a été privée de son principal rôle, l'ordre le plus régulier étant conçu comme établi et maintenu, dans l'univers entier, par la pesanteur mutuelle de ses diverses parties.

Si les philosophes qui, de nos jours, tiennent encore à la doctrine des causes finales n'étaient pas dépourvus de toute instruction scientifique, ils ne manqueraient pas de faire ressortir, avec leur emphase habituelle, la stabilité de notre système solaire. Cette stabilité est une simple conséquence de quelques circonstances caractéristiques, comme la petitesse extrême des masses planétaires, en comparaison de la masse centrale, la faible excentricité de leurs orbites, caractères qui résultent du mode de formation de ce système.

On devait s'attendre à ce résultat que, puisque nous existons, il faut bien que le système dont nous faisons partie soit disposé de façon à permettre cette existence, qui serait incompatible avec une absence de stabilité dans notre monde. Cette stabilité n'est pas absolue ; elle n'a pas lieu à l'égard des comètes.

La prétendue cause finale se réduit à ceci : il n'y a d'astres habités, dans notre système solaire, que ceux qui sont habitables. On rentre dans le principe des conditions d'existence, qui est la transformation positive de cette doctrine.

La division principale de l'astronomie est la suivante : 1° l'astronomie *géométrique*, ou la *géométrie céleste*, qui a conservé le nom d'astronomie proprement dite ; 2° l'astronomie mécanique, ou la *mécanique céleste*, dont Newton est le fondateur.

Cette division est en harmonie avec notre règle encyclopédique. La géométrie céleste est plus simple que la mécanique céleste, et elle en est indépendante. Aussi a-t-elle réalisé les progrès les plus importants avant la constitution de la mécanique céleste. Cette dernière est dépendante de la précédente, sans laquelle elle n'aurait aucun fondement solide.

Toutes les observations, en astronomie, se réduisent à mesurer des temps et des angles. Il s'agit de concevoir, d'une manière générale, l'ensemble des idées qui ont pu conduire à l'étonnante précision qu'on admire dans ces deux sortes de mesures.

Cet ensemble se compose de deux ordres d'idées distincts : le premier est relatif au perfectionnement des instruments ; le second concerne certaines corrections, apportées par la théorie à leurs indications. Nous devons commencer par le premier. Il faut signaler d'abord les moyens gnomoniques, à cause de leur importance pour la formation de la géométrie céleste par les astronomes grecs.

Les ombres solaires, et même les ombres lunaires, ont été un précieux instrument. Elles ont servi, par leur direction, à la mesure du temps et, par leur longueur, à celle de certaines distances angulaires.

Dès que l'uniformité du mouvement diurne apparent a été admise, il a suffi de fixer un style dans la direction de l'axe de la sphère céleste pour que l'ombre, projetée sur un plan, ait donné, à toute époque, dans chaque lieu correspondant, les temps écoulés, par le seul indice de ses positions successives. Ces indications sont imparfaites, puisqu'elles supposent que le soleil décrit chaque jour le même parallèle.

La longueur variable de l'ombre horizontale, projetée à chaque instant par un style vertical, étant comparée à la longueur fixe et bien connue de ce style, on en conclut la distance angulaire du soleil au zénith. Ce rapport constitue la tangente trigonométrique de cet angle, dont il a inspiré l'idée aux astronomes arabes. De là le moyen, longtemps employé, d'observer les variations de la distance zénithale du soleil aux divers instants de la journée, et celles de sa position méridienne aux différentes époques de l'année. L'inexactitude des procédés gnomoniques consiste dans l'influence de la pénombre, qui laisse toujours une incertitude sur la longueur de l'ombre. Cette influence peut être atténuée, mais non annulée, par l'emploi de très grands gnomons.

Cette double propriété avait été réalisée, dès l'origine de la science, par l'hémisphère creux de Bérose, qui donnait à la fois les temps et les angles.

Dominique Cassini est le dernier qui ait fait usage des gnomons de grande dimension pour sa théorie du soleil. Ce moyen est resté la base de la détermination de la ligne méridienne, envisagée comme divisant en deux parties égales l'angle formé par les ombres horizontales de même longueur, qui correspondent aux deux parties symétriques d'une même journée. Les deux causes d'erreur sont éludées, car la pénombre affecte également les deux ombres, et il est facile d'éviter presque entièrement l'influence de l'obliquité du mouvement du soleil en opérant aux environs des solstices, surtout vers le solstice d'été.

Considérons les procédés les plus exacts en commençant par la mesure du temps.

Le chronomètre le plus parfait, c'est le ciel lui-même. Il suffit, lorsqu'on sait exactement la latitude de son observatoire, d'y mesurer à chaque instant la distance au zénith d'un astre quelconque, dont la déclinaison, d'ailleurs variable ou constante, est bien connue, pour en conclure l'angle horaire correspondant et le temps écoulé, en résolvant le triangle sphérique que forment le pôle, le zénith et l'astre, et dont les trois côtés sont ainsi donnés.

Ce procédé n'est employé qu'à défaut de tout autre moyen exact, comme c'est le cas en astronomie nautique. Il sert, dans nos observatoires, à régler la marche des horloges en la confrontant avec celle de la sphère céleste. On peut même, pour éviter tout calcul, modifier le mouvement du chronomètre jusqu'à ce qu'il marque vingt-quatre heures sidérales entre les deux passages consécutifs d'une même étoile à une lunette fixée, aussi invariablement que possible, dans une direction d'ailleurs arbitraire.

Les moyens artificiels pour mesurer le temps avec précision sont indispensables. Cherchons à en saisir l'esprit.

Tout phénomène présentant des changements graduels peut fournir une certaine appréciation du temps employé à les produire. Le choix en étant très restreint quand on veut des estimations précises, on s'est borné aux mouvements physiques, et surtout à ceux qui sont dus à la pesanteur.

Les anciens ont d'abord employé l'écoulement des liquides, auxquels on a substitué, au moyen âge, les solides en imaginant les horloges fondées sur la descente verticale des poids. Le mouvement vertical n'étant pas uniforme, le ralentissement à l'aide de contre-poids ne peut pas remédier à ce défaut capital. Le problème n'était pas résolu avant Galilée.

On a longtemps disputé à Galilée la gloire d'avoir eu, le premier, l'idée de mesurer le temps par les oscillations d'un pendule. Ses découvertes en dynamique devaient y conduire naturellement ; il en résultait que la vitesse d'un poids qui descend suivant une courbe verticale décroît à mesure qu'il s'approche du point le plus bas, en raison du sinus de l'inclinaison horizontale de chaque élément parcouru. On pouvait aisément concevoir que, par une forme convenable de la courbe, l'isochronisme fût obtenu, si le ralentissement compensait, en chaque point, la diminution de l'arc à décrire. La solution de ce dernier problème était réservée à Huyghens.

La géométrie n'était pas assez avancée à l'époque de Galilée. Guidé par l'observation, il regarda comme isochrones les oscillations circulaires, sans avoir connu la restriction relative à leur amplitude très petite.

Huyghens, après avoir imaginé le pendule cycloïdal, y renonça à cause des difficultés d'exécution. Il en déduisit le pendule circulaire à oscillations très petites, grâce à l'ingénieux mécanisme de l'échappement, en appliquant le pendule à la régularisation des horloges. Cette solution ne devint pratique que par la réduction du pendule composé au pendule simple, pour laquelle Huyghens établit le principe des forces vives, qui indiquait à l'art de nouveaux moyens de modifier les oscillations sans changer les dimensions de l'appareil.

Depuis ce résultat, le perfectionnement des horloges astronomiques a été du domaine de l'art, et a porté sur deux points : la diminution du frottement par un meilleur mode de suspension, et la correction des irrégularités dues aux variations de température, par l'invention des appareils compensateurs. Je n'ai pas à considérer ici les chronomètres portatifs, fondés sur la distension graduelle d'un ressort métallique plié en spirale, et qui sont presque aussi parfaits que les horloges astronomiques. Cette perfection est due à l'art ; la science y a peu contribué.

Tel est l'ensemble des moyens par lesquels le temps est mesuré à une demi-seconde près et quelquefois avec une précision encore plus grande.

Considérons le perfectionnement de la mesure des angles.

Pour concevoir la difficulté essentielle, il suffit de se représenter que, pour évaluer un angle seulement à une minute près, il faudrait, d'après un calcul très facile, un cercle de sept mètres de diamètre environ, en y accordant aux minutes une étendue d'un millimètre. L'indication des secondes, en réduisant chacune à occuper un dixième de millimètre, exigerait un diamètre de plus de quarante mètres.

L'expérience a montré que, même au-dessous de dimensions si impraticables, on ne peut faire dépasser aux instruments certaines limites sans nuire à leur précision, à cause de leur déformation par le poids, la température, etc. On a renoncé aux instruments gigantesques, employés en vain par les astronomes arabes du moyen âge.

Les grands télescopes actuels ne servent qu'à procurer de forts grossissements, et seraient impropres à toute mesure exacte. Les instruments destinés à mesurer les angles ne peuvent avoir, sans inconvénient, plus de trois ou quatre mètres de diamètre quand il s'agit d'un cercle entier, et les plus usités n'ont guère que deux mètres. Cela posé, la question consiste à comprendre comment on peut évaluer les angles à une seconde près, avec des cercles dont la grandeur permettrait à peine d'y marquer les minutes.

Trois moyens principaux ont concouru à ce perfectionnement : l'application des lunettes aux instruments angulaires, l'usage du vernier, et la répétition des angles.

Morin remplaça par le télescope, un demi-siècle après son invention, les alidades des anciens et les pinnules du moyen âge. Cette idée put être entièrement réalisée, lorsque Auzout eut imaginé, trente ans après, le réticule, destiné à fixer, avec la dernière précision, l'instant du passage d'un astre par l'axe optique de la lunette. Ces perfectionnements furent complétés, un siècle plus tard, par la découverte, que fit Dollond, des objectifs achromatiques, qui ont augmenté la netteté des observations.

Le procédé imaginé par Vernier, en 1631, pour subdiviser un intervalle quelconque en parties beaucoup moindres que les plus petites qu'on puisse y marquer distinctement, est la seconde cause de la précision actuelle des mesures angulaires.

Malgré l'importance de la lunette et du vernier, on n'aurait pu porter la mesure des angles jusqu'à la précision des secondes, sans l'idée de la répétition des angles, conçue par Mayer et réalisée par Borda. Le déplacement continuel des corps célestes présentait, dans l'application d'un tel moyen, une difficulté spéciale, que Borda parvint à surmonter en se bornant, comme on le peut presque toujours, à mesurer les distances zénithales des astres lorsqu'ils traversent le méridien. Malgré son déplacement, l'astre reste, à cette époque, sensiblement à la même distance du zénith pendant un temps assez long pour permettre d'opérer la multiplication de l'angle. Cette remarque est le fondement de la disposition imaginée par Borda.

Pour compléter cet aperçu général, il faut signaler la lunette méridienne inventée par Rœmer, qui est destinée à fixer l'instant du passage d'un astre quelconque à travers le plan du méridien. La distance zénithale correspondante est mesurée sur un cercle qui peut ne pas coïncider avec le méridien, sans qu'il en résulte aucune inexactitude sur cette distance qui est, à une telle époque du mouvement, sensiblement invariable.

Il faut encore mentionner les divers appareils micrométriques, imaginés pour mesurer les diamètres apparents des astres et tous les petits intervalles angulaires.

Les moyens intellectuels sont aussi nécessaires que le perfectionnement des mesures : ils consistent dans la théorie des corrections qu'il faut faire subir aux indications des instruments pour les dégager des erreurs dues à diverses causes générales, et surtout aux réfractions et aux parallaxes.

Il existe une harmonie entre ces deux ordres de perfectionnement ; il faut des instruments précis pour que la réfraction et la parallaxe deviennent appréciables, et il serait inutile d'inventer des instruments exacts, si la réfraction ou la parallaxe devaient apporter dans les observations une incertitude supérieure à celle qu'on se propose d'éviter par l'amélioration des appareils. C'est dans une telle corrélation qu'il faut chercher l'explication de la grossièreté des instruments grecs.

Les corrections peuvent être divisées en deux classes : les unes tiennent à la position de l'observateur, et n'exigent aucune connaissance approfondie des phénomènes astronomiques : ce sont la réfraction et la parallaxe ordinaire. Les autres ont la même origine, puisqu'elles proviennent des mouvements de la planète sur laquelle l'observateur est situé ; elles sont fondées sur le développement des principales théories astronomiques : ce sont la parallaxe annuelle, la précession, l'aberration et la nutation.

Considérons, en premier lieu, la théorie des réfractions astronomiques.

La lumière qui nous vient d'un astre est déviée par l'action de l'atmosphère terrestre. D'après la loi de la réfraction, l'astre est rapproché du zénith, en restant dans le même plan vertical ; et cet effet, qui est nul au zénith, est de plus en plus considérable à mesure que l'astre descend vers l'horizon. On obtient la manifestation la plus simple de cette altération en prenant pour hauteur du pôle, en un lieu quelconque, la moyenne entre les hauteurs méridiennes d'une même étoile circumpolaire. Cette hauteur qui devrait être la même, de quelque étoile qu'on se servît, devient d'autant plus grande que l'étoile descend plus près de l'horizon, ce qui rend évidente l'influence de la réfraction.

Cette altération s'étend à toutes les autres mesures, à l'exception des azimuths, qui restent seuls inaltérables. Par cela même que l'astre est élevé dans son plan vertical, sa distance au pôle, l'instant de son passage au méridien, l'heure de son lever et de son coucher, etc., éprouvent des modifications qu'il serait facile de calculer, si l'effet principal était connu. La difficulté se réduit à découvrir la loi suivant laquelle la réfraction diminue les distances zénithales. C'est en cela que consiste le problème des réfractions astronomiques.

On peut en chercher la solution par deux voies opposées ; l'une rationnelle et l'autre empirique, que les astronomes ont fini par combiner.

Si l'atmosphère était homogène, la lumière n'y subirait qu'une seule réfraction à son entrée ; mais la diminution de la densité des différentes couches, à mesure qu'on s'élève, est considérable. C'est ce qui fait la difficulté, jusqu'ici insurmontable, de cette importante recherche. Il en résulte une suite de petites réfractions toutes inégales et croissantes, à mesure que la lumière pénètre dans une couche plus dense, en sorte que sa route, au lieu d'être rectiligne, forme une courbe très compliquée, dont il faudrait connaître la nature pour calculer, par sa dernière tangente comparée à la première, la déviation totale. La détermination de cette courbe serait un simple problème géométrique, si l'on connaissait la loi relative à la variation de la densité des couches ; c'est impossible, lorsqu'on veut tenir compte de toutes les causes essentielles.

En considérant l'équilibre de l'atmosphère comme produit par la pression des couches les unes sur les autres en vertu de leur seule pesanteur, on trouve la loi de variation de leur densité ; mais cet état est idéal. D'abord l'atmosphère n'est jamais en équilibre, et ses mouvements altèrent la densité statique de ses parties en changeant leurs pressions. De plus, en supposant l'existence de cet équilibre, il est clair que l'abaissement de la température à mesure qu'on s'élève, et même ses variations dans le sens horizontal, altèrent le mode de changement des densités, qui correspondrait à la seule considération des pressions.

Les travaux de Laplace et de quelques autres géomètres sont de simples exercices mathématiques, dont l'influence sur le perfectionnement des tables de réfraction est douteuse. Il faut renoncer à établir d'une manière rationnelle la théorie des réfractions astronomiques.

Quant au procédé empirique, si les réfractions étaient constantes à une même hauteur, on en pourrait dresser, par l'observation, des tables fort exactes et suffisamment étendues pour les diverses distances zénithales. La hauteur du pôle peut d'abord être mesurée, sans qu'on ait besoin de connaître les réfractions, par les deux hauteurs méridiennes d'une étoile très rapprochée du pôle, ce qui est surtout susceptible d'exactitude dans les latitudes supérieures à 45 degrés. Cela posé, il suffit de choisir une étoile qui passe au méridien extrêmement près du zénith. En observant, à l'instant de ce passage, sa distance zénithale, qui fera connaître sa distance polaire, on pourra calculer d'avance, par la résolution d'un triangle sphérique, sa distance au zénith à telle époque précise qu'on voudra de son mouvement diurne. La parallaxe des étoiles étant insensible, l'excès qu'on trouvera sur la distance apparente directement observée sera dû à la réfraction, dont il mesurera l'influence.

Le grand nombre d'étoiles qui admettent de telles comparaisons permet des vérifications multipliées, qui peuvent être complétées par la confrontation des résultats obtenus dans des observatoires différents, inégalement rapprochés du pôle. Telle est la marche laborieuse, mais sûre, employée pour dresser les tables de réfraction. On se sert de l'une ou l'autre des formules rationnelles proposées par les géomètres, seulement pour se diriger, ou pour remplir les lacunes inévitables que laisse l'observation.

La marche précédente ferait regretter, quant aux observations astronomiques, l'imperfection de la théorie mathématique des réfractions, si l'on pouvait supposer une constance rigoureuse dans les résultats obtenus ; il n'en est pas ainsi, à cause des innombrables variations de l'atmosphère. On tient compte d'une partie de ces modifications, en notant l'état du baromètre et celui du thermomètre au moment de chaque observation. Ces corrections sont imparfaites. Il ne faut pas s'étonner des dissidences des tables de réfraction, dressées pour des observatoires différents et même pour un lieu unique en divers temps. Elles ne deviennent sensibles que dans le voisinage de l'horizon, et disparaissent à 10° ou 15° d'élévation. Il faut éviter d'observer très près de l'horizon, ce qui est presque toujours possible. Avec une telle précaution, la réfraction, qui est seulement d'une minute à 45° de la distance zénithale, de 5 à 6 minutes à 80°, et d'environ 34 minutes à l'horizon, doit être regardée comme connue dans l'état actuel des mesures angulaires, d'après les tables usitées.

Passons à la théorie des parallaxes, qui est plus facile et plus satisfaisante. Les observations faites en des lieux différents ne seraient pas comparables, si on ne les ramenait pas à celles qu'on ferait d'un observatoire idéal, situé au centre de la terre. Cette correction a été nommée *parallaxe*.

L'effet de la parallaxe porte, comme celui de la réfraction, sur la seule distance zénithale, et consiste, en laissant l'astre dans le même plan vertical, à l'éloigner du zénith, tandis que la réfraction l'en rapproche.

A l'inspection du triangle rectiligne formé par le centre de la terre, l'observateur et l'astre, on voit que la loi de la parallaxe consiste en ce que le sinus de la parallaxe est proportionnel à celui de la distance zénithale apparente. La raison constante de ces deux sinus, qui constitue ce qu'on appelle la parallaxe horizontale, est égale au rapport entre le rayon de la terre et la distance de son centre à l'astre, si l'on suppose la terre sphérique, ce qui est suffisant dans toute cette théorie. La parallaxe ne produit pas, comme la réfraction, un effet commun sur tous les astres. Elle est insensible pour ceux qui sont étrangers à notre système solaire, à cause de leur immense éloignement. Elle varie extrêmement, dans l'intérieur de ce système, depuis la parallaxe d'Uranus, qui ne peut jamais atteindre une demi-seconde, jusqu'à celle de la lune, qui peut quelquefois surpasser un degré.

La détermination de tout ce qui concerne les parallaxes repose sur l'évaluation des distances des astres à la terre ; et, en ce sens, cette théorie constitue une partie de la science proprement dite.

Pour compléter l'ensemble des moyens d'observation, je crois devoir y faire rentrer la formation d'un catalogue d'étoiles.

Les astronomes emploient, depuis Hipparque, qui en eut le premier l'idée, deux coordonnées sphériques très simples pour marquer les positions angulaires respectives de tous les astres. L'une est analogue à la latitude terrestre, c'est la *déclinaison* de l'astre, c'est-à-dire sa distance à l'équateur céleste, mesurée sur le grand cercle mené du pôle à l'astre. L'autre, appelée *ascension droite*, correspond à la longitude géographique. Elle consiste dans la distance du point où le grand cercle précédent vient couper l'équateur à un point fixe choisi sur cet équateur, et qui est ordinairement celui de l'équinoxe du printemps pour notre hémisphère. Il faut noter le signe de chaque coordonnée, en distinguant les déclinaisons en boréales et en australes, et les ascensions droites en orientales et en occidentales.

Le moyen le plus simple de mesurer les deux coordonnées angulaires d'un astre consiste à observer son passage au méridien. En comparant l'heure de ce passage, donnée par la lunette méridienne et l'horloge astronomique, à celle qui correspond au passage du point équinoxial, on obtient l'ascension droite de l'astre, après avoir converti les temps en degrés. La distance de l'astre au zénith, évaluée à l'aide du cercle répétiteur, étant comparée à la hauteur du pôle, donne la déclinaison par une simple addition ou soustraction. Les indications des deux instruments doivent être rectifiées d'après les deux corrections de la réfraction et de la parallaxe. Tel est le procédé employé pour construire tous les catalogues d'étoiles.

Il serait inutile de mentionner le système de classification et de nomenclature employé.

Ce système est peu rationnel, en ce qui concerne la nomenclature, qui porte encore l'empreinte de l'état théologique. Il serait aisé de le remplacer par un système méthodique. Un tel perfectionnement, qui finira par s'établir, n'est pas urgent, parce que, pour retrouver une étoile, on ne se sert pas de son nom, mais des valeurs de ses deux coordonnées. Je me borne à demander qu'on remplace la dénomination de *grandeur* par celle de *clarté*.

On peut résumer l'ensemble des progrès accomplis, depuis l'origine de la science, en ce qui concerne l'observation. Les anciens observaient à la précision d'un degré tout au plus. Tycho-Brahé parvint, le premier, à pouvoir répondre d'une minute, et les modernes ont porté la précision jusqu'aux secondes.

SEPTIÈME LEÇON

PHYSIQUE

La physique a commencé à prendre un caractère positif depuis la découverte de Galilée sur la chute des corps ; tandis que l'astronomie était positive, à l'égard de la géométrie, depuis l'école d'Alexandrie. L'état scientifique de la première est moins satisfaisant que celui de la seconde : au point de vue spéculatif, quant à la pureté et à la coordination de ses théories ; au point de vue pratique, quant à l'étendue et à l'exactitude des prévisions qui en résultent. Nous trouverons, dans les diverses sciences qu'il nous reste à considérer, des traces de plus en plus profondes de l'esprit métaphysique, dont l'astronomie est seule affranchie.

Nous devons d'abord circonscrire le champ des recherches de la physique.

L'ensemble de la physique et de la chimie a pour objet la connaissance des lois du monde inorganique. La distinction de ces deux sciences est très délicate à constituer. Je crois pouvoir l'établir d'après les trois considérations suivantes.

La première consiste dans le contraste qui existe entre la généralité des recherches physiques et la spécialité inhérente aux explorations chimiques. Toute considération physique est applicable à un corps quelconque ; toute idée chimique concerne une action particulière à certaines substances. La pesanteur et la chaleur se manifestent dans tous les corps, qui, en outre, sont plus ou moins sonores, et susceptibles de phénomènes optiques et même électriques.

Il s'agit, en chimie, de propriétés qui varient, non seulement entre les substances élémentaires, mais encore parmi les combinaisons analogues. Les phénomènes magnétiques semblaient présenter une exception à la généralité des études physiques; cette objection a disparu; Œrstedt a montré que ces phénomènes sont une simple modification des phénomènes électriques.

La seconde considération consiste à remarquer que, en physique, les phénomènes sont relatifs aux masses et, en chimie, aux molécules. La chimie portait autrefois le nom de *physique moléculaire*. Cette distinction, dont l'énoncé abstrait n'est plus scientifique, consiste en ce que, pour tous les phénomènes chimiques, l'un des corps doit être dans un état d'extrême division, ou fluide, tandis que cette condition n'est indispensable à la production d'aucun phénomène physique.

Enfin une troisième remarque sépare plus nettement les phénomènes physiques des phénomènes chimiques. Dans les premiers, la nature des corps, c'est-à-dire la composition de leurs molécules, reste inaltérable. Dans les seconds, l'action mutuelle des corps altère leur nature, et c'est cette modification qui constitue le phénomène.

D'après ce qui précède, on voit que la physique consiste dans *l'étude des lois qui régissent les propriétés générales des corps, envisagés en masse, et placés dans des circonstances capables de maintenir intacte la composition de leurs molécules et même, le plus souvent, leur état d'agrégation.* Le but des théories physiques est de *prévoir les phénomènes que présentera un corps placé dans un ensemble de circonstances données*, en excluant celles qui pourraient le dénaturer.

Des trois procédés généraux qui constituent l'art d'observer, le dernier, la comparaison, n'est guère plus applicable à cette science qu'à l'astronomie. La physique comporte le plus complet développement des deux autres modes d'observation.

L'observation proprement dite, qui, en astronomie, est bornée à l'usage d'un seul sens, commence à recevoir ici toute son extension possible. L'expérience, convenablement dirigée, constitue la principale force des physiciens. Cet heureux artifice consiste à observer en dehors des circonstances naturelles, en plaçant les corps dans les conditions artificielles, facilitant l'examen de la marche des phénomènes qu'on veut analyser à un point de vue déterminé.

C'est en physique que se trouve le triomphe de l'expérimentation ; elle n'y est assujettie à presque aucune restriction, et s'y développe plus librement que dans toute autre partie de la philosophie.

Après l'usage de la méthode expérimentale, la base du perfectionnement de la physique résulte de l'application de l'analyse mathématique. C'est ici que finit le domaine de cette analyse ; il serait chimérique d'espérer qu'il s'étendît au delà, même en se bornant aux phénomènes chimiques. L'application de l'analyse, en physique, se présente sous deux formes, l'une directe, l'autre indirecte. La première a lieu quand la considération des phénomènes permet d'y saisir une loi numérique, qui devient la base d'une suite de déductions analytiques. Fourier a créé sa théorie mathématique de la répartition de la chaleur, en la fondant sur le principe de l'action thermologique qui s'exerce entre deux corps, proportionnellement à la différence de leur température. Le plus souvent, l'analyse mathématique s'introduit indirectement, c'est-à-dire après que les phénomènes ont été ramenés, par une étude expérimentale, à quelques lois géométriques ou mécaniques : telles sont les théories de la réflexion ou de la réfraction, et l'étude de la pesanteur ou celle d'une partie de l'acoustique.

L'application de l'analyse à la physique n'est pas assez philosophiquement instituée ; elle a déjà rendu d'éminents services. On ne peut rendre mathématiques la plupart des recherches physiques qu'après avoir écarté une partie des conditions du problème ; il faut donc observer une grande réserve dans l'emploi des déductions de cette analyse incomplète.

On pourrait augmenter l'utilité de l'analyse en ne lui accordant plus une prépondérance exclusive, et en consultant davantage l'expérience. Cessant d'être bornée à la détermination des coefficients, l'analyse fournirait aux méthodes mathématiques des points de départ moins éloignés de la réalité.

L'art de combiner l'analyse et l'expérience, sans subalterniser l'une à l'autre, est presque inconnu. Il constitue le dernier progrès de la méthode, en physique. Il sera réalisé le jour où les physiciens se chargeront, dans ces recherches, de diriger eux-mêmes l'instrument analytique, au lieu de le laisser aux géomètres.

Après avoir analysé l'objet de la physique et ses différents modes d'exploration, je dois en fixer la position encyclopédique.

Nous avons vu l'astronomie offrir le type le plus parfait de la méthode qu'on doit appliquer à la découverte des lois naturelles. C'est par l'astronomie que l'esprit positif a commencé à s'introduire en philosophie, après avoir été développé par les mathématiques. Cette science nous a appris ce qu'est l'*explication* positive d'un phénomène, sans aucune enquête sur sa *cause*, ou première ou finale, ni sur son mode de production. A quelle source plus pure puiserait-on un tel enseignement ?

La physique doit se proposer un pareil modèle ; ses phénomènes étant les moins compliqués de tous après les phénomènes astronomiques, cette imitation peut être plus complète. Indépendamment de la relation de méthode, l'ensemble des théories astronomiques est une donnée indispensable à l'étude de la physique. Le phénomène le plus élémentaire, celui de la pesanteur, ne peut pas être approfondi, abstraction faite du phénomène astronomique dont il est un cas particulier.

Le phénomène des marées établit une transition presque insensible de l'astronomie à la physique.

La physique est sous la dépendance de la science mathématique, base de l'astronomie. Quelle que soit cette subordination quant à la doctrine, c'est relativement à la méthode que la filiation de la physique est surtout importante. N'oublions jamais que l'esprit de la philosophie positive s'est formé par la culture des mathématiques, et qu'il faut remonter à une telle origine pour connaître cet esprit dans toute sa pureté. C'est par l'habitude des vérités simples et lucides de la géométrie et de la mécanique qu'on peut se préparer à établir, dans les études les plus complexes, des démonstrations réelles. Rien ne saurait tenir lieu d'un tel régime pour dresser l'organe intellectuel.

L'éducation scientifique, propre à former des physiciens, est plus compliquée que celle qui convient aux astronomes, puisque, indépendamment d'une base commune qui suffit à ceux-ci, les premiers doivent y joindre l'étude, au moins générale, de l'astronomie. A cet égard, la position encyclopédique assignée à la physique est incontestable.

Son rang n'est pas moins évident quant à ses relations avec les sciences classées après elle.

Ce ne saurait être par accident que, non seulement dans notre langue, mais encore dans celles de tous les peuples penseurs, le nom destiné à désigner l'ensemble de l'étude de la nature soit devenu, depuis environ un siècle, la dénomination de la science que nous considérons ici. Un usage aussi universel résulte du sentiment profond, quoique vague, de la prépondérance de la physique dans toute la philosophie, qu'elle domine, en exceptant la seule astronomie. Il suffit de considérer cette relation, pour concevoir que l'étude des propriétés communes à tous les corps doit précéder celle des modifications propres aux différentes substances.

La nécessité d'un tel ordre est sensible à l'égard de la méthode, qui oblige à étudier les phénomènes les plus complexes après les moins compliqués. Relativement à la science de la vie, il est évident que les corps vivants sont soumis aux lois de la matière, modifiées seulement, dans leurs manifestations, par les circonstances caractéristiques de l'état vivant. Cette subordination est encore plus frappante pour la chimie, tout acte chimique s'accomplissant sous les influences physiques, dont le concours est inévitable.

Quel phénomène de composition ou de décomposition serait intelligible, si l'on ne tenait aucun compte de la pesanteur, de la chaleur, de l'électricité ? Pourrait-on apprécier la puissance chimique de ces divers agents, sans connaître les lois relatives à leur influence respective ? Il suffit d'indiquer ces motifs pour mettre hors de doute la dépendance de la chimie à l'égard de la physique.

Il importe de remarquer que les phénomènes naturels commencent, à partir de la physique, à être modifiables par l'intervention humaine, ce qui ne pouvait avoir lieu en astronomie, et que nous verrons se manifester de plus en plus dans tout le reste de notre série encyclopédique.

Si la simplicité des phénomènes astronomiques n'avait pas permis de les prévoir exactement, l'impossibilité dans laquelle on se trouve d'intervenir dans leur accomplissement eût rendu difficile de les affranchir de toute suprématie théologique et métaphysique. Cette prévoyance a été plus efficace que la petite action de l'homme sur les autres phénomènes. Aussi, en astronomie, le positivisme a-t-il triomphé presque spontanément, si ce n'est au sujet du mouvement de la terre. L'action de l'homme sur les autres phénomènes, si restreinte qu'elle soit, acquiert une haute importance philosophique par le peu de perfection que l'on peut apporter dans leur prévision.

Le caractère de toute philosophie théologique est de concevoir les phénomènes comme assujettis à des volontés surnaturelles et, par suite, variables. Pour le public, qui ne saurait discuter la meilleure manière de philosopher, ces explications ne peuvent être renversées que par deux moyens, dont le succès populaire est infaillible à la longue.

La prévoyance exacte des phénomènes fait disparaître toute idée d'une volonté directrice. La possibilité de les modifier suivant nos convenances conduit au même résultat en présentant cette puissance comme subordonnée à la nôtre. Le premier procédé n'est applicable qu'aux phénomènes célestes. Le second, lorsque la réalité en est évidente, détermine aussi l'assentiment universel.

Franklin a détruit, dans les intelligences les moins cultivées, la théorie religieuse du tonnerre en prouvant l'action directrice que l'homme peut exercer sur ce météore. La découverte de la faculté de diriger la foudre a exercé la même influence, sur le renversement des préjugés théologiques, que la prévision exacte du retour des comètes.

En considérant l'appréciation philosophique de la physique, à l'égard de sa méthode et quant à la perfection de son caractère scientifique, nous trouvons que la valeur de cette science est en harmonie avec le rang qu'elle occupe.

La perfection d'une science se mesure par sa coordination plus ou moins complète, et par la prévision plus ou moins exacte qui en résulte. La physique est inférieure à l'astronomie, qui a été ramenée à une rigoureuse unité, tandis que de nombreuses branches de cette science sont presque entièrement isolées les unes des autres. La prévision des événements célestes est remplacée, en physique, par une prévoyance à courte portée, qui, pour ne pas être incertaine, peut à peine perdre de vue l'expérience immédiate.

La supériorité de la physique sur les autres sciences est incontestable, même relativement à la chimie et, à plus forte raison, à la biologie.

L'étude philosophique de la physique présente une utilité spéciale comme moyen d'éducation intellectuelle : c'est la connaissance approfondie de l'art de l'expérimentation.

La science mathématique fait connaître les conditions de la positivité ; l'astronomie caractérise l'étude de la nature ; la physique enseigne la théorie de l'expérimentation ; la chimie, l'art des nomenclatures ; la science des corps organisés dévoile la théorie des classifications.

Pour compléter mon jugement sur la philosophie de la physique, il me reste à examiner l'esprit qui doit présider à la construction et à l'usage des *hypothèses*, conçues comme un puissant et indispensable auxiliaire dans l'étude de la nature. C'est sur la philosophie astronomique que je m'appuierai pour un tel examen. La fonction que remplissent, en physique, les hypothèses m'oblige à placer ici ce problème de philosophie positive.

Théorie des hypothèses. — Il n'y a que deux moyens propres à dévoiler la loi d'un phénomène : l'analyse de sa marche, et sa relation à quelque loi préalablement établie ; en un mot, l'induction et la déduction. L'une et l'autre seraient insuffisantes si l'on ne commençait par faire une supposition provisoire ; de là l'introduction des hypothèses. Sans cet heureux détour, dont les méthodes d'approximation des géomètres ont suggéré l'idée, la découverte des lois naturelles serait impossible dans les cas compliqués. Cet artifice doit remplir une condition, à défaut de laquelle il entraverait le développement des connaissances. Cette condition, c'est qu'il faut toujours imaginer des hypothèses susceptibles d'une vérification positive.

En d'autres termes, les hypothèses philosophiques doivent être de simples anticipations sur ce que l'expérience et le raisonnement auraient pu dévoiler immédiatement, si les circonstances du problème eussent été plus favorables. En se tenant à cette règle, on peut toujours introduire des hypothèses ; on se borne ainsi à substituer une exploration indirecte à l'exploration directe, quand celle-ci serait impossible ou trop difficile. Si l'une et l'autre n'avaient pas le même sujet, si l'on prétendait atteindre, par l'hypothèse, à ce qui est inaccessible à l'observation et au raisonnement, l'hypothèse, sortant du domaine scientifique, deviendrait nuisible.

Nos études sont circonscrites à l'analyse des phénomènes pour aboutir à la découverte de leurs *lois*, c'est-à-dire leurs relations constantes de succession ou de similitude ; elles ne peuvent nullement concerner leur nature intime, ni leur *cause*, première ou finale, ni leur mode essentiel de production. Toute hypothèse, qui franchit ces limites, engendre des discussions interminables sur des questions insolubles.

Les hypothèses employées par les physiciens doivent être divisées en deux classes : les unes, jusqu'ici peu nombreuses, sont relatives aux lois des phénomènes ; les autres, dont le rôle actuel est plus étendu, concernent la détermination des agents généraux auxquels on rapporte les différents genres d'effets naturels. D'après la règle précédente, les premières sont seules admissibles ; les secondes sont chimériques ; elles entravent le progrès de la physique. Telle est la maxime philosophique que je dois établir.

En astronomie, le premier ordre d'hypothèses est exclusivement usité, depuis que cette science est devenue positive. Tel fait est peu connu, ou telle loi est ignorée : on forme alors, à cet égard, une hypothèse en harmonie avec les données acquises, et la science finit par conduire à de nouvelles conséquences observables, pouvant confirmer ou infirmer, sans équivoque, la supposition primitive.

Depuis l'établissement de la loi de la gravitation, les géomètres et les astronomes ont renoncé à créer des fluides chimériques pour expliquer le mode de production des mouvements célestes.

Pourquoi les physiciens ne borneraient-ils pas, comme les astronomes, les hypothèses à porter uniquement sur les circonstances inconnues des phénomènes, ou sur leurs lois ignorées ? A quoi bon ces conceptions fantastiques sur les fluides et les éthers, auxquels on rapporte les phénomènes de la chaleur, de la lumière, de l'électricité et du magnétisme ? Ce mélange de réalité et de chimères fausse les notions essentielles, engendre des débats sans issue, et éloigne beaucoup de bons esprits d'une étude qui offre un tel caractère d'arbitraire.

La seule définition de ces agents inintelligibles devrait

suffire pour les exclure de toute science. Leur existence n'est pas plus susceptible de négation que d'affirmation. Ils sont imaginés comme invisibles, comme intangibles et comme impondérables ; notre raison ne saurait avoir sur eux aucune prise. C'est par une véritable inconséquence que ceux qui croient à l'existence du calorique, de l'éther lumineux, ou des fluides électriques, refusent d'admettre les anges et les génies. On a vu de tels physiciens repousser, comme indigne d'examen, l'idée du fluide sonore, proposée par Lamark : cependant le seul tort de cette hypothèse, c'est d'être venue trop tard, après la constitution de l'acoustique.

Les physiciens se défendent d'attacher une réalité intrinsèque à ces hypothèses, qu'ils préconisent comme des moyens de faciliter la conception des phénomènes. Est-il possible, après avoir adopté une notion qui ne comporte aucune vérification, de la mêler à toutes les idées réelles sans être entraîné à lui attribuer une existence effective ? Même en admettant cette sécurité, sur quel motif pourrait-on fonder la nécessité d'une marche aussi étrange ? L'astronomie s'en passe, et cependant on y conçoit très nettement tous les phénomènes. La véritable raison, c'est que l'astronomie, étant plus ancienne que la physique, a atteint, avant elle, l'entier développement de son caractère scientifique.

En examinant la prétendue destination de ces hypothèses, on ne comprend pas comment la dilatation des corps serait *expliquée*, c'est-à-dire éclaircie par cette idée qu'un fluide, interposé entre les molécules, tend à en augmenter les intervalles, puisqu'il reste à concevoir d'où vient à ce fluide cette élasticité, qui est encore moins intelligible que le fait primitif. On ne conçoit pas mieux la propriété lumineuse des corps, après l'avoir attribuée à leur faculté incompréhensible de lancer un fluide fictif, ou de faire vibrer un éther imaginaire. Il en est de même à l'égard des phénomènes électriques ou magnétiques. Toutes ces explications ne sont guère plus scientifiques que l'explication métaphysique des phénomènes humains par l'action mystérieuse de l'âme sur le corps. Dans l'un et l'autre cas, loin d'aplanir aucune difficulté, on en fait naître un grand nombre de nouvelles. Toute tentative, même fictive, pour concevoir le mode de production des phénomènes est illusoire, et opposée au véritable esprit scientifique.

Cette manière de raisonner tient à une dernière influence de la philosophie métaphysique, dont le joug pèse encore sur nous à tant d'égards.

Les *fluides* ont pris la place des *entités*, dont la transformation a consisté à se matérialiser. Qu'est-ce que la chaleur, conçue comme existant à part du corps chaud ; la lumière, indépendante du corps lumineux ; l'électricité, séparée du corps électrique ? Ne sont-ce pas de pures entités, aussi bien que la pensée, envisagée comme un être indépendant du corps pensant, ou la digestion, isolée du corps digérant ? La seule différence qui les distingue des anciennes entités scolastiques, c'est qu'on a substitué, à des êtres abstraits, des fluides imaginaires, dont la corporéité est équivoque, puisqu'on leur ôte toutes les qualités qui caractérisent une matière quelconque. Nous n'avons pas même la ressource de les envisager comme la limite idéale d'un gaz de plus en plus raréfié.

Le caractère des conceptions métaphysiques est d'envisager les phénomènes indépendamment des corps qui les manifestent et d'attribuer aux propriétés de chaque substance une existence distincte de la sienne. Qu'importe ensuite que, de ces abstractions personnifiées, on fasse de âmes ou des fluides ? L'origine est toujours la même ; elle se rattache à cette enquête sur la nature intime des choses, qui inspira primitivement la conception des dieux, devenus ensuite des âmes, et finalement transformés en fluides imaginaires.

Cette considération se trouve en harmonie avec l'analyse historique. A l'origine de toute science positive, l'intelligence a passé par cette phase de développement nécessaire. C'est un intermédiaire indispensable entre l'état métaphysique et l'état positif. Sans ce positivisme bâtard, l'esprit humain n'aurait jamais pu renoncer aux théories métaphysiques, qui lui permettaient, en apparence, la connaissance intime des êtres et du mode de production de leurs phénomènes.

L'astronomie n'a pas plus échappé que la physique à cette obligation. Seulement cette phase de développement est accomplie depuis si longtemps que personne n'y fait plus attention. En étudiant la marche de l'esprit humain au XVIIe siècle, on reconnaît combien, à cette époque, les géomètres et les astronomes étaient préoccupés d'hypothèses analogues.

Tel est le caractère de la conception de Descartes sur l'explication des mouvements célestes par l'influence d'un système de tourbillons imaginaires. L'histoire de cette hypothèse est la plus propre à éclaircir la question actuelle : ici, l'analyse porte sur une opération philosophique achevée, où nous suivons l'enchaînement des trois phases, la création de l'hypothèse, son usage temporaire, et enfin son rejet définitif, après l'accomplissement de sa destination réelle.

Ces fameux tourbillons, tant décriés maintenant par les physiciens qui croient au calorique, à l'éther et aux fluides électriques, ont été un puissant moyen de développement pour la philosophie, en introduisant l'idée d'un mécanisme quelconque, où Képler lui-même n'avait osé concevoir que l'action incompréhensible des âmes et des génies.

Après la théorie de la gravitation newtonienne, l'influence, d'abord progressive, du système des tourbillons devint rétrograde, en vertu de la fatalité qui porte les doctrines, aussi bien que les institutions et les pouvoirs, à prolonger leur activité au delà de la fonction, plus ou moins temporaire, que la marche de l'esprit humain leur avait assignée.

Ce n'est pas seulement en astronomie que nous pouvons observer cette transition ; elle est accomplie dans les branches de la physique les plus avancées, et surtout dans l'étude de la pesanteur.

Il n'a peut-être pas existé un seul savant de quelque valeur, pendant le XVIIe siècle, même longtemps après Galilée, qui n'ait construit ou adopté un système sur les causes de la chute des corps. Qui s'occupe aujourd'hui de ces hypothèses, sans lesquelles l'étude de la pesanteur semblait impossible ? L'acoustique en est affranchie. Les travaux de Fourier tendent à débarrasser la thermologie de tous les fluides et éthers imaginaires. Il ne reste que la lumière et l'électricité. Il n'y a aucun motif qui puisse les faire excepter de la règle générale. Cette question doit être regardée comme résolue par tous ceux qui pensent que le développement historique de l'esprit humain est assujetti à des lois.

On admettra donc, en physique, comme principe de la théorie des hypothèses, que *toute hypothèse scientifique doit exclusivement porter sur les lois des phénomènes, et jamais sur leur mode de production.*

Je dois disposer les branches de la physique d'après le degré de généralité des phénomènes correspondants, leur complication plus ou moins grande, la perfection relative de leur étude et leur dépendance mutuelle.

Tous ces motifs se réunissent pour assigner le premier rang à la science des phénomènes de la pesanteur : leur généralité ne saurait être douteuse, leur simplicité et leur indépendance à l'égard de tous les autres ne sont pas moins sensibles. Par une suite nécessaire de ces qualités, leur étude constitue la partie la plus satisfaisante de la physique.

Les mêmes considérations appliquées en sens inverse me font placer, à l'extrémité opposée, les phénomènes électriques, dont je ne sépare pas les phénomènes magnétiques.

Entre ces deux termes viennent s'intercaler, d'après les mêmes principes, la thermologie, l'acoustique et l'optique. La théorie de la chaleur doit être placée après celle de la pesanteur, à cause de la généralité de ses phénomènes. Le caractère scientifique y est plus prononcé que dans l'étude de l'électricité ou de la lumière. Enfin, quoique l'application de l'analyse mathématique y ait eu lieu plus tard, elle y présente un aspect plus rationnel, grâce à la supériorité de son fondateur qui, dédaignant de disserter algébriquement sur des fluides imaginaires, s'est imposé la condition sévère d'une parfaite positivité.

Cette dernière considération concourt, avec celle de la généralité relative, à me faire placer l'acoustique avant l'optique. La positivité en est supérieure, le son n'étant point aujourd'hui personnifié comme la lumière.

Tel est l'ordre des branches principales de la physique : pesanteur, chaleur, acoustique, optique et électricité.

HUITIÈME LEÇON

CHIMIE

La chimie constitue la branche la moins avancée de la philosophie inorganique. En introduisant, dans des actes chimiques, déjà bien explorés, quelques modifications, même légères et peu nombreuses, il est rarement possible de prédire avec justesse les changements qu'elles doivent produire ; et, sans cette condition, il n'existe point de *science ;* il y a seulement *érudition*, quelles que soient l'importance et la multiplicité des faits recueillis. Penser autrement, c'est prendre une carrière pour un édifice.

L'infériorité de la chimie doit être en partie attribuée à l'éducation défectueuse de la plupart des savants qui s'y livrent. Une judicieuse analyse philosophique contribuerait au perfectionnement de cette science. Nous devons en définir l'objet.

Il est aisé de caractériser les phénomènes chimiques : tous présentent une altération plus ou moins complète, mais toujours appréciable, dans la constitution intime des corps considérés, c'est-à-dire une composition ou une décomposition, et le plus souvent l'une et l'autre.

Par ce caractère, la chimie se distingue de la physique, qui la précède, et de la biologie, qui la suit. L'ensemble de ces trois sciences a pour objet d'étudier l'activité moléculaire de la matière, dans ses différents modes. L'action chimique présente quelque chose de plus que la simple action physique, et quelque chose de moins que l'action vitale.

Pour compléter cette notion des phénomènes chimiques, il est utile d'y ajouter deux considérations, relatives à la nature du phénomène et à ses conditions générales.

Toute substance est susceptible d'une activité chimique plus ou moins variée : c'est pourquoi les phénomènes chimiques ont été classés parmi les phénomènes généraux. Ils offrent un contraste avec les phénomènes physiques en ce qu'ils présentent, en chaque cas, quelque chose de spécifique, ou d'électif, suivant l'expression de Bergmann. Les propriétés physiques constituent le fondement de toute existence matérielle. C'est par les propriétés chimiques que les individualités se prononcent.

En second lieu, parmi les conditions variées, propres au développement des phénomènes chimiques, on a pu remarquer, de tout temps, la nécessité du contact immédiat des particules antagonistes et, par suite, celle de l'état fluide, soit gazeux, soit liquide, de l'une au moins des substances considérées.

On peut résumer les considérations précédentes, en définissant la chimie comme ayant pour but d'*étudier les lois des phénomènes de composition et de décomposition qui résultent de l'action moléculaire et spécifique des diverses substances naturelles ou artificielles, agissant les unes sur les autres.*

Il est à craindre que l'imperfection de cette science ne comporte pas, de longtemps, une définition plus précise. Pour caractériser le véritable esprit de la chimie, il importe d'en considérer la définition la plus rationnelle.

En rattachant toujours la considération de *science* à celle de *prévoyance*, on doit se proposer, dans toute recherche chimique, étant données les propriétés des substances simples ou composées, placées dans des circonstances bien définies, de déterminer en quoi consistera leur action, et quelles seront les propriétés des nouveaux produits.

Si de telles solutions étaient obtenues, les trois applications fondamentales de la chimie, soit à l'étude des phénomènes vitaux, soit à l'histoire naturelle du globe, soit enfin aux opérations industrielles, seraient rationnellement organisées. Cette conception du problème chimique, bien que supérieure à l'état actuel de la science, est le but vers lequel tendent les efforts des chimistes, puisque les questions simples et peu nombreuses, à l'égard desquelles ce résultat a été atteint, sont regardées comme les parties les plus avancées de la chimie.

Toutes les données de cette science devraient, en dernier lieu, pouvoir se réduire à la connaissance des propriétés des corps simples, qui conduirait à celle des principes immédiats et, par suite, aux combinaisons les plus complexes et les plus éloignées.

Nous pouvons, en résumé, définir la chimie comme ayant pour objet final : *étant données les propriétés de tous les corps simples, trouver celles de tous les composés qu'ils peuvent former.*

La considération de ce but, rarement atteint, me semble très utile pour donner aux recherches une marche plus philosophique. Une définition précise est le premier symptôme d'une consistance scientifique, et la meilleure mesure des progrès accomplis. C'est ce qui m'a déterminé à insister sur ce sujet.

La loi établie relativement à l'harmonie qui existe entre l'accroissement de complication des divers ordres de phénomènes et l'extension des moyens d'exploration se vérifie pour la chimie. C'est ici que *l'observation* proprement dite reçoit son complet développement. La chimie y fait concourir tous les sens de l'homme.

Quant à *l'expérience*, elle est, malgré les apparences, moins appropriée à la nature des recherches chimiques qu'à celle des questions physiques. Les effets chimiques dépendent ordinairement d'un trop grand concours d'influences pour qu'il soit facile d'en éclairer la production par de véritables expériences, en instituant deux cas parallèles qui soient identiques dans toutes leurs circonstances, sauf celle qu'on veut apprécier, ce qui est la condition de toute expérimentation irrécusable.

Enfin le troisième mode d'exploration, la *comparaison*, pourrait commencer à acquérir, dans les recherches chimiques, une véritable efficacité. Je n'ai pas besoin d'en signaler d'autre indice que l'existence des familles naturelles, bien que la classification correspondante soit loin d'être bien établie. Peut-être, en indiquant cette relation, mon esprit se tient-il trop au delà de l'état présent de la science ; mais il ne faut pas oublier que la chimie est une science naissante. C'est en devançant les phases de ce développement que l'étude de la philosophie peut hâter les progrès des sciences.

Quels que soient les moyens employés pour l'exploration chimique, leur emploi est ordinairement susceptible d'une vérification appropriée à la nature de la chimie. Cette ressource résulte de la confrontation de *l'analyse* et de la *synthèse*.

Tout corps qui a été décomposé doit être conçu comme susceptible d'une recomposition, d'ailleurs plus ou moins difficile et quelquefois presque impossible à réaliser. Si cette opération inverse reproduit la substance primitive, la démonstration chimique acquiert la plus incontestable certitude. L'extension de la chimie ayant plus porté sur les facultés analytiques que sur les moyens synthétiques, ces deux voies sont loin de conserver entre elles une exacte harmonie.

Pour caractériser les cas où cette harmonie est nécessaire à l'établissement d'une conviction inébranlable, il faut distinguer deux genres d'analyse : une analyse préliminaire, consistant dans la simple séparation des principes immédiats,et une analyse finale, conduisant à la détermination des *éléments* proprement dits.

Cette dernière analyse est le complément de toute étude chimique ; l'usage de la première est plus important et plus étendu. On peut, dans l'analyse élémentaire, se dispenser d'une vérification synthétique ; car on déduit toujours, de la composition des réactifs employés comparée à celle des produits obtenus, la composition inconnue de la substance proposée.

Il en est autrement quand il s'agit de déterminer les principes immédiats : leurs éléments pouvant toujours produire entre eux d'autres combinaisons de différents ordres, on n'est jamais certain, dans cette analyse, qu'un ou plusieurs des prétendus principes immédiats qu'elle a fournis ne doivent pas leur origine aux réactions provoquées par l'opération analytique elle-même. La synthèse peut seule alors, en reconstruisant avec les matériaux trouvés la substance proposée, décider la question d'une manière irrécusable ; à moins que, grâce à la faible énergie des réactifs, ou à la puissance des inductions analogiques, les résultats directs de l'analyse ne comportent aucun doute raisonnable.

Pour compléter l'aperçu de ce principe, on doit remarquer l'existence d'une certaine harmonie entre la possibilité d'appliquer la méthode synthétique et l'obligation d'y recourir. Cela résulte de ce que les combinaisons deviennent moins tenaces à mesure que l'ordre de composition des particules constituantes s'élève davantage. Or le degré de facilité de la recomposition doit sans doute correspondre à celui avec lequel la séparation s'est opérée. Ainsi l'analyse élémentaire, la seule dans laquelle on puisse se dispenser de la contre-épreuve synthétique, obligerait aux recompositions les plus difficiles, souvent même impossibles, pour peu que les éléments soient nombreux, par suite des réactions très énergiques qui y sont ordinairement nécessaires. Au contraire, les cas d'analyse immédiate, n'exigeant que de faibles antagonismes, n'opposent pas de grands obstacles aux opérations synthétiques, qui sont alors presque indispensables.

Après avoir considéré le but de la chimie et les moyens d'exploration de cette science, nous sommes conduits à en examiner la position encyclopédique, c'est-à-dire à en justifier le rang dans la hiérarchie scientifique.

Ce cas me paraît l'un des plus propres à constater que ma classification ne repose pas sur des considérations arbitraires. Aucune position encyclopédique ne se présente avec plus de spontanéité. Par les phénomènes électro-chimiques, la chimie touche à la physique, dont elle constitue un simple prolongement ; et, à son autre extrémité, par l'étude des combinaisons organiques, elle adhère à la biologie, dont elle établit les fondements.

Considérons la chimie relativement aux sciences qui la précèdent en commençant par la physique.

Les phénomènes chimiques sont plus compliqués que les phénomènes physiques ; l'étude des premiers est subordonnée à celle des seconds. Les uns et les autres sont généraux ; mais l'ordre de généralité des faits chimiques est inférieur à celui des faits physiques. En comparant ceux-ci aux faits astronomiques, j'ai démontré que leur généralité est moindre; bien que propres à tous les corps, ils ne s'y manifestent pas dans toutes les circonstances, leur développement étant soumis à certaines conditions. Le même principe est applicable ici. Avec de simples modifications, les propriétés physiques appartiennent à toutes les substances.

Chaque corps manifeste ses propriétés chimiques dans un état si restreint qu'il a fallu une longue série d'essais laborieux pour parvenir à le réaliser. La nature nous offre de nombreux effets physiques qui ne sont accompagnés d'aucun effet chimique, tandis que nul phénomène chimique ne peut avoir lieu sans la coexistence de certains phénomènes physiques. Les agents chimiques les plus puissants sont empruntés à la physique. On ne saurait concevoir la chimie sans lui donner la physique pour base.

De cette relation résulte une subordination indirecte, mais nécessaire, de la chimie à l'astronomie et même à la science mathématique.

Toute tentative par laquelle on se propose de faire rentrer les questions chimiques dans le domaine des doctrines mathématiques est opposée à la nature des phénomènes, et résulte d'hypothèses arbitraires sur la constitution intime des corps. Si, par une aberration heureusement impossible, l'analyse mathématique acquérait, en chimie, la même prépondérance qu'en physique, elle déterminerait une rétrogradation en substituant des conceptions vagues à des notions positives, et un verbiage algébrique à l'exploration des faits.

La subordination directe de la chimie à l'astronomie est également très faible, mais plus prononcée. Elle est presque insensible dans la chimie *abstraite*, seule cultivée aujourd'hui. Quand les progrès de la philosophie permettront le développement de la chimie *concrète*, c'est-à-dire l'application des connaissances chimiques à l'histoire naturelle du globe, on éprouvera sans doute le besoin de combiner, pour expliquer les phénomènes, les considérations chimiques et les considérations astronomiques. La géologie actuelle doit nous faire pressentir la manifestation future d'une semblable nécessité, qu'un vague instinct avait probablement révélée aux philosophes de l'âge théologique, au milieu de leurs rapprochements entre l'astrologie et l'alchimie.

Si les relations de la chimie avec la science mathématique, et même avec l'astronomie, sont peu considérables au point de vue de la doctrine, il n'en est pas ainsi relativement à la méthode. Une suffisante habitude de l'esprit mathématique et de la philosophie astronomique exercerait la plus salutaire influence sur les savants voués à l'étude de la chimie.

Il serait superflu de considérer la liaison de la chimie avec les sciences qui la suivent, et surtout avec la biologie. Un tel examen sera mieux à sa place dans l'étude de cette dernière science, qui s'appuie sur la chimie, soit comme point de départ, soit comme moyen d'investigation.

La position encyclopédique de la chimie, ainsi vérifiée, conduit à fixer le degré de perfection que comporte cette science, comparée aux autres. Sous le double aspect de la méthode et de la doctrine, le degré de perfection de la chimie est inférieur à celui de la physique, et supérieur à celui de la biologie.

Quant à la méthode, la physique est plus rapprochée que la chimie de l'état positif. Si la première présente encore, dans ses hypothèses, un caractère métaphysique, la seconde est, à certains égards, essentiellement métaphysique. La doctrine des *affinités*, jusqu'à présent classique, est d'une nature encore plus ontologique que celle des fluides et des éthers imaginaires. Si ces derniers ne sont que des entités matérialisées, les affinités vulgaires sont des entités complètement pures, aussi vagues et indéterminées que celles de la philosophie scolastique du moyen âge. Les solutions qu'on en déduit présentent le caractère des explications métaphysiques, la simple et naïve reproduction, en termes abstraits, de l'énoncé du phénomène. Le développement des observations chimiques, qui doit discréditer une aussi vaine philosophie, n'a fait que la modifier de manière à en dévoiler la nullité.

Quand les affinités étaient regardées comme absolues et invariables, leur emploi présentait une apparence imposante. Depuis que les faits ont forcé de concevoir les affinités comme variables, d'après une foule de circonstances, leur usage est devenu, par ce seul changement, d'une inanité plus manifeste et presque puérile.

Ainsi, pour fixer les idées, on sait que le fer décompose l'eau à une certaine température. On a reconnu ensuite que, sous la seule influence d'une plus haute température, l'hydrogène décompose l'oxyde de fer. Que peut signifier, dès lors, l'ordre d'affinité qu'on croira devoir établir entre le fer et l'hydrogène pour l'oxygène ? Si l'on fait varier cet ordre avec la température, comment peut-on contester la nature purement verbale de cette prétendue explication ?

L'empire de l'éducation et surtout l'état correspondant du développement général de l'humanité dominent tellement la marche individuelle des esprits, même les plus éminents, que Berthollet, dans l'ouvrage où il a renversé l'ancienne doctrine des affinités invariables ou *électives*, n'a pu se soustraire complètement aux habitudes d'ontologie chimique, et a maintenu l'usage des vaines conceptions d'affinités, rendues encore plus vagues par les modifications mêmes qu'il a dû leur faire subir. Pour constater combien ces habitudes sont encore enracinées, il suffit de signaler l'étrange et absurde doctrine de l'*affinité prédisposante*, dont l'usage est resté classique, comme l'indiquent les traités les plus récents, et entre autres celui de Berzélius.

Lorsque, par exemple, l'action de l'acide sulfurique détermine, à la température ordinaire, la décomposition de l'eau par le fer, de façon à dégager l'hydrogène, on attribue ce phénomène à l'affinité de l'acide sulfurique pour l'oxyde de fer qui *tend* à se former. Peut-on imaginer rien de plus métaphysique, et même de plus incompréhensible que l'action sympathique d'une substance sur une autre qui n'existe pas encore, et la formation de celle-ci en vertu de cette mystérieuse affection ? Il faut convenir que, à côté d'une telle conception, les étranges fluides des physiciens sont quelque chose de rationnel et de satisfaisant.

On doit sentir, par ce qui précède, l'importance du plan que j'ai indiqué pour l'éducation des chimistes. La doctrine des affinités est une tentative pour concevoir la nature intime des phénomènes chimiques, aussi inaccessible que les essences analogues qu'on cherchait autrefois à l'égard des phénomènes plus simples. Comment les chimistes pourraient-ils se pénétrer de l'esprit positif, si ce n'est par l'étude des seules sciences où il soit pleinement développé ?

Il me reste à signaler les propriétés philosophiques les plus élevées de la chimie, relativement à son action sur l'éducation de la raison humaine.

On pourrait dire d'abord, à l'égard de la méthode, que la chimie présente à l'esprit humain de grandes ressources pour étudier, en général, l'art de l'expérimentation ; mais la physique lui est supérieure sur ce point. La chimie peut surtout enseigner l'art de l'observation proprement dite. De plus, il existe, dans le système de la méthode positive, une partie fort importante, quoique peu appréciée, que la chimie me semble destinée à perfectionner. Il s'agit, non pas de la théorie des classifications, assez mal entendue par les chimistes, mais de l'art des nomenclatures rationnelles, dont la chimie, par la nature même de son objet, présente les plus parfaits modèles.

Parmi les sciences dans lesquelles la multitude des sujets considérés excite à la formation des nomenclatures, la chimie est la seule dont les phénomènes soient assez simples, assez uniformes et assez déterminés pour que la nomenclature rationnelle en puisse être à la fois claire, rapide et complète. Toutes les considérations chimiques sont dominées par la notion prépondérante de la composition. Le but de la chimie est de tout rallier à ce caractère suprême. Ainsi le nom de chaque corps, en faisant connaître sa composition, peut indiquer un résumé de son histoire chimique. Plus la chimie fera de progrès, plus cette propriété de sa nomenclature devra se développer. D'un autre côté, le dualisme y étant la constitution la plus commune, c'est la condition la plus favorable à la formation d'une nomenclature rapide, et néanmoins expressive. Aussi la chimie en a-t-elle présenté, de tout temps, un système plus ou moins grossier, mais nullement comparable à celui qui a été formé par Guyton-Morveau.

La chimie développe l'un de ces moyens fondamentaux dont l'ensemble constitue le pouvoir général de l'esprit humain. Dans les sciences plus compliquées, la formation des nomenclatures, quoique plus difficile, présente cependant un puissant intérêt. J'ai voulu montrer la nécessité de puiser, dans la chimie, les principes et l'esprit de l'art des nomenclatures scientifiques.

Les propriétés philosophiques de la chimie sont plus éclatantes et plus essentielles au point de vue de la doctrine.

J'ai déjà signalé le caractère d'opposition à toute philosophie théologique qui est caractérisé par ces deux propriétés des différentes sciences : 1° prévision des phénomènes ; 2° modification volontaire exercée sur eux.

J'ai également indiqué que, plus la faculté de prévoir diminue, par suite de la complication croissante des phénomènes, plus la faculté de modifier est augmentée par la variété des moyens d'action qui résulte de cette complication même.

Le développement de la puissance humaine dans l'ordre des effets chimiques doit compenser l'infériorité de la chimie en prévoyance rationnelle, pour faire constater que cette classe de phénomènes ne saurait être régie par aucune volonté providentielle.

Je crois devoir indiquer une autre voie, par laquelle la chimie est destinée à contribuer à l'affranchissement du génie humain, en rectifiant les notions primitives sur l'économie de la nature terrestre.

Depuis l'école d'Aristote, les philosophes ont pensé que les mêmes substances élémentaires se reproduisent dans les grandes opérations naturelles. Ce vague aperçu métaphysique n'ayant pu être réalisé, l'esprit humain est resté sous l'empire du dogme théologique des destructions et des créations absolues. Tant qu'on ne pouvait tenir compte des produits gazeux, un grand nombre de phénomènes devaient inspirer l'idée d'anéantissement ou de production de matière. Il a fallu la décomposition de l'air et celle de l'eau, l'analyse des substances végétales et animales, peut-être même l'analyse des alcalis proprement dits et des terres, pour établir le principe de la perpétuité de toute matière, et pour remplacer les idées théologiques de destruction et de création par les notions positives de décomposition et de recomposition.

A l'égard des phénomènes vitaux, la connaissance des éléments de la substance des corps vivants et l'examen de leurs principales fonctions ont démontré qu'il ne peut exister de matière organique entièrement hétérogène à la matière inorganique, et que les transformations vitales sont subordonnées, comme toutes les autres, aux lois des phénomènes chimiques. L'analyse chimique me paraît avoir rempli, à cet égard, sa fonction essentielle. C'est par la voie, plus difficile, mais plus lumineuse, de la synthèse, que la chimie doit compléter ce vaste ensemble de démonstrations.

Je dois enfin envisager la division de la chimie.

Cette science est trop rapprochée de son berceau pour que la coordination de ses parties principales se manifeste d'une manière non équivoque. On s'est plus préoccupé de multiplier les observations que de les classer.

La division de la chimie en *inorganique* et en *organique* ne peut pas être conservée. On ne saurait admettre que, dans la chimie abstraite, les combinaisons puissent être classées d'après leur origine. Le développement des recherches chimiques montre la nullité d'une telle division, puisque la première partie empiète constamment sur la seconde, qui serait déjà presque absorbée si elle ne se fût alimentée aux dépens de la biologie. La chimie organique présente un caractère bâtard, moitié chimique, moitié biologique.

Le principe de la division rationnelle de la chimie doit être cherché dans l'ordre des idées de décomposition. En suivant toujours la complication graduelle des phénomènes, cet ordre d'idées donne lieu à deux motifs de distinctions chimiques : 1° la pluralité croissante des principes constituants, médiats ou immédiats, selon que les combinaisons sont binaires, ou ternaires, etc. ; 2° le dégré de composition plus ou moins élevé des principes immédiats, dont chacun, dans le cas, par exemple, d'un dualisme continuel, est décomposable, un plus ou moins grand nombre de fois consécutives, en deux autres.

Il faut décider lequel de ces deux points de vue doit être choisi comme prépondérant. A mes yeux, la considération du degré de composition est supérieure à celle de la multiplicité des principes, en ce qu'elle caractérise mieux l'esprit et le but de la science chimique.

NEUVIÈME LEÇON

BIOLOGIE

L'étude de l'homme et celle du monde constituent le double objet des conceptions philosophiques. Chacune de ces deux études peut être appliquée à l'autre et lui servir de point de départ. De là résultent deux manières de philosopher différentes, et même opposées, selon qu'on procède de la considération de l'homme à celle du monde, ou de la connaissance du monde à celle de l'homme.

La philosophie théologique ou métaphysique prend pour principe, dans l'explication des phénomènes du monde, le sentiment immédiat des phénomènes humains. La philosophie positive, au contraire, subordonne la conception de l'homme à celle du monde.

En faisant prédominer la considération de l'homme, on est conduit à attribuer tous les phénomènes à des *volontés* correspondantes, d'abord naturelles, et ensuite surnaturelles, ce qui constitue le système théologique.

L'étude directe du monde a pu seule produire et développer la grande notion des lois de la nature, fondement de toute philosophie positive. S'étendant graduellement à des phénomènes de moins en moins réguliers, cette étude a été enfin appliquée à l'étude de l'homme et de la société, dernier terme de son entière généralisation.

Bien que cette question ne soit pas à sa place, j'ai dû

l'indiquer ici par anticipation, pour faire ressortir l'esprit de la philosophie positive et pour signaler, en même temps, l'imperfection de la constitution scientifique actuelle. A l'égard de toute autre science, une telle considération concernerait seulement la position encyclopédique, sans en affecter directement le caractère essentiel. Pour la biologie, cette subordination à la science du monde constitue le fondement de la positivité.

La biologie a commencé à prendre un caractère scientifique depuis l'époque, presque contemporaine, où les phénomènes vitaux ont été regardés comme assujettis aux lois générales, dont ils présentent de simples modifications. Leur indépendance à cet égard n'est plus soutenue que par les métaphysiciens. Le sentiment du véritable point de vue spéculatif, auquel la vie doit être étudiée, a été jusqu'ici assez peu énergique pour n'avoir pu déterminer aucun changement dans l'ancien système de culture de la biologie.

L'importance de ce cours est plus grande pour cette science que pour toute autre : il s'agit, en effet, d'en fixer le caractère.

Cette opération doit soustraire l'étude des corps vivants aux influences métaphysiques, et la préserver des empiètements de la philosophie inorganique. Depuis un siècle environ, la biologie a été ballottée entre la métaphysique, qui s'efforçait de la retenir, et la physique, qui tendait à l'absorber ; entre l'esprit de Stahl, et l'esprit de Boerhaave.

La complication des phénomènes biologiques et leur culture récente expliquent l'imperfection relative de leur étude. L'influence de la philosophie métaphysique, ou même théologique, continue à y faire rechercher ces notions absolues auxquelles on a renoncé à l'égard des phénomènes moins compliqués. Depuis près d'un siècle, on dispense la physique de pénétrer le mystère de la pesanteur, dont elle doit seulement dévoiler les lois ; tandis qu'on reproche journellement à la biologie de ne rien nous apprendre sur l'essence de la vie, du sentiment et de la pensée.

Après ce préambule, nous devons considérer la biologie sous les mêmes aspects que les sciences précédentes : il faut caractériser son objet et circonscrire le champ de ses recherches.

Le développement spontané de l'intelligence humaine tend à déterminer le passage de chaque branche de connaissances, de l'état théologique et métaphysique à l'état positif. Ce passage serait trop lent s'il n'était pas accéléré par une stimulation inévitable ; je veux parler de l'impulsion qui résulte des besoins de l'application. C'est ce qui a fait dire à la plupart des philosophes que toute science naît d'un art correspondant.

La liaison des sciences aux arts, qui a une très grande importance pour le développement des premières, tend à ralentir leur marche, dès que les sciences sont parvenues à un certain degré d'extension. Notre force de spéculation a plus de portée que notre capacité d'action ; il serait absurde d'astreindre la première à régler son essor sur celui de la seconde.

A la science, il appartient de connaître et par suite de prévoir ; à l'art, de pouvoir et par suite d'agir.

Tout en résultant d'un art dans sa positivité naissante, chaque science ne peut comporter un développement ferme et rapide qu'en étant conçue et cultivée abstraction faite de toute idée d'art. Cette vérification est peu sensible à l'égard des mathématiques et de l'astronomie, vu l'époque trop reculée de leur formation. Il en est autrement de la physique et surtout de la chimie, à la naissance desquelles nous avons, pour ainsi dire, assisté. Nous sentons combien leur relation aux arts a été essentielle à leurs premiers pas, et combien ensuite leur séparation d'avec eux a contribué à la rapidité de leurs progrès.

Ces réflexions sont applicables à la biologie. Aucune science n'a eu sa marche aussi étroitement liée au développement de l'art correspondant. La biologie doit prendre, comme les autres sciences, un essor franchement spéculatif, libre de toute adhérence directe, soit à l'art médical, soit à toute autre application.

Il faut isoler la physiologie de la médecine pour assurer l'originalité de son caractère, et pour constituer la philosophie organique à la suite de la philosophique inorganique. Depuis Haller, cette séparation s'accomplit en Allemagne et en France ; elle n'est pas encore assez parfaite pour rendre l'essor de la biologie libre et rapide. La prolongation de son adhérence à l'art médical s'oppose à ce que la biologie soit cultivée par les intelligences les plus capables d'en diriger les progrès spéculatifs. Sauf un très petit nombre de précieuses exceptions, cette étude est livrée aux médecins ; ils y sont rendus impropres par leurs occupations importantes et par leur éducation imparfaite.

Ceux qui rejetteraient comme absurde la pensée de confier aux navigateurs la culture de l'astronomie finiront probablement par trouver étrange l'usage d'abandonner les études biologiques aux loisirs des médecins.

Le seul motif spécieux qu'on puisse alléguer en faveur d'une telle confusion consiste dans la crainte que la théorie, livrée à son libre élan, ne perde de vue les besoins de la pratique, dont cette séparation tendrait à ralentir ainsi le perfectionnement. La science pourrait encore moins concourir au progrès de l'art si ce dernier, en s'efforçant de la éternir adhérente, s'opposait, par cela même, à son développement. L'expérience éclatante et unanime des autres sciences doit dissiper, à ce sujet, toute inquiétude sérieuse.

A l'égard des sciences plus avancées, cette discussion eût été superflue ; elle est nécessaire, au sujet de la biologie, pour mieux motiver l'aspect purement spéculatif sous lequel une telle science doit être ici envisagée.

Examinons l'objet de la biologie abstraite. L'étude des lois vitales constituant le sujet de la biologie, il faut d'abord analyser en elle-même la notion de la *vie*, au point de vue philosophique.

Bichat est le premier qui ait tenté d'établir cette notion sur une base positive. Il ne sut pas réaliser une sage application du principe qu'il avait posé. Subissant à son insu l'influence de l'ancienne philosophie, dont il s'efforçait de sortir, il continua à se préoccuper de la fausse idée d'un antagonisme absolu entre la nature morte et la nature vivante, et il choisit cette lutte chimérique pour le caractère essentiel de la vie. Il convient de nous arrêter à l'examen de cette erreur, qui peut contribuer à éclaircir la question.

Cette conception supprime l'un des deux éléments inséparables dont l'harmonie constitue l'idée de *vie*. Cette idée suppose, non seulement un être organisé de manière à comporter l'état vital, mais encore un certain ensemble d'influences extérieures propres à en assurer l'accomplissement. Si, comme le supposait Bichat, tout ce qui entoure les corps vivants tendait à les détruire, leur existence serait inintelligible. Où pourraient-ils puiser la force nécessaire pour surmonter, même temporairement, un tel obstacle ? A tous les degrés de l'échelle biologique, l'altération et la cessation de la vie sont aussi fréquemment déterminées par des modifications de l'organisme que par l'influence des circonstances ambiantes. Si, par exemple, un certain degré de froid ou de sécheresse ralentit, et quelquefois suspend, la vie de tel animal atmosphérique, un retour convenable de la chaleur et de l'humidité ranime ou rétablit son existence. Dans l'un et l'autre cas, l'influence provient du milieu. Pourquoi ne pas avoir égard au concours, aussi bien qu'à l'antagonisme ?

La conception de Bichat présente, en sens inverse de la réalité, l'une des différences capitales qui séparent les corps vivants des corps inertes. En effet, les phénomènes inorganiques continuent à se produire dans presque toutes les circonstances extérieures au milieu desquelles les corps peuvent être placés, ou du moins ils admettent des limites de variation très écartées. Ces limites deviennent d'autant plus distantes qu'on remonte la série scientifique. Ainsi on trouve aux phénomènes de la pesanteur et de la gravitation une rigoureuse universalité, quels que soient les corps et même les circonstances. C'est là que se manifeste la plus haute indépendance par rapport au système ambiant.

Le mode d'existence des corps vivants est caractérisé par une étroite dépendance à l'égard des influences extérieures. Plus on s'élève dans la hiérarchie organique, plus cette dépendance augmente. Toutefois, si des fonctions plus variées multiplient les relations extérieures, l'organisme, en s'élevant ainsi, réagit de plus en plus sur le système ambiant de manière à le modifier en sa faveur. On doit donc distinguer, à ce sujet, la multiplicité des actions extérieures, et les limites normales de leur intensité.

La hiérarchie biologique marque cette double relation. Au dernier rang, se trouvent les végétaux et les animaux fixés, qui, ne pouvant presque pas modifier la constitution du milieu, subissent la fatale influence des plus légères altérations. Leur existence serait impossible, si elle n'était liée au concours d'un très petit nombre d'actions extérieures. A l'autre extrémité, les animaux supérieurs, et surtout l'homme, ne sauraient vivre qu'à l'aide de l'ensemble le plus complexe de conditions extérieures favorables, soit atmosphériques, soit terrestres, sous les divers aspects physiques et chimiques. Par une compensation non moins indispensable, ils sont capables de supporter des limites de variation plus étendues, en vertu de leur plus grande aptitude à réagir sur le système ambiant.

On ne pourrait induire aucun argument favorable à l'idée d'une prétendue indépendance des corps vivants par rapport au monde extérieur, puisque, quand la dépendance est moindre en un sens, elle est plus complète en un autre. Cette opinion est contradictoire à la notion même de la vie. On comprend qu'elle ait pu séduire Bichat, à une époque où la physiologie était bornée à l'examen de l'homme. Ce point de départ a dû altérer toutes ses conceptions physiologiques.

Depuis que le développement de l'anatomie comparée a permis de fonder la notion abstraite de la vie sur des bases positives, plusieurs philosophes allemands ont généralisé cette notion, dont ils ont fait l'équivalent de celle d'activité. Il n'est pas moins nécessaire de restreindre le nom de *vie* aux seuls êtres vivants que de lui attribuer une acception assez étendue pour pouvoir s'appliquer à tous les organismes.

Je ne connais d'autre tentative qui satisfasse aux conditions d'une définition philosophique de la vie que celle de Blainville, qui a proposé de caractériser ce phénomène par un double mouvement intestin, à la fois général et continu, de composition et de décomposition. Cette définition me paraît ne laisser rien à désirer, si ce n'est une indication plus explicite des deux conditions, inséparables de l'état vivant, un *organisme* déterminé et un *milieu* convenable. Sauf cette modification, elle remplit les prescriptions inhérentes à la nature du sujet ; elle énonce le seul fait commun à l'ensemble des êtres vivants, considérés dans toutes leurs parties constituantes et dans tous leurs modes de vitalité, en excluant, par sa composition même, tous les corps inertes.

Il semble, au premier abord, que la définition de Blainville n'a pas égard à la distinction faite par Aristote et par Buffon, et si fortement établie par Bichat, entre la vie *organique* et la vie *animale*, et qu'elle se rapporte entièrement à la vie végétative. Cette objection n'aboutit qu'à faire ressortir la profondeur de la définition proposée ; car, dans l'immense majorité des êtres qui en jouissent, la vie *animale* n'est qu'un simple perfectionnement ajouté à la vie *organique*, et propre, soit à lui procurer des matériaux par une intelligente réaction sur le monde extérieur, soit même à en préparer ou à en faciliter les actes par les sensations, les diverses locomotions, ou l'innervation, soit enfin à la mieux préserver des influences défavorables.

Dans les organismes supérieurs eux-mêmes, où la vie animale est la plus développée, la vie organique, qui en est la base et le but, reste encore la seule entièrement commune à tous les tissus dont ils sont composés. En même temps, suivant la belle observation de Bichat, elle est aussi la seule qui s'exerce d'une manière continue, la vie animale étant intermittente. Tels sont les motifs qui confirment la définition de la vie introduite par Blainville. Il faut néanmoins concevoir la considération de l'animalité, et même de l'humanité, comme étant l'objet le plus important de la biologie.

Cette analyse du phénomène général de la vie nous rend plus facile une définition de la science biologique. L'idée de vie supposant un organisme approprié et un milieu convenable, c'est de l'action réciproque de ces deux éléments que résultent tous les phénomènes vitaux sans exception. Le problème consiste à lier la double idée d'*organe* et de *milieu* avec l'idée de *fonction*.

La biologie positive a pour but de rattacher constamment le point de vue anatomique au point de vue physiologique ou, en d'autres termes, l'état statique à l'état dynamique. Placé dans des circonstances données, un organisme défini doit toujours agir d'une manière déterminée et, en sens inverse, la même action ne saurait être produite par des organismes vraiment distincts. Il y a lieu de déterminer alternativement, ou l'acte d'après le sujet, ou l'agent d'après l'acte. Le système ambiant pouvant toujours être regardé comme connu, d'après l'ensemble des autres sciences, le double problème biologique peut être posé en ces termes : *étant donné l'organe ou la modification organique, trouver la fonction ou l'acte, et réciproquement.* Cette définition fait ressortir le but de prévision que j'ai représenté comme étant la destination de toute *science*, opposée à la simple *érudition*.

Pour vérifier la rationalité d'une telle destination, il n'est pas nécessaire que ce but soit toujours atteint. Il suffit que les points de doctrine, à l'égard desquels il a pu être réalisé, constituent les parties de la science les plus parfaites.

Ma définition s'écarte des habitudes ordinaires : je n'ai pas égard à la distinction vulgaire établie entre l'anatomie et la physiologie. Je ne reconnais pas de motifs suffisants pour maintenir, entre les deux faces d'un problème unique, une séparation qui provient de ce que la physiologie faisait partie autrefois de la philosophie métaphysique.

La même définition comprend la théorie générale des milieux organiques, et de leur action sur l'organisme envisagée d'une manière abstraite.

Pour apprécier la destination philosophique de la biologie, il faut ajouter que cette relation permanente entre les idées d'organisation et les idées de vie doit être établie, autant que possible, d'après les lois du monde inorganique, modifiées par les propriétés des tissus vivants.

Toutes les fois qu'il se produit, dans l'organisme, un acte mécanique, physique ou chimique, l'explication d'un tel phénomène serait imparfaite, si l'on ne la rattachait pas aux lois qui doivent s'y vérifier, quelle que soit la difficulté d'y réaliser leur application. Il ne faut pas exagérer cette tendance, un grand nombre de phénomènes vitaux n'ayant aucun analogue parmi les phénomènes inorganiques. La biologie ne peut alors saisir que le phénomène fondamental, afin d'y rattacher les autres. A cet égard, la distinction de la vie en organique et en animale a une grande importance ; tous les actes de la vie organique sont physiques et chimiques, ce qui ne saurait être pour les actes de la vie animale, du moins à l'égard des phénomènes primordiaux, et surtout en ce qui concerne les fonctions nerveuses et cérébrales.

Ma définition de la biologie caractérise l'objet de la science et son sujet, c'est-à-dire le champ qu'elle doit embrasser. C'est dans tous les organismes connus, et même possibles, que la biologie doit chercher à établir une harmonie constante entre le point de vue anatomique et le point de vue physiologique. Il ne peut exister de notions satisfaisantes que celles qui sont communes à la hiérarchie entière des êtres vivants.

L'étude de l'homme doit toujours dominer, soit comme point de départ, soit comme but. On ne saurait étudier tout autre organisme que dans l'espoir des lumières qui doivent en résulter pour une plus exacte connaissance de l'homme. La notion de l'homme constitue la seule unité d'après laquelle nous puissions apprécier tous les systèmes organiques.

Après avoir caractérisé le but et l'objet de la biologie et circonscrit le champ de ses recherches, nous pouvons en examiner les autres aspects en commençant par les moyens d'investigation qui lui sont propres.

C'est ici l'occasion de vérifier la loi que j'ai établie sur l'accroissement des ressources scientifiques, en raison de la complication des phénomènes biologiques. Ces phénomènes sont plus compliqués que tous les précédents ; leur étude comporte l'ensemble le plus étendu des moyens intellectuels.

Parmi les trois modes de l'art d'observer, l'observation proprement dite acquiert ici une extension supérieure. La biologie comporte, comme la chimie, l'emploi combiné des cinq sens. Elle présente même, à cet égard, un accroissement très important.

Cet accroissement consiste d'abord dans l'usage des appareils artificiels destinés à perfectionner les sensations, surtout en ce qui concerne la vision. Au point de vue statique, ces appareils permettent de mieux apprécier une structure dont les détails les moins perceptibles peuvent acquérir une importance capitale. Moins efficace au point de vue dynamique, ils conduisent quelquefois à observer directement le jeu élémentaire des moindres parties organiques, base ordinaire des principaux phénomènes vitaux. Ces perfectionnements artificiels sont bornés à la vision, qui continue à être ici, comme pour les autres phénomènes, le fondement de l'observation scientifique.

On doit néanmoins remarquer les appareils imaginés pour le perfectionnement de l'audition, et qui, destinés d'abord aux explorations pathologiques, conviennent également à l'étude de l'organisme à l'état normal. Grossiers encore et ne pouvant pas être comparés aux appareils microscopiques, ils donnent une idée des améliorations possibles de l'audition artificielle. Tous les autres sens, même le toucher, sont probablement susceptibles de donner lieu à de semblables artifices, ce qui achèverait le système des moyens factices d'observation directe.

Les ressources de l'observation biologique sont supérieures à celles de l'observation chimique, sous un autre aspect, inhérent à la nature des phénomènes. D'après la position relative des deux sciences, le biologiste peut disposer de l'ensemble des procédés chimiques et même des procédés physiques, conformément à la règle philosophique suivante : toute doctrine peut être convertie en une méthode à l'égard des sciences qui la suivent dans la hiérarchie scientifique, sans pouvoir l'être jamais envers celles qui l'y précèdent. La biologie commence à utiliser cette importante propriété.

C'est surtout dans les observations anatomiques qu'on a déjà fait un heureux usage des procédés chimiques, pour mieux caractériser les tissus élémentaires et les produits de l'organisme en suivant, à cet égard, les indications de Bichat. Il faut éviter, dans ce genre d'observations, les détails numériques qui surchargent trop souvent les analyses chimiques des tissus organiques.

Enfin, pour achever d'indiquer l'accroissement des moyens d'observation, il faut noter que les substances qui composent les corps organisés sont presque toujours plus ou moins alibiles. L'examen des effets alimentaires peut devenir, au point de vue anatomique, un complément de l'exploration chimique et de la gustation, dont il est un appendice naturel.

Considérons maintenant l'expérimentation qui s'applique plus spécialement aux phénomènes physiologiques, et dont l'appréciation est plus importante et plus difficile.

L'expérimentation consiste, en général, à introduire, dans chaque condition proposée, un changement défini, afin d'apprécier la variation correspondante du phénomène. La rationalité et le succès de cet artifice reposent sur ces deux suppositions : 1° que le changement introduit soit compatible avec l'existence du phénomène étudié ; 2° que les deux cas comparés ne diffèrent qu'à un seul point de vue. La nature des phénomènes biologiques rend presque impossible la réalisation de ces deux conditions, et surtout celle de la seconde. Aussi, sauf un petit nombre d'exceptions, les expériences physiologiques ont-elles suscité des embarras scientifiques supérieurs à ceux qu'on se proposait d'éviter par leur emploi.

Pour compléter cette appréciation, je dois y introduire une nouvelle considération qui pourrait contribuer à mieux diriger l'emploi d'un tel moyen. En effet, les phénomènes vitaux dépendent de deux ordres de conditions, les unes relatives à l'organisme, les autres au système ambiant : de là résultent deux modes d'appliquer à ces phénomènes la méthode expérimentale en introduisant, tantôt dans l'organisme, et tantôt dans le milieu, des perturbations déterminées. L'altération du milieu tend à troubler l'organisme, en sorte que cette division peut paraître impraticable, l'étude de cette réaction constituant une partie de l'analyse proposée.

Jusqu'ici les principales expériences appartiennent à la première catégorie, c'est-à-dire qu'elles sont relatives à une perturbation artificielle de l'organisme, et non pas du milieu, sans qu'on se soit occupé le plus souvent de maintenir le milieu dans un état invariable. Ce mode d'expérimentation est le moins rationnel.

La vie est bien moins compatible avec l'altération des

organes qu'avec celle du système ambiant ; et, de plus, le consensus des différents organes entre eux est plus intime que leur harmonie avec le milieu. Sous l'un et l'autre aspect, on ne saurait imaginer, en ce genre, d'expériences moins susceptibles d'un succès scientifique que celles de vivisection. La mort souvent rapide et le trouble de l'économie organique les rendent, en général, impropres à fournir une solution positive.

Je fais d'ailleurs abstraction des motifs qui, au point de vue social, doivent faire réprouver une pareille légèreté, laissant contracter à la jeunesse des habitudes de cruauté aussi funestes à son développement moral qu'inutiles à son développement intellectuel.

La seconde classe d'expériences physiologiques, dans lesquelles on modifie seulement le système des circonstances extérieures, me paraît mieux appropriée à la nature des phénomènes vitaux. On est alors beaucoup plus maître de circonscrire la perturbation factice dont il s'agit d'apprécier l'influence physiologique, et qui porte sur un système plus aisément connu. En même temps, son action sur l'organisme peut être ménagée pour que le trouble général de l'économie vienne moins altérer l'observation de l'effet principal. Enfin une expérimentation de ce genre comporte une suspension volontaire qui permet de rétablir l'état normal.

Dans l'application de la méthode expérimentale aux divers organismes, la nature des difficultés change plus que leur intensité : plus l'organisme est élevé, plus il est artificiellement modifiable. A ce point de vue, le champ de l'expérimentation physiologique acquiert une extension croissante à mesure qu'on remonte la hiérarchie biologique. D'autre part, la difficulté d'une rationnelle institution des expériences augmente proportionnellement, en sorte que la facilité d'expérimenter est plus que compensée par l'embarras qu'on éprouve à le faire avec succès. Les organismes inférieurs présentent des conditions plus favorables, bien qu'on soit plus restreint, surtout à l'égard des circonstances extérieures, dont les variations admissibles sont plus limitées. Comme on s'éloigne davantage du type humain, le jugement est rendu plus incertain, surtout en ce qui concerne la vie animale. Néanmoins l'expérimentation est plus convenable dans ce dernier cas, plus rapproché de la constitution scientifique propre à la physique inorganique, à laquelle l'art des expériences est essentiellement destiné.

Il faut, pour que cette question soit envisagée dans son ensemble, indiquer l'exploration pathologique comme offrant à la biologie l'équivalent de l'expérimentation proprement dite.

Autant la nature des phénomènes physiologiques se refuse, en général, à l'expérimentation artificielle, autant elle comporte l'usage le plus étendu et le plus heureux de cette expérimentation spontanée, qui résulte d'une comparaison entre les états anormaux de l'organisme et son état normal : c'est ce qu'on peut aisément établir.

Quelle est, en réalité, la propriété essentielle de toute expérience directe ? C'est d'altérer l'état naturel de l'organisme de façon à présenter, sous un aspect plus évident, l'influence propre à chacune des conditions de ses différents phénomènes. Ce but n'est-il pas atteint, d'une manière plus satisfaisante et aussi étendue, par l'observation des maladies, considérées au point de vue scientifique ? Suivant le principe de la pathologie positive dû au génie de Broussais, l'état pathologique ne diffère pas radicalement de l'état physiologique. Il constitue un simple prolongement des limites de variation, soit supérieures, soit inférieures, propres à chaque phénomène de l'organisme normal. Il ne peut jamais produire de phénomènes nouveaux, n'ayant pas, à un certain degré, leurs analogies physiologiques. La notion exacte de l'état physiologique doit donc fournir le point de départ de toute théorie pathologique ; et réciproquement, l'examen des phénomènes pathologiques est propre à perfectionner les études relatives à l'état normal.

Une expérience faite sur un corps vivant n'est pas autre chose qu'une maladie plus ou moins violente, brusquement produite par une intervention artificielle. Or l'invasion successive d'une maladie, le passage lent et graduel d'un état presque normal à un état pathologique caractérisé offre de précieux documents aux biologistes. Il en est ainsi du phénomène réciproque, qui présente une sorte de vérification de l'analyse primitive. D'ailleurs ce mode d'exploration est applicable, non seulement à l'homme, mais encore aux animaux, et même aux végétaux, qu'on a trop longtemps négligés.

Il est fort honorable pour l'homme d'être ainsi parvenu à faire tourner au profit de son instruction l'étude des nombreux dérangements qu'entraîne la perfection de son organisme. Il est déplorable que la constitution des grands établissements médicaux laisse une telle source d'instruction presque stérile, faute d'observations complètes et d'observateurs convenablement préparés.

L'exploration pathologique doit être assujettie à la distinction précédemment établie. En effet, les perturbations peuvent provenir de dérangements spontanés de l'organisme, ou de troubles produits dans le système extérieur des conditions d'existence. Les maladies amenées par l'altération du milieu conviennent mieux à l'analyse biologique. Les causes en sont mieux circonscrites et plus connues, la marche plus claire, et la terminaison plus facile.

Le moyen d'exploration biologique résultant de l'analyse des phénomènes pathologiques est plus applicable que l'expérimentation directe à l'ensemble de la série organique. Il est utile de l'étendre à tous les degrés de la hiérarchie biologique, lors même qu'on n'aurait pour but qu'une plus exacte connaissance de l'homme, dont les maladies peuvent être éclairées par l'analyse des dérangements de tous les autres organismes, y compris l'organisme végétal.

Cette analyse est applicable à tous les organismes ; elle peut embrasser les divers phénomènes du même organisme, ce qui constitue un dernier motif de supériorité. Le mode direct d'expérimentation est trop perturbateur et trop brusque pour pouvoir être appliqué avec succès à l'étude des phénomènes qui exigent la plus délicate harmonie d'un système de conditions très variées.

Les phénomènes intellectuels et moraux, dont l'étude est si importante et si difficile, ne sauraient être le sujet d'aucune expérimentation un peu énergique. L'observation des nombreuses maladies du système nerveux offre un moyen de perfectionner la connaissance de leurs lois ; mais l'inaptitude de la plupart des explorateurs n'a pas encore permis d'utiliser beaucoup cette ressource.

Je dois ajouter, comme un appendice aux moyens que la biologie peut emprunter à l'analyse pathologique, l'examen des cas de monstruosité. Ces anomalies organiques ont été longtemps le sujet d'une aveugle et stérile curiosité. Depuis que la science tend à les ramener aux lois de l'organisme régulier, leur étude a commencé à devenir un complément du procédé pathologique ; de telles exceptions sont considérées comme des maladies dont l'origine est plus ancienne et moins connue, et la nature plus incurable. A cela près, le moyen tératologique est applicable, comme le moyen pathologique, à l'ensemble des organismes et aux divers aspects de chaque organisme, animal ou végétal.

Quel que soit le mode d'expérimentation, direct ou indirect, artificiel ou naturel, qu'on emploie dans une étude biologique, on devra remplir les deux conditions suivantes : 1° avoir en vue un but nettement déterminé, c'est-à-dire tendre à éclaircir tel phénomène organique sous tel aspect spécial ; 2° connaître le plus complètement possible l'état normal de l'organisme correspondant, et les limites de variation dont il est capable. Sans la première condition, le caractère du travail serait vague et incertain ; sans la seconde, l'institution des expériences n'aurait aucune direction, et leur interprétation, aucune base solide.

Il me reste à considérer la dernière méthode propre à l'exploration biologique, celle qui s'adapte le mieux à l'étude des corps vivants, qui lui fournit sa source logique, et dont elle doit, plus que toute autre, déterminer le progrès. Il s'agit de la méthode comparative.

Les conditions sur lesquelles doit reposer l'application d'un tel mode d'exploration consistent dans le concours de l'unité du sujet principal avec la grande diversité de ses modifications. Sans la première condition, la comparaison n'aurait aucune base solide ; sans la seconde, elle manquerait d'étendue et de fécondité ; par leur réunion, elle devient à la fois possible et convenable. D'après la définition de la vie, ces deux caractères sont réalisés dans l'étude des phénomènes biologiques.

La science biologique résulte de la correspondance entre les idées d'organisation et les idées de vie. L'unité du sujet ne saurait être plus parfaite, et la variété presque indéfinie de ses modifications, soit statiques, soit dynamiques, n'a pas besoin d'être constatée.

Au point de vue anatomique, tous les organismes, ainsi que toutes leurs parties, présentent un fonds commun de structure et de composition, d'où procèdent successivement des tissus, des organes et des appareils de plus en plus compliqués.

Sous l'aspect physiologique, tous les êtres vivants, depuis le végétal jusqu'à l'homme, considérés dans tous les actes et à toutes les époques de leur existence, sont doués d'une vitalité commune, fondement des innombrables phénomènes qui les caractérisent.

L'une et l'autre de ces deux faces du sujet montrent que la similitude, propre aux différents cas, est plus importante que les particularités qui les distinguent. C'est sur cette notion que repose la rationalité de la méthode comparative, appliquée à la biologie.

Au premier aspect, l'obligation imposée à cette science d'embrasser, dans son immensité, l'ensemble de tous les cas organiques et vitaux paraît devoir accabler l'intelligence d'insurmontables difficultés. Ce sentiment a longtemps retardé le développement de la philosophie biologique. Une telle extension du sujet, loin de constituer, pour la science, un obstacle, devient son plus puissant moyen de perfectionnement, par la lumineuse comparaison qui en résulte.

Bornée à la seule considération de l'homme, la biologie ne pouvait faire aucun progrès, même anatomique, si ce n'est par rapport à cette anatomie descriptive et superficielle, applicable à l'art chirurgical. En procédant ainsi, elle abordait la solution du problème le plus difficile par l'examen isolé du cas le plus compliqué. Ce point de départ était indispensable pour constituer l'unité de la biologie.

Le type humain ne pouvait pas être arbitrairement choisi ; il n'a pas été préféré comme étant le mieux connu et le plus intéressant, mais parce qu'il offre le résumé le plus complet de tous les autres cas, dont il permet de concevoir une coordination rationnelle.

Une première analyse de l'homme, à l'état adulte et au degré normal, sert à former la grande unité scientifique suivant laquelle s'ordonnent les termes successifs de la série biologique. La science de l'homme resterait à l'état d'ébauche si, après une telle opération préliminaire, on ne reprenait pas l'ensemble de cette étude en comparant, sous tous les aspects possibles, le terme primordial à tous les autres.

Les divers aspects généraux sous lesquels doit être poursuivie la comparaison biologique sont les suivants : 1° comparaison entre les diverses parties de chaque organisme déterminé ; 2° entre les sexes ; 3° entre les phases que présente l'ensemble du développement ; 4° entre les races ou variétés de chaque espèce ; 5° enfin, et au plus haut degré, comparaison entre tous les organismes de la hiérarchie biologique. Il est sous-entendu que l'organisme sera toujours considéré à l'état normal. Quand les lois relatives à cet état auront été établies, on pourra passer à la pathologie comparée, soit statique, soit dynamique.

Il est important de ne pas multiplier les motifs de comparaison. Autrement on aurait pu comprendre, parmi les précédents, l'examen des différences que présente chaque partie ou chaque acte organique, suivant les circonstances extérieures sous l'influence desquelles l'organisme est placé ; ce qui embrasse à la fois les considérations de climat et de régime. Leur entier développement appartient à l'histoire naturelle ; leur ébauche seule convient à la biologie, et forme le complément de l'observation directe ; la méthode comparative doit toujours reposer sur une modification de l'organisme, et non pas du milieu.

On pourrait aussi faire la comparaison entre les divers tempéraments ; elle a trop peu d'importance, si ce n'est dans l'espèce humaine, pour exiger une mention distincte. Parvenue à son maximum d'influence, elle est implicitement comprise dans la considération des races. Suivant la judicieuse théorie de Blainville, les races sont des tempéraments portés à l'extrême limite des variations normales, rendus plus persistants par l'influence continue d'un milieu fixe et plus prononcé, ayant agi, pendant une longue suite de générations, sur une espèce primitivement homogène.

La méthode comparative consiste à concevoir tous les cas envisagés comme analogues au point de vue considéré, et à représenter leurs différences comme de simples modifications déterminées, dans un type abstrait, par l'ensemble des caractères propres à l'organisme ou à l'être correspondant. Les différences secondaires sont ainsi rattachées aux principales, d'après les lois qui constituent la philosophie biologique, soit statique, soit dynamique.

Si la question est anatomique, on regarde, à partir de l'homme adulte et normal pris pour unité, toutes les autres organisations comme des simplifications successives, par voie de dégradation continue, de ce type primordial, dont les dispositions essentielles doivent se retrouver dans les cas, même les plus éloignés, qui les montrent dégagées de toute complication accessoire.

De même, en traitant un problème physiologique, on cherche surtout à saisir l'identité du phénomène caractérisant la fonction proposée, à travers les modifications graduelles que présente la série entière des cas comparés, jusqu'à ce que les plus simples d'entre eux aient enfin réalisé, autant que possible, l'isolement, d'abord abstrait, d'un tel phénomène.

La notion essentielle, ainsi fixée, peut être revêtue successivement, en sens inverse, des diverses attributions secondaires qui la compliquaient primitivement. La *théorie des analogues*, que quelques naturalistes contemporains ont présentée comme une innovation, constitue le principe de la méthode comparative elle-même.

Parmi les modes essentiels de comparaison biologique précédemment énumérés, les seuls présentant un caractère assez tranché sont : la comparaison entre les diverses parties d'un même organisme ; celle des différentes phases de chaque développement, et surtout celle de tous les termes distincts de la hiérarchie des corps vivants. Il convient d'apprécier la valeur philosophique de chacun de ces trois modes principaux.

La méthode a dû commencer à s'introduire par le premier. En se bornant même à l'homme, on est frappé de la similitude que présentent, a tant d'égards, ses diverses parties, soit dans leur structure, soit dans leurs fonctions, malgré leurs grandes différences. D'abord tous les tissus, tous les appareils, en tant qu'organisés et vivants, offrent, d'une manière homogène, les caractères inhérents à l'organisation et à la vie auxquelles sont réduits les derniers organismes. L'analogie des organes devient plus prononcée à mesure que celles des fonctions l'est davantage. Malgré l'extension de la méthode, les biologistes n'ont pas renoncé à employer ce mode originaire de l'art comparatif. C'est ainsi que Bichat, par la seule considération de l'homme adulte, a découvert l'analogie qui existe entre le système muqueux et le système cutané. De même, on ne saurait douter que l'assimilation, établie par Blainville, entre le crâne et les autres éléments de la colonne vertébrale, ne pût être suffisamment indiquée par la simple analyse rationnelle de l'organisme humain.

Le second mode général de l'art comparatif, consistant dans le rapprochement des divers états par lesquels passe successivement chaque corps vivant, depuis sa première origine jusqu'à son entière destruction, présente un nouvel ordre de ressources.

Il permet d'envisager d'un seul aspect l'ensemble de la série des organismes les plus tranchés. On conçoit que l'état primitif de l'organisme, même le plus élevé, doive représenter, au point de vue anatomique ou physiologique, les caractères essentiels de l'état complet, propre à l'organisme le plus inférieur.

C'est dans l'espèce humaine, et dans le sexe mâle, que cette analyse a le plus de valeur, puisque l'intervalle entre l'origine et le maximum du développement est alors aussi prononcé qu'on peut le concevoir, tous les organismes ayant à peu près le même point de départ. L'extrême difficulté d'explorer l'organisation et la vie intra-utérines, qui sont les plus importantes à analyser, entrave la principale application de ce précieux moyen, ressource capitale pour la période ascendante de la vie. La période opposée, qui n'est qu'une mort graduelle, présente, à cet égard, peu d'intérêt.

La méthode comparative tire son plus grand développement et son principal caractère philosophique de l'immense parallèle institué entre tous les termes de la série organique, qui constitue son troisième mode général d'exploration.

Chacun doit sentir, d'après l'ensemble des considérations précédentes, qu'il n'y a pas de structure, ni de fonction, dont l'analyse ne puisse être perfectionnée par l'examen judicieux de ce qui est commun à tous les organismes, et de la simplification continue faisant graduellement disparaître les caractères accessoires, à mesure qu'on descend la hiérarchie biologique, jusqu'à ce qu'on soit parvenu au terme où subsiste seul l'attribut essentiel du sujet proposé. C'est de ce point que la pensée peut procéder, en sens inverse, à la reconstruction successive de l'organe ou de l'acte dans toute sa complication, d'abord inextricable.

Une telle méthode me paraît offrir, en biologie, un caractère philosophique semblable à celui de l'analyse mathématique appliquée aux questions de son ressort, où elle présente la propriété de mettre en évidence, dans chaque suite de cas analogues, la partie commune à tous et qui, avant cette généralisation abstraite, était enveloppée sous les spécialités de chaque cas isolé.

La méthode comparative a été peu adaptée jusqu'ici aux problèmes physiologiques, où elle est encore plus nécessaire, et tout aussi applicable, sauf une difficulté supérieure. Pour en réaliser les propriétés, il faut lui donner toute l'extension dont elle est capable en assujettissant aux comparaisons tous les cas de l'organisme animal et l'organisme végétal lui-même. Plusieurs phénomènes ne sauraient être autrement analysés, par exemple, ceux de la vie organique, même chez l'homme. L'organisme végétal est propre à leur étude rationnelle, non seulement parce qu'on peut les y observer seuls, et réduits à leur partie élémentaire, mais encore parce qu'ils y sont plus prononcés. C'est dans le grand acte de l'assimilation végétale que la matière brute passe à l'état organisé. Les transformations ultérieures qu'elle éprouve de la part de l'organisme animal sont bien moins tranchées. Ainsi l'organisme végétal est le plus propre à dévoiler les lois élémentaires de la nutrition.

La méthode comparative est applicable à tous les organes et à tous les actes. Ses ressources sont inégales, puisque sa valeur scientifique diminue, pour les organismes supérieurs, à mesure qu'il s'agit d'appareils et de fonctions d'un ordre plus élevé, dont on trouve la persistance moins prolongée en descendant l'échelle biologique.

Tel est le cas des fonctions intellectuelles et morales, qui, après l'homme, deviennent à peine reconnaissables, dès qu'on a dépassé les premières classes de mammifères. C'est une imperfection de la méthode comparative d'être ainsi moins applicable au moment où l'application et l'importance des phénomènes exigeraient de plus grandes ressources. Il ne faut pas méconnaître les lumières que peut répandre, sur l'analyse de l'homme moral, l'étude intellectuelle et affective des animaux supérieurs, bien que cette comparaison, d'ailleurs très difficile, n'ait pas encore été instituée. De plus, à ce point de vue, la méthode comparative retrouve, dans l'analyse des âges, l'équivalent partiel des diminutions qu'elle éprouve dans la hiérarchie biologique.

Il faut maintenant passer à l'examen de la position encyclopédique de la biologie, c'est-à-dire à l'examen de l'ensemble de ses relations de méthode et de doctrine avec les sciences qui la précèdent et avec celle qui doit la suivre. C'est ici le lieu de justifier le rang assigné à la biologie, entre la chimie et la sociologie.

La nécessité de fonder, sur l'ensemble de la biologie, le point de départ de la sociologie est évidente. Il n'y a plus que les philosophes métaphysiciens qui persistent à classer la théorie de l'esprit humain et de la société avant l'étude anatomique et physiologique de l'homme individuel.

La subordination de la philosophie organique à la philosophie inorganique constitue le premier caractère de l'étude positive des corps vivants.

Il nous reste à examiner la relation plus spéciale de la biologie avec chacune des sciences antérieures, dont la priorité collective demeure incontestable.

C'est à la chimie que la biologie se subordonne de la manière la plus directe et la plus complète. Après l'analyse du phénomène de la vie, il est devenu irrécusable que les actes dont la succession caractérise un tel état sont chimiques, puisqu'ils consistent en une suite de compositions et de décompositions.

Blainville a judicieusement remarqué que, au moment précis où s'opère une combinaison chimique, il se passe quelque chose d'analogue à la vie, sans aucune autre différence que l'instantanéité d'un semblable phénomène. Dans tout organisme en rapport avec un milieu convenable, ce phénomène est constamment renouvelé par la lutte régulière et permanente qui existe entre le mouvement de décomposition et celui de composition, d'où résultent le maintien et le développement de l'état organique, en même temps que l'impossibilité d'un entier accomplissement de l'acte chimique.

Des attributs aussi caractéristiques séparent, même dans les plus imparfaits organismes, les réactions vitales des effets chimiques ; néanmoins toutes les fonctions de la vie organique sont dominées par les lois de la chimie.

Si l'on conçoit, à tous les degrés de l'échelle biologique, l'isolement de la vie organique, à l'égard de la vie animale, que les végétaux seuls réalisent entièrement, le mouvement vital ne présente plus à l'intelligence que des idées purement chimiques, sauf les circonstances particulières à un tel genre de réactions moléculaires. Or les différences consistent en ce que le résultat de chaque conflit chimique, au lieu de dépendre de la simple composition médiate ou immédiate des corps entre lesquels il a lieu, est plus ou moins modifié par leur organisation, c'est-à-dire par leur structure anatomique.

Ces modifications peuvent être telles que, même en supposant une connaissance parfaite des lois de la chimie, leur application ne suffirait pas pour déterminer *à priori* l'issue de chaque réaction vitale, sans une étude directe de l'organisme vivant. Malgré cette insuffisance, il serait absurde de regarder les actes de la vie organique comme soustraits à l'empire des lois chimiques en confondant une simple modification avec une infraction véritable, ainsi que l'ont fait quelques physiologistes modernes, égarés par la métaphysique.

La chimie seule peut fournir le point de départ de la théorie de la nutrition, des sécrétions et de toutes les grandes fonctions de la vie végétative.

Si nous rétablissons la considération, un instant écartée, de la vie animale, nous voyons qu'elle ne saurait altérer cette subordination, bien qu'elle en complique l'application effective. La vie animale doit être regardée, même pour l'homme, comme destinée à étendre et à perfectionner la vie organique, dont elle ne peut changer la nature. Cette influence modifie de nouveau les lois chimiques de manière à rendre l'effet encore plus difficile à prévoir. Ces lois n'en continuent pas moins à dominer l'ensemble du phénomène. Ainsi le simple changement du mode et du degré d'innervation suffit, dans un organisme supérieur, pour troubler l'énergie et la nature d'une sécrétion donnée. On ne peut pas concevoir que cette altération devienne quelconque. Les limites résultent de ce que de semblables modifications restent toujours, malgré leur irrégularité apparente, soumises aux lois chimiques du phénomène organique qui, tout en permettant certaines variations, en interdisent un plus grand nombre.

La complication produite par la vie animale ne saurait empêcher la subordination de l'ensemble des fonctions organiques au système des lois qui régissent les phénomènes de composition et de décomposition. L'usage de ces lois devient seulement plus difficile et moins propre à fournir d'exactes indications, parce qu'il faut considérer, outre le simple organisme, la source continue de modifications résultant de l'action nerveuse. Cette relation est si importante que, sans elle, on ne pourrait concevoir, en biologie, aucune théorie scientifique, puisque les phénomènes les plus importants y seraient regardés comme capables de variations arbitraires ne comportant aucune loi.

La chimie peut fournir à la biologie de précieuses ressources au point de vue de la méthode. La nature moins complexe des phénomènes chimiques y rend l'observation et l'expérimentation plus parfaites. Leur étude philosophique peut contribuer à l'éducation des biologistes, en ce qui concerne l'art d'observer et l'art d'expérimenter. Les phénomènes plus simples de la physique et de l'astronomie conviennent mieux sans doute à une telle destination. Les phénomènes chimiques, en vertu de leur moindre dissemblance, offrent des modèles, sinon aussi parfaits, du moins plus frappants et plus directement applicables.

Quant aux facultés rationnelles, ce n'est pas par la chimie, dont l'état logique est peu satisfaisant, que les biologistes doivent les cultiver préalablement.

La chimie possède la propriété de développer, plus que toute autre science, l'art des nomenclatures. C'est là que les biologistes doivent étudier cette partie de la méthode positive, dont leur science peut comporter une heureuse application. Une imitation de la nomenclature chimique a dirigé les utiles tentatives de Chaussier et de plusieurs autres biologistes pour assujettir, à des dénominations systématiques, les dispositions anatomiques les plus simples, certains états pathologiques bien définis, et les degrés les plus généraux de la hiérarchie animale.

La relation de la biologie avec la chimie subordonne également la première science à la physique, base de toute chimie. Il existe, à l'égard de la doctrine et de la méthode, une dépendance plus directe.

Au point de vue de la doctrine, on ne peut analyser aucun phénomène physiologique, sans appliquer les lois d'une ou de plusieurs branches de la physique, dont toutes les notions doivent être employées par les biologistes remplissant les conditions préliminaires de leurs travaux. Cette application est indispensable pour qu'on puisse apprécier la constitution du milieu sous l'influence duquel l'organisme accomplit ses phénomènes vitaux. L'organisme ne cesse pas d'être soumis aux lois de la pesanteur, de la chaleur, de l'électricité, etc. On peut remarquer, à ce sujet, que l'étude de la vie organique fournit le principal motif de la subordination de la biologie à la chimie.

C'est par l'étude de la vie animale que s'établit la relation de la biologie avec la physique. Cette règle est évidente pour la théorie physiologique des sensations les plus élevées, la vision et l'audition, dont une application de l'optique et de l'acoustique doit établir le point de départ. Cette remarque se vérifie aussi dans la théorie de la phonation, dans l'étude des lois de la chaleur animale, et dans l'analyse des propriétés électriques de l'organisme.

Les biologistes qui ont le plus senti la relation de leur science avec la physique n'ont pas su séparer les notions positives des conceptions métaphysiques. Ils ont accepté tout ce que les physiciens leur présentaient. Cette confiance offre ici les mêmes inconvénients que le respect aveugle que j'ai reproché aux physiciens à l'égard des géomètres. Si les sciences les plus générales sont indépendantes de celles qui le sont moins, il en résulte que les savants qui cultivent les premières sont impropres à diriger leur application aux secondes.

Tout instrument, matériel ou intellectuel, ne doit jamais être dirigé par ceux qui l'ont construit, mais par ceux qui doivent l'employer. Les biologistes sont seuls compétents pour appliquer avec succès les théories physiques à la solution des problèmes physiologiques ; ce qui exige de leur part une éducation préliminaire plus forte, leur permettant de s'appuyer sur les autres sciences fondamentales.

On ne doit pas s'étonner que l'application de la physique à la physiologie ait fourni si peu de résultats. Les hypothèses des physiciens sur les fluides électriques, embrassées plus aveuglément encore par les physiologistes, ont eu pour effet d'introduire, en biologie, la conception chimérique du fluide nerveux, qui nuit au progrès de la physiologie.

En considérant, au point de vue de la méthode, la relation de la biologie à la physique, je ne puis pas proposer cette dernière science comme type de l'institution des hypothèses scientifiques. C'est à l'astronomie que les biologistes doivent, comme les physiciens eux-mêmes, aller emprunter cette partie de la méthode positive. La physique est propre à fournir à la biologie les modèles les plus parfaits de l'observation proprement dite, et surtout de l'expérimentation.

Telles sont les relations, soit scientifiques, soit logiques, qui établissent la subordination de la biologie à la physique. Examinons les relations de la même science avec l'astronomie.

A l'égard de la doctrine, cette relation est plus importante qu'on ne le suppose. Il serait impossible d'établir une exacte analyse des effets de la pesanteur sur l'organisme en isolant ce phénomène de celui de la gravitation céleste. Je regarderais comme inexplicable le système des conditions d'existence des corps vivants, si l'on négligeait de prendre en considération les éléments astronomiques de notre planète.

Cette analyse exige une distinction entre l'état statique et l'état dynamique. Au premier point de vue, on ne peut nier l'influence de la masse terrestre comparée à la masse solaire : il en résulte l'intensité de la pesanteur ; la forme de la terre, qui règle la direction de cette force ; l'équilibre et les oscillations régulières des fluides dont sa surface est couverte ; sa distance au centre de notre monde, qui constitue un des éléments de sa température. S'il se produisait une altération notable dans l'une de ces conditions, la vie en éprouverait aussitôt d'inévitables modifications.

C'est surtout au point de vue dynamique qu'on sent l'impossibilité d'établir la physiologie indépendamment de l'astronomie. Il y a lieu de penser que, dans chaque organisme, la durée de la vie est d'autant moins prolongée que les phénomènes vitaux se succèdent avec plus de rapidite. Si la rotation de la terre s'accélérait notablement, il en serait de même du cours des principaux phénomènes physiologiques. Il en résulterait une diminution de la durée de la vie, qui doit être regardée comme dépendant de la durée du jour. La durée de l'année doit exercer une influence plus considérable.

Si l'ellipse terrestre était aussi excentrique que celle des comètes, par exemple, les milieux éprouveraient des variations dépassant les limites entre lesquelles la vie peut subsister. La faible excentricité de l'ellipse terrestre constitue l'une des conditions indispensables à l'accomplissement des phénomènes biologiques. Les autres éléments astronomiques du mouvement annuel exercent aussi une influence, quoique moins importante. L'obliquité du plan de l'orbite est le principe de la divi ion de la terre en climats.

On peut expliquer pourquoi l'astronomie est plus liée à la biologie qu'à toute autre science intermédiaire. Cela tient à ce que ces deux sciences embrassent dans leur harmonie le système de toutes les conceptions fondamentales : à l'une, appartient le monde ; à l'autre, l'homme. Ce sont les termes extrêmes entre lesquels la pensée humaine sera toujours obligée de se mouvoir. Le monde d'abord, l'homme ensuite : telle est la marche positive de l'intelligence ; les lois du monde dominent celles de l'homme, et n'en sont pas modifiées. Entre ces deux pôles de la philosophie, viennent s'intercaler les lois physiques, comme une sorte de complément des lois astronomiques ; et les lois chimiques, comme le préliminaire des lois biologiques. Tel est l'indissoluble faisceau des différentes sciences.

L'esprit humain, dans son enfance, a conçu d'une manière opposée la relation entre l'astronomie et la biologie. On trouve néanmoins, au fond des chimères de l'influence physiologique des astres, le sentiment confus, mais énergique, d'une certaine liaison entre les phénomènes vitaux et les phénomènes célestes. Ce sentiment, comme toutes les inspirations primitives de l'intelligence, est rectifié par la philosophie positive.

L'étude de l'astronomie est peut-être plus utile aux biologistes au point de vue de la méthode, parce qu'elle fournit le plus parfait modèle de la manière de philosopher. Ce type est d'autant plus nécessaire que la complication des phénomènes tend davantage à faire dégénérer les études scientifiques en recherches d'érudition, ou en dissertations métaphysiques. La comparaison d'une science si parfaite fait ressortir l'inanité du principe vital de Barthez, des forces vitales de Bichat, et de tant d'autres notions analogues, qui sont de pures entités.

Enfin l'astronomie enseigne l'institution des hypothèses scientifiques. La biologie positive n'a pas encore osé faire usage de ce puissant auxiliaire logique, ce qui retarde ses progrès. Par suite de sa complication supérieure, l'étude des corps vivants réclame, plus que toute autre science, l'emploi d'un tel moyen. En effet, il s'agit toujours, en biologie, de déterminer la fonction d'après l'organe, ou l'organe d'après la fonction. On pourra donc, pour accélérer les découvertes, construire l'hypothèse la plus plausible sur la fonction inconnue d'un organe donné, ou sur l'organe caché de telle fonction évidente. Si l'hypothèse n'est pas vraie, elle n'en aura pas moins contribué au progrès de la science en dirigeant les recherches vers un but déterminé. La seule condition indispensable, c'est que les hypothèses soient susceptibles d'une vérification.

Je ne vois jusqu'ici, dans l'étude des corps vivants, qu'un seul exemple de semblables hypothèses. Il est dû à un homme de génie. Quand Broussais, dans l'intention de localiser les fièvres essentielles, leur a imposé pour siège la membrane muqueuse du canal digestif, il a imprimé à la science pathologique la plus heureuse impulsion. Le vulgaire des médecins, incapable d'apprécier une telle propriété philosophique, s'est consumé en vaines critiques de détail. L'histoire n'en recueillera pas moins ce premier exemple de l'introduction de l'art des hypothèses dans l'étude des corps vivants.

Nous devons examiner, d'une manière analogue, la subordination de la biologie à la science mathématique.

Il faut d'abord reconnaître la justesse de la réprobation prononcée par plusieurs biologistes, et surtout par Bichat, contre toute tentative d'application des théories mathématiques aux questions physiologiques.

Dès qu'on passe aux problèmes chimiques, toute application des mathématiques devient incompatible avec la complication du sujet. Que sera-ce donc à l'égard des questions biologiques ?

Quand même on supposerait connues les lois mathématiques des actions élémentaires qui déterminent l'accomplissement des phénomènes vitaux, la diversité et la multiplicité de ces lois ne permettraient pas d'en poursuivre avec efficacité les combinaisons logiques. On le voit déjà, en astronomie, lorsqu'on veut considérer simultanément plus de deux ou trois influences essentielles. Cette complication s'oppose à ce que les lois élémentaires puissent être mathématiquement dévoilées. Elles ne pourraient devenir accessibles que par l'analyse de leurs effets numériques. Or les nombres relatifs aux phénomènes des corps vivants présentent des variations continuelles et irrégulières, ce qui offre aux géomètres un obstacle aussi insurmontable que si ces degrés étaient entièrement arbitraires. Nous ne savons pas instituer, en biologie, deux cas qui ne diffèrent qu'en un seul point. Que serait-ce donc si, à la conformité des conditions du phénomène, il fallait joindre l'identité de leurs degrés, exigée par toute appréciation mathématique ?

L'esprit de calcul tend à s'introduire dans les questions médicales par une voie moins directe, sous une forme plus spécieuse et avec des prétentions plus modestes. Je veux parler de l'application de la statistique à la médecine, qui ne saurait aboutir qu'à faire dégénérer l'art médical, dès lors réduit à d'aveugles dénombrements. Une telle méthode, s'il est permis de lui accorder ce nom, ne serait autre chose que l'empirisme absolu, déguisé sous de frivoles apparences mathématiques. Elle tendrait à faire disparaître toute médication rationnelle, et à faire essayer des procédés thérapeutiques quelconques, sauf à noter, avec précision, les résultats numériques de leur application.

Les variations de l'organisme sont plus prononcées dans l'état pathologique que dans l'état normal, en sorte que les cas sont encore moins similaires ; d'où résulte l'impossibilité de comparer deux modes curatifs d'après les tableaux statistiques de leurs effets, abstraction faite de toute théorie médicale. Malgré l'imposant aspect des formes de l'exactitude, il serait difficile de concevoir, en thérapeutique, un jugement plus superficiel que celui qui reposerait sur la computation des cas funestes ou favorables. Une telle manière de procéder, d'où l'on ne devrait exclure aucune sorte de tentative, aurait les conséquences pratiques les plus fâcheuses. Il faut déplorer l'espèce d'encouragement dont les géomètres ont quelquefois honoré cette aberration en faisant de vains efforts pour déterminer, d'après leur théorie des chances, le nombre de cas propres à légitimer chacune de ces indications statistiques.

L'abus de l'esprit de calcul a été nuisible au développement positif de la biologie. Les savants qui, en s'apercevant de cette mauvaise influence, ont été conduits à méconnaître la prépondérance des mathématiques n'en ont pas moins commis une grave erreur. La subordination de la biologie aux mathématiques existe indirectement, en raison des relations de la première science avec la physique et l'astronomie, puisque les biologistes ne sauraient entreprendre ces deux études avant de s'être familiarisés avec celle des mathématiques. En outre, les notions de géométrie et de mécanique sont nécessaires pour comprendre la structure et le jeu d'un appareil aussi compliqué que l'organisme vivant, surtout dans les animaux.

En écartant comme chimérique toute idée d'évaluation, on ne peut douter que les théorèmes généraux de la statique et de la dynamique ne se vérifient dans le mécanisme des corps vivants. Dans ses divers modes de repos ou de mouvement, l'animal, même le plus élevé, se comporte comme tout autre appareil mécanique d'une complication analogue, sauf la différence du moteur, qui ne peut avoir aucune influence sur les lois de la combinaison des mouvements ou de la neutralisation des efforts. Quant à la géométrie, la mécanique ne saurait s'en passer; de plus, les spéculations anatomiques ou physiologiques exigent l'habitude de suivre des relations complexes de forme et de situation.

Cette subordination de la biologie devient plus évidente au point de vue logique, c'est-à-dire à l'égard de la méthode. En effet, les mathématiques sont l'origine de l'art du raisonnement positif. C'est à cette source que doivent remonter tous les savants pour se préparer aux études plus imparfaites qui se rapportent à des sujets plus complexes et plus difficiles.

En examinant cette relation à un point de vue plus spécial, il est aisé de sentir que les principaux raisonnements biologiques exigent un genre d'habitudes intellectuelles que les spéculations mathématiques peuvent seules procurer. Je veux parler de cette aptitude à former et à poursuivre des abstractions, sans laquelle on ne saurait, en biologie, faire usage de la méthode comparative. Pour suivre l'étude d'un organe ou d'une fonction, il est nécessaire d'en construire d'abord la notion abstraite, qui peut seule être le sujet de la comparaison, indépendamment de toutes les modifications particulières attachées à chacune de ses réalisations.

Cette opération ressemble à celle que l'esprit effectue dans les combinaisons mathématiques, dont l'habitude est, à cet égard, la meilleure préparation. Ceux qui ne pourraient pas réussir dans une telle épreuve préliminaire devraient se reconnaître, par cela seul, impropres aux plus hautes recherches biologiques, et se borner à recueillir des matériaux qui seraient ensuite élaborés par des intelligences mieux organisées.

Une saine éducation mathématique rendrait à la biologie ce double service d'essayer et de classer les esprits, aussi bien que de les préparer et de les diriger. L'élimination de ceux qui ne tendent qu'à encombrer la science de travaux sans but et sans caractère n'offrirait pas moins d'intérêt que l'éducation plus parfaite de ceux qui peuvent en bien remplir les conditions principales.

L'introduction de l'esprit mathématique pourrait encore contribuer, sous un autre aspect, au perfectionnement de la biologie. Il s'agit de l'usage systématique des fictions scientifiques. Dans la plupart des études mathématiques, on a souvent trouvé de grands avantages à imaginer une suite de cas hypothétiques qui facilitent ou éclaircissent les recherches. Cet art diffère de celui des hypothèses proprement dites, avec lequel il a toujours été confondu. Dans ce dernier, la fiction ne porte que sur la solution du problème ; tandis que, dans l'autre, le problème lui-même est idéal, la solution pouvant être entièrement régulière.

La fiction scientifique présente ici tous les caractères de l'imagination poétique ; elle est seulement, en général, plus difficile. La nature des recherches biologiques ne saurait comporter l'emploi de cet artifice au même degré que les mathématiques. Le caractère abstrait des conceptions de la biologie comparative les rend susceptibles d'un perfectionnement qui consisterait à intercaler, entre les organismes connus, certains organismes fictifs, imaginés pour faciliter leur comparaison en rendant la série biologique plus homogène et plus continue. L'étude positive des corps vivants est assez avancée pour qu'on puisse concevoir le plan d'un organisme nouveau, satisfaisant à telles conditions données d'existence.

Le rapprochement des cas réels avec quelques fictions heureusement imaginées compléterait et perfectionnerait les lois de l'anatomie et de la physiologie comparées, et servirait à devancer quelquefois l'exploration immédiate. L'usage de cet artifice éclaircirait et simplifierait le haut enseignement biologique.

Tels sont les motifs de la subordination de la biologie aux mathématiques, indépendamment de leurs relations indirectes au moyen des sciences intermédiaires. La mécanique s'applique surtout à la biologie au point de vue scientifique ; au point de vue logique, la liaison s'opère par la géométrie.

Cet examen ne peut laisser aucune incertitude sur le rang de la biologie dans la hiérarchie encyclopédique. Il en résulte l'appréciation du genre et du degré de perfection dont cette science est capable, et la détermination du plan de l'éducation préliminaire correspondante.

Si la perfection d'une science devait être mesurée par l'étendue et la variété de ses moyens d'investigation, aucune ne pourrait rivaliser avec la biologie. Les ressources dont elle dispose compensent imparfaitement l'accroissement des obstacles, suivant la règle philosophique précédemment établie. L'imperfection relative de la biologie tient à son passage plus récent à l'état positif, et provient surtout de la complication supérieure de ses phénomènes.

La biologie restera toujours inférieure aux différentes branches de la philosophie inorganique, et même à la chimie, pour la coordination et pour la prévision des phénomènes.

L'examen des relations de la biologie avec les autres sciences permet de fixer l'éducation préliminaire la plus convenable. Cette éducation consiste dans l'étude philosophique de l'ensemble des mathématiques, de l'astronomie, de la physique et de la chimie. Malgré les difficultés de cette éducation, il ne faut pas oublier que le temps consumé aujourd'hui à d'inutiles études de mots, ou à de vaines spéculations métaphysiques, suffirait pour la réaliser chez les esprits fortement organisés, les seuls capables de cultiver une science aussi compliquée.

Il me reste à faire ressortir les propriétés philosophiques de la biologie, c'est-à-dire son influence sur le développement et sur l'émancipation de la raison humaine.

Au point de vue de la méthode, la biologie développe l'art comparatif et l'art de classer. Au sujet du premier, les explications précédentes suffisent ; nous allons nous borner à l'indication sommaire du second.

La théorie des classifications, destinées à faciliter les souvenirs et à perfectionner les combinaisons scientifiques, est plus ou moins employée par les différentes sciences ; aucune ne favorise, autant que la biologie, l'essor de cette théorie. Aucune n'en peut avoir le même besoin, non seulement en vertu de l'immense multiplicité des êtres distincts, et pourtant analogues, que les spéculations biologiques doivent embrasser, mais encore par la nécessité d'organiser entre eux une comparaison systématique. En second lieu, ces mêmes caractères tendent à provoquer et à faciliter les classifications.

La multiplicité des êtres vivants et la diversité de leurs rapports permettent de saisir entre eux des analogies plus étendues et plus aisées à vérifier. Cette loi est tellement incontestable que la classification des animaux est supérieure à celle des végétaux, surtout en vertu de la variété et de la complication plus grandes des organismes des premiers.

C'est à une telle source que tout philosophe devra puiser la connaissance de cet art capital, quelque application qu'il veuille en faire.

Toute intelligence qui est restée étrangère aux études biologiques a reçu une éducation imparfaite, puisqu'elle a laissé dans l'inaction plusieurs des facultés dont l'ensemble constitue le pouvoir positif de l'esprit humain. La méthode positive ne peut être connue que par l'examen de tous les éléments de la hiérarchie scientifique, dont chacun possède la propriété de développer l'un des grands procédés logiques dont la méthode est composée.

Examinons les mêmes propriétés au point de vue scientifique, c'est-à-dire au point de vue de la doctrine.

Appliquons la loi établie précédemment, consistant en ce que l'étude positive d'une science tend toujours à détruire les conceptions théologiques et métaphysiques par deux moyens, complémentaires l'un de l'autre, la prévision des phénomènes et la modification volontaire que l'homme exerce sur eux.

La complication de la biologie encore imparfaite permet peu de développer la faculté de prévision. Cependant cette science a aussi sa manière de témoigner son incompatibilité avec les fictions théologiques et avec les entités métaphysiques. Ce témoignage résulte de l'analyse des conditions, soit organiques, soit extérieures, indispensables aux actes de l'existence des corps vivants.

De telles recherches sont opposées aux conceptions théologiques ou métaphysiques, surtout à l'égard des phénomènes intellectuels et affectifs, dont la positivité est si récente. Ils sont les seuls, avec les phénomènes sociaux, au sujet desquels la lutte demeure encore engagée, pour le vulgaire des esprits, entre la philosophie positive et l'ancienne philosophie. Ces phénomènes sont les plus compliqués, et leur accomplissement exige le concours du plus grand nombre de conditions. Leur étude positive fait mieux ressortir l'inanité des explications de l'ancienne philosophie.

Les théologiens et les métaphysiciens s'efforcent en vain de faire concorder le jeu illusoire des influences surnaturelles ou des entités psychologiques, dans la production des phénomènes intellectuels, avec l'étroite dépendance dans laquelle le milieu et l'organisme tiennent ces phénomènes, à mesure que cette dépendance est dévoilée ou signalée par les travaux des anatomistes et des physiologistes modernes.

La tendance des études anatomiques et physiologiques à rendre positives les conceptions les plus compliquées devient manifeste quand on considère les phénomènes vitaux comme éminemment modifiables. Les conditions plus nombreuses qu'ils exigent permettent de les modifier bien plus que tous les autres. La faculté de troubler de tels phénomènes, de les suspendre et même de les détruire, devient tellement frappante qu'elle doit conduire à rejeter toute idée d'une direction théologique ou métaphysique. Cette influence de la biologie est surtout prononcée à l'égard des phénomènes intellectuels.

Le psychologue le plus obstiné ne saurait soutenir l'indépendance de ses entités, s'il daignait s'apercevoir, par exemple, que la simple inversion momentanée de sa station verticale ordinaire suffit pour arrêter ses propres spéculations.

La biologie rachète ainsi l'imperfection de sa prévision. Dans quelques cas bien caractérisés, en voyant les événements biologiques s'accomplir conformément aux prévisions de la science, le bon sens vulgaire ne peut s'empêcher de reconnaître que ces phénomènes sont, comme tous les autres, assujettis à des lois naturelles. La complication de ces lois est la seule cause des contradictions que peuvent éprouver, en d'autres occasions, les déterminations scientifiques.

Enfin la biologie, attaquant comme les autres sciences le dogme des causes finales, l'a graduellement transformé en ce principe des conditions d'existence, qui lui appartient plus spécialement.

L'incomplète éducation préliminaire de la plupart des biologistes actuels les conduit trop souvent à rapprocher mal à propos ce principe du dogme qu'il a remplacé. L'esprit de la science biologique doit faire penser que, par cela même que tel organe fait partie de tel être vivant, il concourt à l'ensemble des actes qui composent son existence ou, en d'autres termes, qu'il n'y a pas plus d'organe sans fonction que de fonction sans organe. Cette manière de voir dégénère souvent en une aveugle admiration qui tend à comprimer l'essor des spéculations biologiques. Les philosophes qui ont le plus insisté à cet égard ont marché, à leur insu, contre le but religieux qu'ils s'étaient proposé en assignant la sagesse humaine pour règle et même pour limite à la sagesse divine.

Quoique notre imagination reste, en tout genre, circonscrite à la sphère de nos observations, le génie scientifique est assez développé, même en biologie, pour permettre de concevoir, d'après l'ensemble des lois biologiques, des organisations différentes de toutes celles que nous connaissons, et même supérieures, sans que ces améliorations soient compensées par des imperfections équivalentes. Cette faculté me paraît tellement irrécusable que je n'ai pas hésité à proposer l'emploi, en biologie, d'un tel ordre de fictions comme un perfectionnement de méthode.

Pour terminer l'examen de la biologie, il nous reste à jeter un coup d'œil sur la division et sur la coordination de ses diverses parties.

La positivité plus récente des études organiques conduit à maintenir entre elles une confusion regrettable. Aussi sommes-nous obligés de signaler une discussion philosophique dont nous avons été dispensés à l'égard des autres sciences.

Suivant le principe de la seconde leçon, nous ne devons admettre au rang des sciences fondamentales que celles qui sont spéculatives et abstraites. J'ai déjà examiné les motifs qui doivent faire écarter de la biologie toute recherche relative à des applications immédiates, dans l'intérêt commun des études théoriques et des études pratiques. Ici les études pratiques se rapportent à ces deux grands sujets : 1° l'*éducation* des êtres vivants, végétaux et animaux, c'est-à-dire la direction systématique de l'ensemble de leur développement pour un but déterminé ; 2° leur *médication*, c'est-à-dire l'action rationnelle exercée par l'homme pour les ramener à l'état normal.

Sans doute ces deux études secondaires peuvent réagir sur la biologie, et c'est surtout sensible à l'égard des effets thérapeutiques ; mais la biologie n'en est pas moins indépendante de la thérapeutique ; car une mauvaise médication, convenablement analysée, est aussi propre qu'une bonne à l'éclaircissement des questions physiologiques, pourvu que les effets en aient été soigneusement observés. Cette remarque est également applicable à l'art de l'éducation, que les physiologistes ne consultent pas assez. Malgré ces relations, l'indépendance et l'isolement de la biologie spéculative n'en sont pas moins incontestables.

En second lieu, l'étude des phénomènes vitaux doit être assujettie, comme celle de tous les autres phénomènes, à la division scientifique des recherches spéculatives en abstraites et en concrètes. Les premières seules sont fondamentales ; les autres sont secondaires, malgré leur importance.

L'étude concrète de chaque organisme comprend deux branches principales : 1° son histoire naturelle, c'est-à-dire le tableau de l'ensemble de son existence ; 2° sa pathologie, c'est-à-dire l'examen des diverses altérations dont il est susceptible. Ces deux ordres de considérations sont étrangers au domaine de la biologie, qui doit toujours se borner à l'étude de l'état normal. L'analyse pathologique est un simple moyen d'exploration.

Malgré les précieuses indications fournies par les observations d'histoire naturelle, la biologie n'en doit pas moins décomposer l'étude statique ou dynamique de chaque organisme en celle de ses parties constituantes ; c'est seulement à ces parties que les lois biologiques peuvent s'appliquer. Une telle décomposition est opposée à l'esprit de l'histoire naturelle, où l'être vivant est envisagé dans l'ensemble de ses conditions d'existence. Chacune des deux branches de la biologie concrète est en harmonie avec une des deux branches de l'art biologique : l'histoire naturelle, avec l'art de l'éducation ; la pathologie, avec l'art médical.

Considérons la principale distribution intérieure de la biologie.

Une telle division consiste à décomposer l'étude de l'organisme en statique et en dynamique, suivant qu'on recherche les lois de l'organisme ou celles de la vie. En second lieu, la première partie doit être subdivisée en deux autres, suivant qu'on étudie la structure et la composition de chaque organisme, ou que l'on construit la grande hiérarchie biologique qui résulte de la comparaison de tous les organismes connus. Ces deux branches ont été désignées, à l'égard des animaux, par Blainville, sous les noms de *zootomie* et de *zootaxie.*

Une première exposition du système des connaissances biologiques ne peut être satisfaisante si elle n'est pas conçue comme devant être complétée par une revision générale. On doit même appliquer cette règle à l'ensemble de la biologie. Les questions de priorité entre les parties d'un sujet n'ont pas l'importance qu'on y a souvent attachée. La nécessité d'une revision philosophique n'est pas particulière à la biologie, elle y est seulement plus sensible, en vertu du consensus plus intime de ses diverses parties.

Quant à la distribution intérieure de chacune des trois branches de la biologie, nous pouvons la déduire du principe qui nous a toujours guidé : la dépendance mutuelle des diverses parties d'une science résulte de leur degré de généralité et d'abstraction. Ce principe conduit à placer la théorie, soit statique, soit dynamique, de la vie organique avant celle de la vie animale. Cette dernière, plus spéciale et plus compliquée, repose sur la première, qui en est indépendante dans ses éléments essentiels. La même règle fait placer en dernier lieu les études dont le sujet devient plus spécial et plus compliqué et qui, par cela même, dépendent des précédentes. La théorie des fonctions et des organes les plus élevés de l'homme termine naturellement la biologie.

On a souvent agité la question de savoir si, dans l'étude de chaque organe ou de chaque fonction, il convient de commencer par l'homme ou de suivre l'ordre inverse, qui offre l'avantage d'une complication croissante. On peut employer l'une ou l'autre méthode ; mais il faut établir une distinction entre l'étude de la vie organique et celle de la vie animale. Pour les fonctions de la première, qui sont surtout chimiques, il est moins nécessaire de commencer par l'homme. Il est même avantageux de considérer d'abord l'organisme végétal, dans lequel ces fonctions comportent une étude plus facile et plus complète.

Toute recherche anatomique ou physiologique, relative à la vie animale, serait obscure si elle ne commençait pas par la considération de l'homme, seul être dans lequel ces phénomènes soient immédiatement intelligibles.

DIXIÈME LEÇON

SOCIOLOGIE

Dans toute science, la méthode est inséparable de la doctrine. Isolées des applications, les plus justes notions sur la méthode se réduisent à quelques généralités insuffisantes pour diriger les recherches, parce qu'elles n'indiquent pas les modifications que ces préceptes trop uniformes doivent éprouver dans l'application. Plus les phénomènes deviennent complexes, moins il est possible de séparer la méthode de la doctrine, parce que les modifications deviennent plus importantes. C'est surtout dans l'étude des phénomènes sociaux que la notion de la méthode ne peut résulter que d'une première conception de la science.

La méthode, en sociologie, ne peut être appréciée que par l'emploi qu'on en fait. Il ne peut être question d'un traité préliminaire de méthode. Néanmoins il est nécessaire, avant de procéder à l'examen direct de la science sociale, d'en faire connaître l'esprit et les ressources.

Quand on apprécie l'état actuel de cette science, on y reconnaît, dans la méthode comme dans la doctrine, la combinaison des caractères qui ont marqué la période antérieure des autres branches de la philosophie. La science politique actuelle est, pour la science véritable, ce que furent autrefois l'astrologie pour l'astronomie, l'alchimie pour la chimie, et la recherche de la panacée universelle pour le système des études médicales. Les mêmes considérations s'appliquent à la politique théologique et à la politique métaphysique.

Que les phénomènes soient rapportés à une intervention surnaturelle ou expliqués par la vertu des entités, cette diversité entre des conceptions finalement identiques n'empêche pas la reproduction de leurs caractères, qui consistent, quant à la méthode, dans la prépondérance de l'imagination sur l'observation et, quant à la doctrine, dans la recherche des notions absolues. Il en résulte, pour la science sociale, une tendance à exercer une action arbitraire et indéfinie sur des phénomènes qui ne sont pas regardés comme assujettis à des lois naturelles.

L'esprit de toutes les spéculations théologiques et métaphysiques est idéal quant au but, absolu dans la conception et arbitraire dans l'application. Tels sont encore les caractères de l'ensemble des spéculations sociales.

La philosophie positive est caractérisée, quant à la méthode, par la subordination de l'imagination à l'observation : elle offre à l'imagination le champ le plus vaste et le plus fertile ; elle l'y restreint à découvrir, ou à perfectionner, la coordination des faits observés ou les moyens d'entreprendre de nouvelles explorations. C'est cette tendance à subordonner les conceptions aux faits qu'il s'agit d'introduire dans la science sociale.

Relativement à la doctrine, la philosophie positive se distingue par une tendance à rendre relatives toutes les notions qui étaient d'abord absolues. Le passage de l'absolu au relatif constitue l'un des plus importants résultats de chacune des révolutions intellectuelles.

Au point de vue scientifique, on peut regarder le contraste entre le relatif et l'absolu comme le caractère distinctif entre la philosophie moderne et la philosophie ancienne. Toute étude de la nature intime des êtres, de leurs causes, premières ou finales, est absolue. Toute recherche des lois des phénomènes est relative ; elle subordonne le progrès de la spéculation au perfectionnement de l'observation, sans que l'exacte réalité puisse être, en aucun genre, parfaitement dévoilée. Le caractère relatif des conceptions scientifiques est aussi inséparable de la notion des lois naturelles que la tendance aux connaissances absolues l'est des fictions théologiques ou des entités métaphysiques.

Les deux dispositions que je viens d'examiner constituent, l'une pour la méthode, l'autre pour la doctrine, la double condition de la positivité de la science sociale. Leur considération n'est peut-être pas la plus propre à manifester les symptômes d'une telle transformation, en vertu de la connexité qui existe encore, dans les phénomènes sociaux, entre la théorie et la pratique. Aussi, pour mieux faire ressortir cet éclaircissement, dois-je considérer l'esprit actuel de la politique relativement à l'application. Sous ce nouvel aspect, cet esprit est caractérisé par sa chimérique tendance à exercer sur les phénomènes sociaux une action illimitée. Cette erreur a autrefois dominé tous les autres ordres de conceptions.

Une telle illusion se prolonge d'autant plus que la complication des phénomènes retarde la connaissance de leurs lois. Le concours d'une autre influence provient de ce que les différents phénomènes, en même temps qu'ils sont plus compliqués, deviennent plus modifiables.

On regarde encore les phénomènes sociaux comme indéfiniment modifiables. L'espèce humaine est conçue comme dépourvue de toute impulsion spontanée, et comme étant toujours prête à subir passivement l'influence du législateur, temporel ou spirituel, pourvu qu'il soit investi d'une autorité suffisante. A cet égard, la politique théologique se montre moins inconséquente que la politique métaphysique. Elle explique la disproportion entre l'immensité des effets accomplis et l'exiguïté des causes, en réduisant le législateur à n'être que l'instrument d'une puissance surnaturelle et absolue : ce qui aboutit à la domination indéfinie du législateur.

L'école métaphysique, en recourant d'une manière beaucoup plus vague à l'artifice de la Providence, fait intervenir ses inintelligibles entités, et surtout sa grande entité, la *Nature*, qui n'est qu'une modification du principe théologique. Dédaignant de subordonner les effets aux causes, elle tente souvent d'éluder la difficulté en attribuant au hasard les événements observés et, quand l'inanité d'un pareil expédient devient trop saillante, en exagérant l'influence du génie individuel sur la marche des affaires humaines. Le résultat de ces deux doctrines, c'est de représenter l'action politique de l'homme comme indéfinie et arbitraire. L'espèce humaine se trouve ainsi livrée à l'expérimentation des diverses écoles politiques, dont chacune cherche à faire prévaloir son type immuable de gouvernement.

Tant que l'ancien système politique a interdit le libre examen des questions sociales, ces inconvénients se sont trouvés dissimulés. Quand l'ascendant de la politique métaphysique a fait prévaloir le droit d'examen, le danger de cette philosophie s'est développé au point de remettre en question l'utilité de l'état social lui-même. D'éloquents sophistes n'ont pas craint de préconiser la supériorité de la vie sauvage, telle qu'ils l'avaient rêvée. Parvenues à ce degré d'absurdité, les utopies métaphysiques montrent l'impossibilité d'établir en politique aucune notion stable. tant qu'on y continuera la recherche absolue du meilleu gouvernement, abstraction faite de tout état déterminé de civilisation.

Il n'y a d'ordre et d'accord possibles que dans la subordination des phénomènes sociaux à des lois naturelles, dont l'ensemble circonscrit, pour chaque époque; les limites et le caractère de l'action politique. Le sentiment d'un mouvement social réglé par des lois naturelles constitue la base de la dignité humaine dans l'ordre des événements politiques. Les principales tendances de l'humanité acquièrent ainsi un imposant caractère d'autorité, qui doit être respecté par toute législation. La croyance à la puissance indéfinie des combinaisons politiques attribue à l'homme une sorte d'automatisme social, dirigé par la suprématie absolue et arbitraire, soit de la Providence, soit du législateur.

Pour résumer les conditions que doit remplir la sociologie, il suffit d'y appliquer le principe de la prévision rationnelle, que j'ai présenté, dans les autres sciences, comme le critérium de la positivité. Les phénomènes sociaux doivent être conçus comme aussi susceptibles de prévision que tous les autres phénomènes, entre les limites de précision compatibles avec leur complication supérieure.

La seule pensée d'une prévision rationnelle suppose que l'esprit humain abandonne la région des idéalités métaphysiques, pour s'établir sur le terrain des réalités observées, en subordonnant l'imagination à l'observation. Les conceptions politiques, cessant d'être absolues, doivent se rapporter à l'état variable de la civilisation, afin que les théories, pouvant suivre le cours des faits, permettent de les prévoir. L'action politique doit être limitée d'après des lois déterminées : s'il en était autrement, la série des événements sociaux, toujours exposée à de profondes perturbations de la part du législateur, soit divin, soit humain, ne pourrait être prévue.

Dés événements régis par des volontés surnaturelles peuvent bien laisser supposer des révélations ; ils ne sauraient comporter des prévisions scientifiques, dont la seule pensée constituerait un sacrilège. L'ancienne philosophie ne fournit qu'une aveugle consécration de tous les faits accomplis ; ses vaines formules ne peuvent conduire à aucune indication de l'ávenir social.

Il faut maintenant apprécier l'esprit de la sociologie, dont les conditions sont caractérisées.

Les phénomènes sociaux étant conçus comme assujettis à des lois naturelles, il s'agit de fixer quels doivent être le sujet et le caractère de ces lois. Il faut, pour cela, envisager séparément l'état *statique* et l'état *dynamique* de chaque sujet d'études. En sociologie, on doit distinguer, dans chaque système politique, l'étude des conditions d'existence de la société et celles des lois de son mouvement. Cette différence donne lieu à deux sciences principales, sous les noms de statique sociale et de dynamique sociale, aussi distinctes l'une de l'autre que le sont l'anatomie et la physiologie.

Pour indiquer la portée pratique de cette division, je dois noter qu'elle correspond à la double notion de l'ordre et du progrès. L'étude statique de l'organisme social doit coïncider avec la théorie de l'ordre, qui ne peut consister qu'en une juste harmonie entre les conditions d'existence des sociétés. L'étude dynamique de la vie collective constitue la théorie du progrès.

Le principe des lois statiques de l'organisme social consiste dans le consensus qui caractérise tous les phénomènes des corps vivants, et que la vie sociale manifeste au plus haut degré. Ainsi conçue, cette espèce d'anatomie doit avoir pour objet l'étude expérimentale et rationnelle des actions et des réactions mutuelles qu'exercent les unes sur les autres toutes les parties du système social, abstraction faite du mouvement qui les modifie. Les prévisions sociologiques, fondées sur la connaissance de ces relations, sont destinées à conclure, les unes des autres, les indications statiques, relatives à chaque mode d'existence sociale, d'une manière analogue à ce qui se passe en anatomie. Chacun des éléments sociaux est conçu comme solidaire de tous les autres.

Une telle doctrine sert de base à l'étude du mouvement social, dont la conception suppose la conservation de l'organisme correspondant. En outre, elle est employée à suppléer, du moins provisoirement, à l'observation directe qui, en beaucoup de cas, ne saurait avoir lieu pour certains éléments sociaux. Leur état se trouve apprécié d'après leurs relations scientifiques avec d'autres éléments déjà connus.

L'histoire des sciences donne une idée de l'importance d'un tel secours en rappelant, par exemple, comment les erreurs des érudits sur les prétendues connaissances des Égyptiens, en astronomie, ont été dissipées par la seule considération de la relation de l'état de l'astronomie avec celui de la géométrie abstraite, qui était alors dans l'enfance. On pourrait citer une foule de cas analogues.

Les relations qui existent entre les divers aspects sociaux ne sauraient être tellement simples et précises que les résultats observés puissent provenir d'un mode unique de coordination mutuelle. Une telle disposition d'esprit, déjà trop étroite en biologie, serait contraire à la nature plus complexe des spéculations sociologiques. L'appréciation des limites de variation constitue, au moins autant qu'en anatomie, un complément de chaque théorie de sociologie statique, sans lequel l'exploration indirecte pourrait devenir erronée.

Le développement de l'humanité prouve le consensus social par la réaction de chaque modification spéciale. Cette indication peut être suivie d'une confirmation statique : en politique comme en mécanique, la communication des mouvements prouve l'existence des liaisons. Toutes les sciences et tous les arts sont entre eux dans une connexité telle que l'état connu d'une seule partie permet de déterminer l'état de chacune des autres. Il en est de même quand, au lieu d'envisager les phénomènes sociaux d'une seule nation, on les examine chez diverses nations contemporaines, bien que le consensus soit alors moins prononcé.

Sans insister sur ces notions, je me bornerai à indiquer le seul cas essentiel où la solidarité soit encore méconnue. Ce cas est malheureusement le plus important, puisqu'il concerne l'organisation sociale proprement dite, dont la théorie continue à être conçue d'une manière absolue et isolée, indépendamment de l'analyse de la civilisation correspondante. Un tel défaut appartient aux écoles opposées, qui dissertent abstraitement sur le régime politique sans penser à l'état corrélatif de la civilisation; elles aboutissent le plus souvent à faire coïncider leur type politique avec l'enfance du développement humain.

Pour apprécier cette erreur, il faut remonter à sa source, qui consiste dans le dogme théologique par lequel on rattache le développement de la civilisation à une dégradation originelle de l'homme. Ce dogme, que toutes les religions reproduisent, et dont la prépondérance a dû être secondée par le penchant de l'homme à l'admiration du passé, fait coïncider la dégradation de la société avec l'extension de la civilisation. Quand la philosophie théologique est passée à l'état métaphysique, le dogme d'une dégradation originelle s'est transformé en une hypothèse équivalente, celle d'un état de nature supérieur à l'état social, et dont le développement de la civilisation éloigne de plus en plus.

Le principe de la relation existant entre les institutions et l'état de la civilisation correspondante consiste dans l'harmonie qui tend à s'établir entre l'ensemble et les parties du système social. Les institutions politiques d'une part, les mœurs et les idées de l'autre, sont toujours solidaires ; elles se rattachent à l'état correspondant du développement de l'humanité, considérée dans son activité intellectuelle, morale et physique. Cette harmonie, moins caractérisée aux époques révolutionnaires, continue à être appréciable ; elle cesserait par l'entière dissolution de l'organisme social. On peut regarder le régime politique comme finissant toujours par devenir conforme à l'état de la civilisation, les lacunes et les perturbations qui se manifestent dans l'un provenant de dérangements équivalents dans l'autre. L'immense révolution au milieu de laquelle nous vivons confirme cette loi sociologique.

La théorie vulgaire attribue au législateur la faculté de rompre l'harmonie sociale, à condition d'être armé d'une autorité suffisante ; ce qui équivaut à nier toute solidarité. Cette opinion, fondée en apparence sur de grands exemples, constitue un cercle vicieux, qui résulte d'une illusion sur la source du pouvoir politique, où l'on prend le symptôme pour le principe.

Tout pouvoir est constitué par un assentiment des volontés individuelles, déterminées à concourir à une action commune, dont ce pouvoir est d'abord l'organe et devient ensuite le régulateur. L'autorité dérive du concours, et non pas le concours de l'autorité, sauf la réaction inévitable. Aucun pouvoir ne peut résulter que de dispositions prépondérantes dans la société où il s'établit. Quand rien ne prédomine, les pouvoirs sont faibles et languissants. Cette correspondance est d'autant plus irrésistible qu'il s'agit d'une société plus étendue. L'ensemble du régime politique exerce, par une réaction nécessaire, une haute influence sur la civilisation : cet aspect de la question n'est pas contesté, tandis que l'erreur commune consiste à l'exagérer, au point de placer la réaction secondaire au-dessus de l'action principale. L'une et l'autre concourent, par leur corrélation, à faire ressortir le concensus de l'organisme social.

Le point de vue relatif auquel le système politique doit être considéré constitue le principal caractère de la positivité. Le régime politique devant être conçu d'après sa relation avec l'état de la civilisation, cette conception présente toute idée de bien ou de mal politique comme relative et variable, sans être, pour cela, arbitraire, puisque la relation est toujours déterminée.

Une telle philosophie pourrait conduire à un dangereux optimisme ; une semblable erreur ne se produirait que chez les esprits peu scientifiques. Une intelligence suffisamment développée ne confondra jamais la notion scientifique d'un ordre spontané avec l'apologie de tout ordre existant. D'après le principe des conditions d'existence, la philosophie positive enseigne que, dans les relations de tous les phénomènes avec l'homme, il s'établit spontanément un certain ordre ; elle explique aussi que cet ordre peut présenter de graves inconvénients, susceptibles d'être modifiés par une sage intervention. Plus les phénomènes se compliquent en se spécialisant, plus les imperfections s'aggravent et se multiplient. Les phénomènes sociaux sont les plus désordonnés, en même temps qu'ils sont les plus modifiables, ce qui est loin d'être une compensation.

La notion des lois naturelles entraîne l'idée d'un ordre spontané, lié à une conception d'harmonie ; cette conséquence n'est pas plus absolue que le principe d'où elle résulte. En le complétant par la considération de la complication des phénomènes, on achève la conception d'un tel ordre. Tel est, à cet égard, l'esprit de la philosophie positive.

L'hypothèse d'une direction providentielle, continuellement active dans la marche des événements, peut seule conduire à l'idée de la perfection de leur accomplissement. La conception positive résulte du dogme théologique de la même manière que le principe des conditions d'existence découle de l'hypothèse des causes finales, et que la notion des lois mathématiques est née du mysticisme métaphysique sur la puissance des nombres. L'analogie est identique dans tous les cas : elle tient à une tendance de l'intelligence à conserver ses moyens de raisonnement, à quelque âge qu'ils aient été découverts, en les appropriant à ses nouveaux modes d'activité, d'après certaines transformations qui en conservent ou même en augmentent la valeur.

Dans le sujet actuel, la philosophie positive indique la conformité de chaque régime politique à la civilisation correspondante, conformité nécessaire pour que ce régime ait pu s'établir et surtout durer. Elle enseigne aussi que cet ordre naturel est le plus souvent fort imparfait par suite de l'extrême complication des phénomènes. Loin de repousser l'intervention humaine, une telle philosophie en provoque l'active application en représentant les phénomènes sociaux comme les plus modifiables, et comme ceux qui ont le plus besoin d'être modifiés d'après les indications de la science.

Deux motifs m'ont fait insister sur la notion du consensus propre à l'organisme social. D'abord cette idée constitue la base de la nouvelle philosophie politique ; ensuite l'esprit de la sociologie statique devait être préalablement caractérisé. La conception de l'harmonie sociale fournit le fondement d'une théorie de l'ordre politique, soit spirituel, soit temporel ; elle conduit à considérer l'ordre artificiel et volontaire comme un simple prolongement de l'ordre naturel et involontaire vers lequel tendent sans cesse les différentes sociétés.

Toute institution politique doit, pour être efficace, reposer sur une analyse des tendances spontanées correspondantes, qui peuvent seules fournir à son autorité des racines solides. Il s'agit de contempler l'ordre pour le perfectionner, et non de le créer, ce qui serait impossible.

Au point de vue scientifique, la notion du consensus n'est pas particulière à l'étude des corps vivants. Partout où il y a un système quelconque, il existe une certaine solidarité. L'astronomie elle-même, dans ses phénomènes mécaniques, en offre la première ébauche. Certains dérangements d'un astre produisent des perturbations sur un autre. Le consensus devient d'autant plus prononcé qu'il s'applique à des phénomènes plus complexes et moins généraux. L'étude des phénomènes chimiques forme, à ce titre, un intermédiaire entre la philosophie inorganique et la philosophie organique. C'est surtout aux systèmes organiques, en vertu de leur plus grande complication, que convient la notion de solidarité et de consensus.

Appréciée à l'égard de la méthode, la conception du consensus social détermine la modification de la méthode positive, appliquée à la sociologie. Puisque les phénomènes sociaux sont connexes, leur étude ne peut être séparée ; d'où résulte l'obligation d'en considérer simultanément les divers aspects. Aucun phénomène social, exploré par un moyen quelconque, ne peut être introduit dans la science tant qu'il reste conçu d'une manière isolée. La science sociale pourra être subdivisée avec utilité ; le principe de cette division résultera du développement de la science, qui doit être fondée par une étude d'ensemble. On fera ensuite descendre les travaux à une spécialité croissante en considérant l'étude des éléments comme dominée par celle du système, dont la notion éclaircira chaque aspect partiel, sauf d'inévitables réactions secondaires. L'obligation de suivre une telle marche augmente la difficulté, en exigeant une contention intellectuelle plus intense et plus soutenue, pour ne laisser échapper aucun des nombreux aspects qu'il faut embrasser simultanément.

Un aphorisme empirique prescrit, en tout sujet, de procéder du simple au composé ; la seule raison solide, c'est que cette marche convient aux sciences inorganiques. On ne saurait concevoir d'autre nécessité logique, commune à toutes les spéculations, que l'obligation d'aller du connu à l'inconnu. Cette règle prescrit aussi bien de procéder du composé au simple que du simple au composé, suivant que l'un est mieux connu et plus accessible que l'autre. Il existe, à ce point de vue, une grande différence entre la philosophie inorganique et la philosophie organique. Dans la première, où la solidarité est peu prononcée, il s'agit d'explorer un système dont les éléments sont plus connus que l'ensemble, et sont seuls directement appréciables ; cela exige qu'on procède du cas le moins composé au plus complexe. Dans la seconde, dont l'homme ou la société constitue l'objet, la marche opposée est seule rationnelle, l'ensemble du sujet étant mieux connu et plus abordable que les diverses parties.

Dans le monde extérieur, c'est l'ensemble qui nous échappe. L'idée d'univers ne pourra jamais devenir positive, et la notion du système solaire est la plus complexe que nous puissions concevoir. En philosophie biologique, les détails restent inaccessibles : les êtres sont d'autant moins inconnus qu'ils sont plus complexes et plus élevés. L'idée d'animal est plus nette que l'idée moins composée de végétal, et le devient davantage à mesure qu'on se rapproche de l'homme, dont la notion constitue le point de départ d'un tel ensemble de spéculations. En comparant les deux moitiés de la philosophie, on voit que c'est, dans un cas, le dernier degré de composition et, dans l'autre, le dernier degré de simplicité, dont l'examen nous reste interdit.

La sociologie n'est pas la seule science où la nécessité de procéder de l'ensemble aux parties devienne prépondérante. La biologie présente le même caractère ; la sociologie exige le plus grand développement de cette modification logique.

L'esprit de la sociologie statique étant caractérisé, il nous reste à considérer la conception qui doit présider à l'étude dynamique des sociétés.

Dans un traité méthodique de philosophie politique, il conviendrait d'analyser d'abord les impulsions individuelles, qui sont les éléments de la force progressive de l'espèce humaine. On les rapporterait à l'instinct qui porte l'homme à améliorer sans cesse sa condition ou, en d'autres termes, à développer sa vie, physique, morale et intellectuelle.

En regardant cette notion préliminaire comme suffisamment éclaircie chez les esprits avancés, nous devons considérer la conception élémentaire de la dynamique sociale, c'est-à-dire l'étude de la succession envisagée dans l'ensemble de l'humanité. Pour fixer les idées, il faut établir, suivant l'heureux artifice de Condorcet, l'hypothèse d'un peuple unique, auquel seraient rapportées toutes les modifications sociales. Cette fiction s'éloigne moins de la réalité qu'on n'a coutume de le supposer : au point de vue politique, les successeurs de tels ou tels peuples sont ceux qui, utilisant et poursuivant leurs efforts, ont prolongé leurs progrès sociaux, quels que soient le sol qu'ils habitent et la race dont ils proviennent.

Cela posé, l'esprit de la sociologie dynamique consiste à concevoir chacun des états sociaux consécutifs comme le résultat du précédent et le moteur du suivant, d'après l'axiome de Leibniz : *Le présent est gros de l'avenir.* La science a pour objet de découvrir les lois dont l'ensemble détermine la marche du développement social.

La dynamique sociale étudie les lois de la succession ; la statique sociale détermine celles de la coexistence. La première fournit à la politique pratique la théorie du progrès ; la seconde, celle de l'ordre.

Le cours de la vie humaine permet d'apercevoir les modifications qui surviennent dans l'état de la société : c'est l'accumulation de ces changements successifs qui constitue le mouvement social. A une époque où la rapidité de la progression semble accélérée, on ne peut plus contester la réalité d'un mouvement qui est senti même par ceux qui le maudissent. La controverse ne peut exister que sur la subordination des phénomènes dynamiques à des lois naturelles, ce qui ne saurait comporter aucune discussion pour tout esprit placé au point de vue de la philosophie positive.

Sous quelque aspect qu'on envisage la société, on constate que ses modifications sont toujours assujetties à un ordre déterminé, dont l'explication est déjà possible en un assez grand nombre de cas pour que, dans les autres, on puisse espérer l'apercevoir plus tard. Un tel ordre présente une fixité remarquable, que manifeste la comparaison des développements parallèles, observés dans des populations distinctes et indépendantes. L'existence du mouvement social étant incontestable et, d'autre part, la succession des divers états de la société ne se faisant pas dans un ordre arbitraire, il faut bien regarder ce mouvement comme soumis à des lois naturelles, aussi positives que celles de tous les autres phénomènes, à moins d'employer l'artifice d'une Providence permanente, ou de recourir à la vertu des entités métaphysiques. Il n'y a pas d'autre alternative.

Les lois de la solidarité sociale se vérifient pendant le mouvement, qui, malgré son unité, peut être décomposé d'après les divers aspects de l'existence, envisagée comme physique, morale, intellectuelle ou politique. Quel que soit le point de vue auquel on envisage le mouvement de l'humanité, depuis les temps les plus anciens jusqu'à nos jours, il est facile de constater dans cette progression un ordre déterminé.

Je me bornerai à citer l'évolution intellectuelle comme plus avancée que toute autre, et comme ayant dû, à ce titre, servir presque toujours de guide. La partie de cette évolution qui a le plus influé sur la progression générale consiste dans le développement de l'esprit scientifique, à partir des travaux des Thalès et des Pythagore jusqu'à ceux des Lagrange et des Bichat. Cette succession de travaux n'a été nullement arbitraire : les progrès de chaque époque, et même de chaque génération, ont résulté de l'état immédiatement antérieur.

Les hommes de génie ont été les organes d'un mouvement qui, à leur défaut, se fût ouvert d'autres issues. L'histoire le vérifie en montrant plusieurs esprits éminents préparés à faire simultanément la même découverte. Les différentes parties de l'évolution humaine comportent des observations analogues. Toute semblable indication serait superflue à l'égard des arts, dont la progression est évidente. Quant au mouvement politique, les divers systèmes se sont succédé dans un ordre déterminé encore plus inévitable.

La solidarité déjà constatée pour l'état statique entre les divers éléments sociaux doit, à plus forte raison, subsister pendant le mouvement, qui, sans celá, finirait par déterminer, comme en mécanique, la décomposition du système. Une telle connexité prouve la nécessité de l'ordre dynamique. Il suffit d'avoir constaté cet ordre sous un aspect pour être autorisé à l'étendre à tous les autres.

Les lois de la dynamique sociale sont d'autant plus saisissables qu'elles concernent des populations plus étendues. Les perturbations secondaires y ont moins d'influence, et elles s'appliquent à une civilisation plus avancée. Le mouvement social doit se prononcer davantage à mesure qu'il se prolonge, en surmontant avec une énergie croissante les influences accidentelles.

On peut étudier le développement de l'humanité sans se prononcer sur la question du perfectionnement humain ; je crois utile d'examiner cette célèbre contestation.

L'esprit relatif dans lequel sont conçues toutes les notions de la politique positive nous fait écarter toute controverse métaphysique sur l'accroissement du bonheur de l'homme aux divers âges de la civilisation. Ainsi est éliminée la seule partie de la question sur laquelle il soit impossible d'obtenir un assentiment réel. Le bonheur de chacun exige une harmonie suffisante entre le développement de ses facultés et les circonstances qui dominent sa vie. Un tel équilibre tend à s'établir spontanément à un certain degré. Il n'y a pas lieu de comparer, à l'égard du bonheur individuel, des situations sociales dont le rapprochement est impossible : autant vaudrait poser la question insoluble du bonheur propre aux divers organismes animaux, ou aux deux sexes de chaque espèce.

Après avoir écarté ces stériles dissertations, on ne trouve plus, dans la notion du perfectionnement, que l'idée d'un développement continu dans la nature humaine, envisagée sous ses divers aspects suivant une harmonie constante, et d'après les lois de l'évolution. Cette conception, sans laquelle il ne peut exister aucune science sociale, présente la plus incontestable réalité.

L'humanité se développe sans cesse, dans le cours de sa civilisation, par ses plus éminentes facultés, au point de vue physique, moral, intellectuel et politique. Ces facultés, d'abord engourdies, prennent peu à peu, par un exercice étendu et régulier, un essor de plus en plus complet dans les limites imposées par l'organisme humain. La question se réduit à décider si ce développement doit être regardé comme accompagné d'une amélioration et d'un progrès.

L'amélioration et le progrès sont aussi irrécusables que le développement d'où ils résultent, pourvu qu'on ne cesse pas de les concevoir, ainsi que ce développement, comme assujettis à des limites, jusqu'ici inconnues. La science pourra plus tard les indiquer, au moins dans les cas les plus importants ; ce qui élimine la chimérique conception d'une perfectibilité illimitée. D'ailleurs il faut considérer l'ensemble de l'humanité au lieu d'un peuple isolé. Cela posé, le développement a pour résultat d'opérer une amélioration dans la condition de l'homme et dans ses facultés. Le terme de *perfectionnement* convient surtout à ce second attribut du progrès. Il est inutile de démontrer l'évidente amélioration que l'évolution sociale a fait éprouver aux conditions d'existence, soit par une action croissante sur le monde ambiant, d'après le progrès des sciences et des arts, soit par l'adoucissement des mœurs, soit enfin par le perfectionnement graduel de l'organisation sociale.

Un fait général répond en ce sens à toutes les déclamations sophistiques : c'est l'accroissement continu de la population sur la surface du globe par suite de la civilisation. Il faut que la tendance à l'amélioration soit bien irrésistible pour avoir persévéré, malgré les énormes fautes politiques qui, en tout temps, ont absorbé ou neutralisé la majeure partie des forces. A notre époque révolutionnaire, malgré des discordances plus prononcées entre le système politique et l'état de la civilisation, l'amélioration se prolonge, sous l'aspect physique et intellectuel, et même sous l'aspect moral.

Quant à une amélioration graduelle et fort lente de la nature humaine entre des limites très étroites et jusqu'ici inconnues, il me semble impossible de ne pas admettre le principe de Lamark sur l'influence d'un exercice homogène et continu pour produire dans tout organisme, et surtout chez l'homme, un perfectionnement capable d'être fixé dans la race. En considérant le fait le mieux caractérisé, c'est-à-dire le développement intellectuel, on ne peut refuser d'admettre une plus grande aptitude aux combinaisons mentales chez les peuples très civilisés, indépendamment de toute culture, pourvu que la comparaison soit établie entre des intelligences moyennes. Au point de vue moral, le développement réalise une prépondérance croissante des plus nobles penchants.

Ces explications établissent que le développement de l'humanité peut être regardé comme un perfectionnement entre des limites convenables. On a le droit d'admettre en sociologie l'équivalence de ces deux termes, ainsi qu'on le fait en biologie dans l'étude comparative de l'organisme animal. Je persiste à employer la première expression, parce que la qualification de *développement* a l'avantage de déterminer en quoi consiste le *perfectionnement* de l'humanité ; il indique le simple essor, secondé par une culture convenable, des facultés qui constituent la nature humaine, sans aucune introduction de facultés nouvelles.

L'état social doit être considéré comme ayant été aussi parfait à chaque époque que le comportait l'âge de l'humanité, combiné avec les circonstances dans lesquelles s'accomplissait l'évolution. Cette tendance philosophique est le complément de la disposition analogue établie en sociologie statique. Dans aucun cas, il ne s'agit ni de causes finales ni de direction providentielle. C'est toujours la simple conséquence de l'ordre qui résulte des lois naturelles dans tous les phénomènes possibles.

Un dernier aspect de la sociologie dynamique est plus propre que tout autre à manifester le caractère de la politique positive. Il s'agit du principe des limites de l'action politique. Dans un ordre quelconque de phénomènes, l'action humaine étant très limitée, il serait impossible de comprendre à quel titre les phénomènes sociaux pourraient être seuls exceptés de cette restriction, qui résulte de l'existence même des lois naturelles. Tout homme d'État, après un suffisant exercice de l'autorité, doit être convaincu, par sa propre expérience, des limites imposées à l'action politique par l'ensemble des influences sociales. La nouvelle philosophie permet de déterminer, avec la précision que comporte la nature du sujet, en quoi consistent ces limites.

On doit, à cet effet, apprécier d'abord en quoi la marche du développement peut être modifiée par l'ensemble des causes de variation, sans aucune distinction entre elles. Ensuite on examinera quel rang d'importance peut occuper, parmi les divers modificateurs, l'action volontaire et calculée des combinaisons politiques. Le premier point doit être considéré comme le plus important, et comme seul accessible aujourd'hui.

Les phénomènes sociaux doivent être conçus comme étant, en vertu de leur complication supérieure, les plus modifiables de tous. Ainsi les lois sociologiques comportent des éléments de variation plus étendus que ne le permettent les lois biologiques et, à plus forte raison, les lois chimiques ou physiques. Si, parmi les diverses causes modificatrices, l'intervention humaine occupe le même rang d'influence proportionnelle, comme il est naturel de le supposer, cette influence devra être plus considérable dans le premier cas que tout autre. Tel est le fondement scientifique des espérances d'une réformation systématique de l'humanité. Bien que les modifications produites par des causes quelconques soient plus grandes dans l'ordre des phénomènes politiques, elles demeurent subordonnées aux lois statiques ou dynamiques qui règlent l'harmonie des éléments sociaux et la filiation de leurs variations successives.

Il n'y a pas d'influence perturbatrice qui puisse altérer les lois naturelles du développement de l'humanité. La prépondérance des influences continues est admise dans tous les phénomènes ; il faudra bien qu'on l'applique aussi aux phénomènes sociaux, dès qu'on y étendra la même manière de philosopher. Les modifications portent exclusivement sur l'intensité des phénomènes et sur leur mode d'accomplissement, sans pouvoir en altérer ni la nature ni la filiation. S'il en était autrement, la cause perturbatrice, en s'élevant au-dessus de la cause fondamentale, détruirait l'économie des lois du sujet.

Appliqué au monde politique, ce principe de philosophie

positive montre que, au point de vue statique, les variations consistent dans l'intensité plus ou moins prononcée des différentes tendances propres à chaque situation sociale, sans que rien ne puisse, en aucun cas, empêcher ni produire ces tendances.

Au point de vue dynamique, l'évolution de l'humanité doit être conçue comme n'étant modifiable que sous l'aspect de la vitesse, sans aucun renversement dans l'ordre du développement, et sans qu'aucun intermédiaire un peu important puisse être franchi. On peut se faire une idée de ces variations en les comparant à celles de l'organisme animal, avec cette différence que les modifications sociales sont plus étendues et plus variées. La théorie des limites de variation n'est pas établie en biologie ; on ne peut pas espérer que la sociologie soit plus avancée ; il suffit d'en avoir indiqué l'esprit en statique et en dynamique sociales.

Dans l'ordre intellectuel, il n'y a aucune supériorité individuelle qui puisse transporter à une époque les découvertes réservées à une époque postérieure. L'histoire des sciences prouve la subordination des génies les plus éminents à l'état contemporain. Il en est ainsi dans les arts, surtout en ce qui dépend des moyens mécaniques de suppléer à l'action humaine. On n'en saurait douter davantage à l'égard du développement moral, qui est réglé à chaque époque par l'état de l'évolution correspondante.

Chacun des modes de l'existence sociale détermine des mœurs corrélatives, dont la physionomie commune se retrouve chez tous les individus au milieu de leurs différences caractéristiques. Il y a, par exemple, tel état de l'humanité où les meilleurs naturels contractent des habitudes de férocité dont s'affranchissent presque sans effort des natures bien inférieures vivant dans une société plus avancée. Il en est de même au point de vue politique. Si l'on voulait rapporter tous les faits et toutes les réflexions qui établissent l'existence des limites de variation, on serait involontairement conduit à reproduire les considérations qui prouvent la subordination des phénomènes sociaux à des lois naturelles. Un tel principe n'est qu'une application de cette conception philosophique.

Les trois sources de variations sociales résultent de la race, du climat et de l'action politique ; leur importance relative ne peut être énoncée. Quand même cette détermination ne serait pas déplacée dans l'état naissant de la science, les lois de la méthode obligeraient à en ajourner l'exposition après l'examen du sujet principal, pour éviter une confusion entre les phénomènes fondamentaux et leurs diverses modifications. Du reste ce classement présente d'autant moins d'intérêt que l'influence des combinaisons politiques étant, des trois causes modificatrices, la seule accessible à l'intervention humaine, c'est vers elle que doit se diriger l'attention.

Si j'ai en vue l'action politique, c'est à cause de la prépondérance erronée qu'on lui attribue, et qui tend à empêcher toute notion des lois sociologiques. Aussi dois-je signaler l'illusion qui entretient ce sophisme chez ceux qui se croient affranchis de la philosophie théologique, dont il émane. Cette illusion consiste en ce que, les opérations politiques n'ayant eu d'efficacité sociale qu'autant qu'elles étaient conformes aux tendances correspondantes, elles semblent, à des spectateurs prévenus ou irréfléchis, avoir produit ce qu'une évolution spontanée, mais peu apparente, a seule déterminé.

En procédant ainsi, on néglige les cas nombreux, dont l'histoire abonde, où l'autorité politique la plus étendue n'a laissé aucune trace de son action, parce qu'elle était dirigée en sens contraire du mouvement de la civilisation contemporaine, ainsi que le témoignent les exemples de Julien, de Philippe II et de Bonaparte. On peut même regarder comme plus décisifs les cas inverses, malheureusement plus rares, où l'action politique soutenue par une puissante autorité, a néanmoins avorté dans la poursuite d'améliorations prématurées, malgré la tendance progressive qui était en sa faveur. Fergusson a remarqué que l'action d'un peuple sur un autre, par la conquête ou de toute autre manière, n'y peut réaliser que les modifications conformes à ses propres tendances, dont le développement se trouve ainsi un peu plus accéléré, ou un peu plus étendu qu'il ne l'eût été spontanément.

En politique, comme dans les sciences, l'opportunité est la condition de toute grande et durable influence, quelle que soit la valeur de l'homme supérieur auquel le vulgaire attribue une action sociale, dont il n'est que l'heureux instrument. Le pouvoir de l'individu sur l'espèce est assujetti à des limites, lors même qu'il ne s'agit que des effets les plus aisés à produire, soit en bien, soit en mal.

Aux époques révolutionnaires, ceux qui s'attribuent le mérite d'avoir développé chez leurs contemporains les passions anarchiques ne s'aperçoivent pas que leur triomphe est dû à une disposition résultant de l'ensemble de la situation.

C'est par de semblables appréciations, empiriquement opérées, qu'ont été guidés les hommes de génie qui ont exercé une grande action sur l'humanité. En tout genre, la prévoyance est la source de l'action.

Les vagues habitudes intellectuelles qui prévalent encore en philosophie politique pourraient faire méconnaître la portée pratique d'une science nouvelle, qui dissipe les illusions relatives à l'action indéfinie de l'homme sur la civilisation. Le principe précédent établit de la manière la plus précise le point de contact de la théorie et de la pratique sociales.

L'art politique prendra un caractère systématique, et éprouvera une transformation analogue à celle qui s'est accomplie dans l'art médical. L'intervention politique ne peut être efficace qu'à la condition de s'appuyer sur les tendances correspondantes. Il faut connaître les lois d'harmonie et de succession déterminant, à chaque époque, ce que l'évolution humaine est prête à produire, ainsi que les obstacles susceptibles d'être écartés. Ce serait toutefois exagérer la portée d'un tel art que de lui attribuer la propriété d'empêcher, dans tous les cas, les révolutions violentes.

Dans l'organisme social, en vertu de sa complication supérieure, les maladies et les crises sont plus inévitables que dans l'organisme individuel. Lors même que la science reconnaît sa impuissance en présence de profonds désordres, elle peut concourir à abréger les crises en appréciant leur caractère et en prévoyant leur issue. Ici, comme ailleurs, il s'agit non pas de gouverner les phénomènes, mais d'en modifier le développement, ce qui exige qu'on en connaisse les lois.

L'esprit de la nouvelle philosophie politique me semble suffisamment fixé par ces notions préliminaires. Sans admirer ni maudire les faits politiques, la sociologie y voit, comme en toute autre science, de simples sujets d'observation. Elle considère chaque phénomène au point de vue de son harmonie avec les phénomènes coexistants, et de son enchaînement avec l'état antérieur et l'état postérieur du développement social. Elle s'efforce, à l'un ou à l'autre titre, de découvrir les relations qui unissent entre eux tous les faits sociaux. Chaque fait lui paraît *expliqué* dans l'acception scientifique de ce terme, quand il a pu être rattaché, soit à la situation correspondante, soit au mouvement précédent.

Développant au plus haut degré le sentiment social, cette science réalise la formule de Pascal et représente l'espèce humaine comme constituant une immense unité dont les divers organes concourent à l'évolution générale. Conduisant enfin, avec la précision qu'elle comporte, à prévoir les événements qui doivent résulter, soit d'une situation donnée, soit d'un ensemble d'antécédents, la science politique indique à l'art correspondant les tendances qu'il doit seconder, et les moyens d'éviter toute inutile consommation de forces.

Nous allons examiner les ressources de la sociologie. Nous devons nous attendre à y trouver, en vertu de la plus grande complication des phénomènes, le système de ressources directes ou indirectes le plus varié et le plus développé.

Il faut distinguer, dans la science sociale, deux ordres de ressources : les unes, directes, consistent dans les moyens d'exploration qui lui sont propres ; les autres, indirectes, résultent de ses relations avec les sciences antérieures. Je dois apprécier d'abord le premier ordre de moyens scientifiques.

En sociologie, comme en biologie, l'exploration scientifique emploie les trois modes de l'art d'observer, c'est-à-dire l'observation pure, l'expérimentation et la méthode comparative, adaptée à toute étude sur les corps vivants. Il s'agit de déterminer la portée et le caractère de ces trois procédés.

L'influence de la philosophie métaphysique du siècle dernier a tendu, par l'absurde théorie du pyrrhonisme historique, à dénier toute certitude aux observations sociales. Depuis que cette erreur n'est plus ouvertement professée, le scepticisme s'est retranché derrière l'incertitude des témoignages humains pour continuer à méconnaître la valeur des renseignements historiques. Quelques géomètres ont porté la complaisance ou la naïveté au point de tenter, à ce sujet, de lourds et ridicules calculs sur l'accroissement de l'incertitude par le seul fait du temps. Cette entreprise, outre le danger de favoriser des erreurs nuisibles, a eu l'inconvénient de discréditer l'esprit mathématique auprès de beaucoup d'hommes sensés, trop peu éclairés pour le juger directement, mais révoltés de tels abus. Certains philosophes ont déduit, des déclamations contre la valeur des témoignages, le principe d'une division des sciences en testimoniales et en non-testimoniales, ce qui prouve le crédit que de tels sophismes conservent encore.

C'est par une inconséquence que l'on restreint aux études sociales la portée d'un tel paradoxe. Une fois admis, il s'appliquerait à toutes les connaissances, si l'esprit humain pouvait être conséquent jusqu'au bout, lorsqu'il procède d'après des principes extravagants.

Toutes les sciences, même les plus simples, ont besoin d'admettre des preuves testimoniales, c'est-à-dire des observations qui n'ont pu être faites, ni même répétées, par ceux qui les emploient, et dont la réalité ne repose que sur le témoignage des explorateurs primitifs. Aucune science ne pourrait se développer, si chacun n'y voulait employer que ses observations personnelles. D'où vient qu'un tel paradoxe ne s'applique qu'aux phénomènes sociaux ? C'est parce qu'il fait partie de l'arsenal philosophique construit par la métaphysique révolutionnaire pour la démolition de l'ancien système politique. Beaucoup d'esprits se croiraient forcés de rentrer sous le joug de la philosophie catholique, s'ils admettaient, par exemple, l'authenticité des récits bibliques, dont la négation méthodique fut le premier motif de ces sophismes.

A de telles erreurs vient s'ajouter l'empirisme qu'on s'efforce d'imposer aux observations historiques, quand on y interdit, sous prétexte d'impartialité, l'emploi de toute théorie. Il serait difficile d'imaginer un précepte plus contraire à l'esprit de la philosophie positive, ainsi qu'au caractère qu'il doit avoir dans l'étude des phénomènes sociaux.

Dans tous les phénomènes, même dans les plus simples, aucune observation n'est efficace qu'autant qu'elle est dirigée et interprétée par une théorie. Tel est le besoin logique qui a déterminé, dans l'enfance de la raison humaine, l'essor de la philosophie théologique. Loin de dispenser de cette obligation, la philosophie positive la développe de plus en plus.

Au point de vue scientifique, toute observation isolée et empirique est oiseuse et incertaine : la science ne peut employer que celles qui se rattachent, au moins hypothétiquement, à une loi. Cette liaison constitue la principale différence entre les observations des savants et celles du vulgaire. Une telle prescription doit être d'autant plus sévère qu'il s'agit de phénomènes plus compliqués.

Les observations sociales exigent l'emploi de théories destinées à rattacher les faits actuels aux faits accomplis. Les faits ne manquent pas, et les plus vulgaires sont les plus importants. L'observation ne peut être efficace qu'en étant dirigée par une connaissance, au moins ébauchée, des lois de la solidarité sociale. Les faits n'auraient aucun sens s'ils n'étaient rattachés, ne fût-ce que par une hypothèse provisoire, aux lois du développement social. L'esprit d'ensemble n'est pas seulement indispensable pour concevoir et poser les questions scientifiques ; il doit aussi diriger l'exploration pour lui donner un caractère rationnel.

Loin de proscrire l'érudition, la nouvelle philosophie lui fournira de nouveaux sujets, des points de vue inespérés, une plus noble destination et une plus haute dignité scientifique. Elle écartera les travaux sans but, sans principe et sans caractère, qui tendent à encombrer la science de puériles dissertations ou d'aperçus incohérents, comme la physique actuelle condamne les compilateurs d'observations empiriques.

L'observation proprement dite doit être subordonnée aux spéculations positives sur les lois de la solidarité ou de la succession des phénomènes correspondants. Aucun fait social ne peut avoir de signification scientifique que s'il est rapproché d'un autre fait social.

Ce précepte complète l'obligation, déjà établie, de rendre l'esprit d'ensemble prépondérant dans les études sociologiques. Explorés d'après des vues de solidarité ou de succession, les phénomènes sociaux comportent des moyens d'observation plus variés et plus étendus que tous les autres phénomènes. L'inspection ou la description des événements, la considération des coutumes, l'appréciation des monuments, l'analyse et la comparaison des langues, et une foule d'autres voies plus ou moins importantes, peuvent offrir à la sociologie d'utiles ressources. Tout esprit préparé par une éducation convenable parviendra, après un suffisant exercice, à convertir en indications sociologiques les impressions qu'il reçoit de presque tous les événements de la vie sociale.

Le second mode de l'art d'observer, ou l'expérimentation, semble au premier abord devoir être interdit en sociologie. Il faut se rappeler la distinction que j'ai établie entre l'expérimentation directe et l'expérimentation indirecte. Le caractère du mode expérimental ne consiste pas dans l'institution artificielle des circonstances du phénomène. Que le cas soit naturel ou factice, l'observation mérite toujours le nom d'expérimentation, toutes les fois que l'accomplissement normal des phénomènes éprouve une altération déterminée. C'est en ce sens que le mode expérimental peut appartenir aux recherches sociologiques.

La complication et la solidarité des phénomènes biologiques y rendent difficile l'institution des expériences directes par voie artificielle. Cette complication et cette solidarité sont ici plus prononcées. Un tel genre d'expériences ne peut convenir à la sociologie. Une perturbation factice dans l'un des éléments sociaux doit nécessairement, soit par les lois d'harmonie, soit par celles de succession, s'étendre à tous les autres. L'expérience serait dépourvue de toute valeur scientifique, parce qu'il serait impossible d'isoler aucune des conditions et aucun des résultats du phénomène.

Les cas pathologiques constituent, en biologie, l'équivalent de l'expérimentation, en ce que, quoique indirectes, les expériences naturelles qu'ils offrent sont mieux appropriées à l'étude des corps vivants, et cela d'autant plus qu'il s'agit de phénomènes plus compliqués et d'organismes plus éminents.

Les mêmes considérations sont applicables à la sociologie et doivent y conduire à des conclusions semblables. Ici, l'analyse pathologique consiste dans les cas, malheureusement trop fréquents, où les lois, soit de l'harmonie, soit de la filiation, éprouvent, dans l'état social, des perturbations plus ou moins prononcées, comme on le voit aux époques révolutionnaires. Ces perturbations de l'organisme social sont analogues aux maladies de l'organisme individuel.

L'exploration pathologique étant imparfaitement instituée en biologie, elle doit être encore plus incomplète à l'égard des questions sociologiques, où elle n'a jamais fourni aucun secours, bien que les matériaux y abondent. Cette stérilité tient à ce que l'expérimentation peut, encore moins que la simple observation, se passer d'une subordination à des conceptions rationnelles pour acquérir une véritable utilité.

On renouvelle les expériences politiques les plus désastreuses, bien que les premiers essais aient dû en faire apprécier l'inefficacité et le danger. Je sais quelle part il faut faire à l'ascendant des passions ; mais on oublie trop que le défaut d'une analyse rationnelle est l'une des causes de l'infructueux enseignement reproché aux expériences sociales, dont le cours deviendrait plus instructif s'il était mieux observé.

On pense que les cas de perturbation sociale sont impropres à divulguer les lois de l'organisme politique, qu'on regarde alors comme détruites, ou comme suspendues. Cette erreur est ici plus excusable que dans le cas de l'organisme individuel, puisque les lois de l'état normal ne sont pas suffisamment connues. Le principe établi par les travaux de Broussais, et destiné à caractériser l'esprit de la pathologie positive, est aussi applicable à l'organisme social qu'à l'organisme individuel. Les cas pathologiques ne sauraient constituer une violation des lois de l'organisme normal. Ils modifient le degré des phénomènes, mais nullement leur nature ni leur relation.

Les perturbations sociales sont du même ordre que les modifications déterminées, dans les lois sociologiques, par les différentes causes secondaires dont j'ai circonscrit l'influence entre d'inévitables limites. Puisque ces lois subsistent dans un état quelconque de l'organisme social, il y a lieu de conclure de l'analyse des perturbations à la théorie de l'existence normale. Tel est le fondement de l'utilité de l'expérimentation indirecte pour dévoiler l'économie du corps social. Ce procédé est applicable à tous les ordres de recherches, envisagés sous un aspect quelconque, physique, intellectuel, moral ou politique, et à tous les degrés de l'évolution sociale où les perturbations n'ont jamais manqué.

Considérant enfin la méthode comparative, je dois renvoyer aux explications que j'ai données en biologie, pour montrer la prépondérance de ce procédé dans toutes les études des corps vivants. Je me bornerai à signaler les différences qui distinguent l'application de l'art comparatif aux recherches sociologiques.

Une aveugle imitation du procédé biologique ferait méconnaître les analogies qui existent entre les deux sciences, puisque la hiérarchie animale, qui constitue, en biologie, le principal caractère de la méthode comparative, ne peut avoir, en sociologie, qu'une importance secondaire.

L'influence de la philosophie théologique et métaphysique inspire un dédain irrationnel pour tout rapprochement de la société humaine avec les sociétés animales. Quand la sociologie sera dirigée par l'esprit positif, on reconnaîtra l'utilité d'y introduire la comparaison de l'homme aux autres animaux, et surtout aux mammifères les plus élevés, du moins après que les sociétés animales, encore si mal connues, auront été mieux observées.

Le principal défaut d'un tel ordre de comparaisons, c'est d'être borné aux considérations statiques, sans pouvoir atteindre les considérations dynamiques. Cette restriction résulte de ce que l'état social des animaux, sans être aussi fixe qu'on l'imagine, éprouve, depuis le complet développement de la prépondérance humaine, d'imperceptibles variations, qui ne sont pas comparables à la progression continue de l'humanité.

Réduite à la statique sociale, l'utilité d'une telle comparaison me semble incontestable pour mieux caractériser les lois les plus élémentaires de la solidarité. Rien n'est plus propre à faire ressortir combien sont naturelles les principales relations sociales, que tant d'esprits sophistiques croient pouvoir transformer au gré de leurs vaines prétentions. Ils cesseront sans doute de regarder comme factices et arbitraires les liens de la famille, en les retrouvant avec les mêmes caractères chez les animaux, et d'une manière d'autant plus prononcée que leur organisme se rapproche plus de l'organisme humain.

Le principal mode de la méthode comparative appliquée à la sociologie consiste en un rapprochement des états de la société sur les différentes parties de la terre, envisagés chez des populations indépendantes les unes des autres. Bien que la progression de l'humanité soit unique en ce qui concerne le développement total, néanmoins, par un concours de causes sociales fort mal analysées jusqu'ici, des populations très considérables, et surtout très variées, n'ont atteint que les degrés inférieurs du développement général. Par suite de cette inégalité, les états antérieurs des nations les plus civilisées se retrouvent, malgré d'inévitables différences secondaires, chez des peuples contemporains répartis en divers lieux du globe.

Le mode comparatif présente l'avantage d'être applicable aux deux ordres de spéculations sociologiques, de manière à confirmer également les lois de l'existence et celles du mouvement. Il s'étend à tous les degrés possibles de l'évolution sociale, dont les traits caractéristiques peuvent être ainsi soumis à l'observation. Depuis les malheureux habitants de la Terre de Feu jusqu'aux peuples les plus avancés de l'Europe occidentale, on ne saurait imaginer aucune nuance sociale qui ne se trouve réalisée en quelque point du globe.

Telles sont les propriétés qui caractérisent, en sociologie, la méthode comparative, destinée à rectifier les indications de l'analyse historique, et à en combler les inévitables lacunes. L'usage de ce procédé est rationnel, puisqu'il repose sur le principe de l'identité constante du développement humain.

Après avoir apprécié les attributs d'un tel procédé, il importe d'en signaler les dangers, qui empêchent de lui confier la principale direction des observations sociologiques. Son défaut le plus grave, c'est de n'avoir pas égard à la succession des états sociaux, qu'il tend à représenter comme coexistants. L'incohérence des observations comparatives ne permet pas d'apercevoir la filiation des divers systèmes de société. Enfin le mode comparatif tend à faire mal apprécier les cas ainsi observés, et à faire prendre des modifications secondaires pour des phases principales du développement social. C'est par là qu'on s'est formé les notions les plus inexactes sur l'influence politique du climat, et qu'on a pu attribuer à son action des différences sociales qui devaient être rapportées à l'inégalité d'évolution. La même tendance erronée se manifeste en ce qui concerne les différentes races humaines.

Une telle appréciation nous conduit à vérifier, pour l'emploi de la méthode comparative en sociologie, ce qui a déjà été constaté pour l'observation et pour l'expérimentation, c'est-à-dire l'impossibilité d'employer utilement ce procédé, à moins d'en diriger l'application primitive et l'interprétation finale par une conception du développement de l'humanité.

Il résulte de cette conclusion que l'ébauche de la sociologie, qui doit diriger les divers modes d'exploration, repose sur une nouvelle méthode d'observation, mieux adaptée à la nature des phénomènes, et exempte des dangers que les autres présentent. C'est ce qui existe, en effet, et nous sommes ainsi conduits à apprécier la *méthode historique*, qui est la base sur laquelle repose le système de la logique politique.

La comparaison historique des états consécutifs de l'humanité constitue le principal artifice scientifique de la sociologie ; son développement forme le fond même de la science, et la distingue de la biologie. Bien que cette analyse historique semble destinée à la sociologie dynamique, elle s'étend néanmoins à toute la science, en vertu de la solidarité de ses diverses parties.

Ce n'est pas seulement au point de vue scientifique que la méthode historique donne à la sociologie son principal caractère, c'est surtout sous l'aspect logique. En effet, la sociologie perfectionnera, par ce nouveau mode de l'art d'observer, l'ensemble de la méthode positive au profit de toute la philosophie. La méthode historique prouve l'attribut caractéristique de la sociologie, qui consiste à procéder de l'ensemble aux détails. Cette indispensable condition des études sociales se manifeste dans tout travail historique, qui autrement dégénérerait en une simple compilation de matériaux provisoires.

Puisque c'est surtout dans leur développement que les éléments sociaux sont solidaires et inséparables, il s'ensuit qu'aucune filiation partielle entièrement isolée ne saurait avoir de réalité, et que toute explication de ce genre, avant de pouvoir devenir spéciale, doit d'abord reposer sur une conception générale de l'évolution humaine. Que peut signifier, par exemple, l'étude exclusive, et surtout partielle, d'une seule science ou d'un seul art, à moins d'être rattachée à celle de l'ensemble du progrès humain ? Il en est de même de ce qu'on nomme si abusivement l'histoire politique, comme si une histoire quelconque pouvait n'être pas plus ou moins politique. C'est sur l'ensemble de l'évolution sociale que devront d'abord porter les comparaisons historiques des divers âges de la civilisation. C'est ainsi qu'on parviendra à des conceptions capables de diriger l'étude ultérieure des divers sujets spéciaux.

Au point de vue pratique, la prépondérance de la méthode historique développera le sentiment social en mettant en évidence l'enchaînement des événements, et en rappelant l'influence qu'ils ont exercée sur l'avènement graduel de la civilisation.

Suivant la remarque de Condorcet, on ne saurait penser aux batailles de Marathon et de Salamine sans en apercevoir les importantes conséquences pour les destinées de l'humanité. Aucune démonstration n'est nécessaire pour faire constater l'aptitude de l'histoire à prouver la subordination des divers âges sociaux. Il importe seulement de ne pas confondre le sentiment de la solidarité sociale avec l'intérêt sympathique que doivent exciter tous les tableaux de la vie humaine, et que de simples fictions peuvent inspirer.

Le sentiment dont il s'agit est plus profond, puisqu'il devient en quelque sorte personnel, et plus réfléchi, comme résultant d'une conviction scientifique. Réservée d'abord à des esprits d'élite, cette nouvelle forme du sentiment social pourra ensuite appartenir, avec une moindre intensité. à l'universalité des intelligences, à mesure que les résultats généraux de la sociologie deviendront plus populaires. Elle y complétera la notion de la solidarité entre les individus et les peuples contemporains, en montrant que les générations successives concourent au même but, dont la réalisation graduelle exige, de chacune d'elles, une participation déterminée.

Cette disposition à voir des coopérateurs dans les hommes

de tous les temps se manifeste à peine dans les sciences, et seulement dans les plus avancées. La méthode historique lui donnera tout son développement, et entretiendra le respect des ancêtres, indispensable à l'état normal de la société, et si fortement ébranlé par la philsophie métaphysique.

L'esprit de la méthode historique consiste dans l'usage des séries sociales, c'est-à-dire dans une appréciation des divers états de l'humanité, qui montrent, d'après l'ensemble des faits historiques, l'accroissement continu de chaque disposition, physique, intellectuelle, morale ou politique, combiné avec le décroissement correspondant de la disposition opposée. Il en résulte la prévision scientifique de l'ascendant final de l'une et de la chute définitive de l'autre, pourvu que cette conclusion soit conforme aux lois du développement humain, dont la prépondérance ne doit jamais être méconnue.

Devant faire une application très étendue d'un tel mode d'exploration, il me suffit d'en signaler rapidement le principe. C'est ainsi que les mouvements de la société et ceux de l'esprit humain peuvent être prévus, à un certain degré, pour chaque époque et sous chaque aspect essentiel, d'après une connaissance préalable du sens uniforme des modifications indiquées par l'analyse historique.

Ces prévisions scientifiques seront d'autant plus rapprochées de la réalité qu'il s'agira de phénomènes plus importants et plus généraux, où les causes continues prédominent davantage dans le mouvement social, et où les perturbations ont une moindre part. Les lois de la solidarité peuvent conduire à étendre la même certitude à l'étude des aspects secondaires et spéciaux, d'après leurs relations statiques avec les premiers, de façon à y compenser partiellement la moindre sécurité que devrait inspirer, à leur égard, l'usage de ce mode d'exploration.

En s'attachant à obtenir le seul degré de précision compatible avec l'excessive complication de ces phénomènes, on parviendra à des conclusions suffisantes pour diriger l'ensemble des applications, dont les principales concernent l'art politique.

Pour se familiariser avec cette méthode, il est indispensable de l'appliquer d'abord au passé en cherchant à déduire chaque situation historique bien connue de l'ensemble de ses antécédents. Quelque singulière que semble une telle marche, il est néanmoins certain que, dans une science quelconque, on n'apprend à prédire l'avenir qu'après avoir, en quelque sorte, prédit le passé : tel est le premier usage des relations observées entre les faits accomplis, dont la succession antérieure fait découvrir la succession future.

Parvenue à l'examen de l'époque actuelle, la méthode historique permettra d'en opérer une exacte analyse, où chaque élément sera apprécié, comme il doit l'être, d'après la série sociologique dont il fait partie. Vainement les hommes d'État insistent-ils sur la nécessité des observations politiques : comme ils n'observent que le présent, et tout au plus un passé très récent, leurs maximes avortent dans l'application.

Rigoureusement isolée, l'observation du présent deviendrait une cause d'illusions politiques en exposant à confondre les faits principaux avec les faits secondaires, à mettre de bruyantes manifestations éphémères au-dessus des tendances fondamentales, ordinairement peu éclatantes, et à regarder comme ascendants des pouvoirs, des institutions ou des doctrines qui sont sur leur déclin.

La comparaison du présent au passé est le meilleur moyen de prévenir ces inconvénients. Cette comparaison ne peut être décisive qu'autant qu'elle embrasse tout le passé. Elle expose à des erreurs d'autant plus graves qu'on l'arrête à une époque plus rapprochée. Aujourd'hui surtout, où le mélange des éléments sociaux, les uns prêts à triompher, les autres sur le point de disparaître, semble si confus, on peut dire que la plupart des fausses appréciations politiques tiennent à ce que les spéculations n'embrassent pas un passé assez étendu.

La méthode historique peut, comme tout autre procédé scientifique, entraîner à de graves erreurs les esprits mal préparés. L'analyse mathématique elle-même expose à l'inconvénient de prendre des signes pour des idées. La principale source d'erreur consisterait à prendre un décroissement continu pour une tendance à l'extinction totale, ou réciproquement, suivant cette sorte de sophisme mathématique qui fait confondre, avec des variations illimitées, des variations continues en plus ou en moins.

Un exemple suffira, par son étrangeté même, pour montrer le danger de la méthode des séries historiques. En considérant l'ensemble du développement social sous l'aspect du régime alimentaire, on ne saurait méconnaître une tendance de l'homme civilisé à une alimentation de moins en moins abondante. Si l'on compare, à cet égard, les nations sauvages avec les peuples cultivés, soit dans les chants homériques, soit dans les récits des voyageurs, si l'on oppose pareillement la vie des campagnes à celle des villes, et que l'on considère même la différence appréciable entre deux générations consécutives, partout on verra l'observation comparative confirmer le même résultat. Ce décroissement est en harmonie avec les lois de la nature humaine, par suite d'une prépondérance croissante de l'exercice intellectuel et moral à mesure que l'homme se civilise davantage. Rien n'est donc mieux constaté, soit par la voie expérimentale, soit par la voie rationnelle. Quelqu'un cependant oserait-il conclure, de ce décroissement continu, à une extinction totale ? L'erreur, trop grossière en ce cas pour n'être pas immédiatement rectifiée peut, en beaucoup d'autres occasions, devenir plus spécieuse et presque inévitable.

Cet exemple indique qu'il faut recourir aux lois de la nature humaine, dont l'ensemble, toujours maintenu pendant tout le cours de l'évolution sociale, fournit à l'analyse sociologique un moyen de vérification. Puisque le phénomène social, conçu en totalité, n'est qu'un simple développement de l'humanité sans aucune création de facultés nouvelles, toutes les dispositions que l'observation dévoilera devront se retrouver, au moins en germe, dans le type que la biologie a construit d'avance pour la sociologie, afin d'en circonscrire les erreurs spontanées.

Aucune loi de succession sociale, indiquée même avec toute l'autorité possible par la méthode historique, ne devra être finalement admise qu'après avoir été rattachée à la théorie positive de la nature humaine. Toutes les inductions qui ne pourraient soutenir ce contrôle finiraient par être reconnues illusoires. C'est dans cette harmonie, entre les conclusions de l'analyse historique et les notions de la théorie biologique de l'homme, que doit consister la principale force des démonstrations sociologiques.

Tel est le mode d'exploration le mieux approprié à la sociologie, et dont la prépondérance équivaut à celle de la comparaison zoologique en biologie. La succession des divers états sociaux correspond, au point de vue scientifique, à la coordination des divers organismes. Quand l'application de ce nouveau moyen en aura fait ressortir toutes les propriétés, on y reconnaîtra une modification de l'exploration positive, assez tranchée pour pouvoir être classée à la suite de l'observation, de l'expérimentation et de la comparaison proprement dite, comme un quatrième mode de l'art d'observer, destiné, sous le nom de méthode historique, à l'analyse des phénomènes les plus compliqués.

En terminant cette appréciation, je dois faire remarquer que la nouvelle philosophie restitue à l'histoire la plénitude de ses droits pour la faire servir de base à l'ensemble des spéculations sociales, malgré les sophismes qui tendent à écarter, en politique, toute large considération du passé. Loin de restreindre l'influence que la raison humaine attribua de tout temps à l'histoire dans les combinaisons politiques, la sociologie l'augmente à un haut degré. Ce ne sont plus seulement des conseils ou des leçons que la politique demande à l'histoire pour perfectionner ou rectifier des inspirations qui n'en sont pas émanées, c'est sa propre direction qu'elle va chercher exclusivement dans l'ensemble des déterminations historiques.

ONZIÈME LEÇON

STATIQUE SOCIALE

Il s'agit d'apprécier les conditions d'existence sociale relatives, d'abord à l'individu, ensuite à la famille, et enfin à la société.

En ce qui concerne l'individu, nous pouvons écarter toute démonstration de la sociabilité de l'homme, contrairement aux fausses appréciations qui consistaient à attribuer aux combinaisons intellectuelles la prépondérance dans la conduite de la vie, et à exagérer l'influence des besoins sur la création des facultés. Une simple considération suffit à montrer la fausseté d'une doctrine qui fait résulter l'état social de l'utilité que chacun en retire pour la satisfaction de ses besoins. Cette utilité n'a pu se manifester qu'après un long développement de la société.

Je dois signaler l'influence des attributs de la nature humaine qui ont donné à la société son caractère, qu'aucun développement ne saurait altérer.

La continuité d'action constitue, en tout genre, une indispensable condition de succès. L'homme répugne spontanément à une telle persévérance, et ne trouve d'abord de plaisir dans l'exercice de son activité qu'autant qu'elle est suffisamment variée. Les facultés intellectuelles étant les moins énergiques, leur activité, pour peu qu'elle se prolonge, détermine chez la plupart des hommes une fatigue insupportable. Par une déplorable coïncidence, l'homme a le plus besoin du genre d'activité auquel il est le moins apte. Cette discordance est un premier document fourni à la sociologie par la biologie.

L'état spéculatif ne peut être produit, et surtout maintenu, que par une impulsion hétérogène entretenue par des penchants moins élevés, mais plus énergiques. La nature de l'homme devient d'autant plus éminente que cette excitation étrangère résulte de penchants plus élevés, plus particuliers à notre espèce.

L'économie sociale serait sans doute plus satisfaisante si, dans la nature de l'homme, la prépondérance des passions était moins prononcée. Si cet ascendant était transporté aux facultés intellectuelles, la notion de l'organisme social deviendrait inintelligible. La prépondérance des facultés affectives est indispensable pour faire sortir l'intelligence de sa léthargie, et pour donner à son activité une direction et un but, sans lesquels elle s'égarerait en d'incohérentes spéculations.

Le second caractère social de la nature humaine consiste en ce que les instincts les moins élevés et les plus égoïstes ont une prépondérance sur les plus nobles penchants relatifs à la sociabilité. On s'efforçait, au siècle dernier, de réduire à l'égoïsme la nature morale de l'homme en méconnaissant la spontanéité qui nous fait compatir aux douleurs de tous les êtres sensibles, aussi bien que participer à leurs joies au point d'oublier quelquefois le soin de notre propre conservation. L'école écossaise a entrepris la réfutation de ces extravagances.

Nos affections sociales sont inférieures en persévérance et en énergie à nos affections personnelles. Le bonheur commun dépend de la satisfaction des premières, qui seules, après avoir produit l'état social, le maintiennent malgré la divergence des instincts individuels.

En appréciant l'influence de cette donnée biologique, il faut concevoir la nécessité d'une telle condition, dont on peut seulement déplorer le degré. Par des motifs analogues aux précédents, il est aisé de comprendre que la prépondérance des instincts personnels peut seule imprimer à l'existence sociale un caractère déterminé en assignant un but à l'emploi de l'activité individuelle. La notion de l'intérêt général ne serait pas intelligible sans celle de l'intérêt particulier, la première résultant de ce que la seconde offre de commun chez les divers individus. Si l'on pouvait supprimer en nous la prépondérance des instincts personnels, on détruirait notre nature morale, au lieu de l'améliorer ; les affections sociales, privées de direction, tendraient à dégénérer en une vague et stérile charité.

Quand la morale des peuples avancés nous a prescrit d'aimer nos semblables comme nous-mêmes, elle a formulé le précepte fondamental, avec ce juste degré d'exagération qu'exige l'indication d'un type au-dessous duquel la réalité ne sera jamais que trop maintenue. Dans ce sublime précepte, l'instinct personnel ne cesse pas de servir de guide et de mesure à l'instinct social. De toute autre manière, le but eût été manqué. Comment celui qui ne s'aimerait pas pourrait-il aimer autrui ? Ainsi la constitution de l'homme n'est pas, à cet égard, vicieuse. On ne doit redouter que la trop faible intensité de ce modérateur, dont la voix est si souvent étouffée, même dans les meilleurs naturels, où il parvient rarement à commander la conduite.

Si l'homme devenait plus bienveillant, cela équivaudrait à le supposer plus intelligent. En vertu du meilleur emploi qu'il ferait alors de son intelligence, celle-ci ne serait plus aussi absorbée par la discipline qu'elle doit imposer à la prépondérance des penchants égoïstes. La relation réciproque n'est pas moins exacte : tout développement intellectuel équivaut, pour la conduite, à un accroissement de bienveillance, soit en augmentant l'empire de l'homme sur ses passions, soit en rendant plus net et plus vif le sentiment des réactions déterminées par les divers contrats sociaux.

Sous le premier aspect, une grande intelligence ne saurait se développer sans un fond de bienveillance, qui peut seul procurer à son élan un but éminent et un large exercice. De même, tout essor intellectuel tend à faire prévaloir les sentiments de sympathie en écartant les impulsions égoïstes, et en inspirant, en faveur de l'ordre, une prédilection spontanée, capable de concourir autant au maintien de l'harmonie sociale que des penchants plus vifs et moins opiniâtres. La destination de la morale, en ce qui concerne l'individu, consiste à augmenter cette double influence modératrice, dont l'extension constitue le premier résultat du développement de l'humanité.

Telles sont, sous cet aspect élémentaire, les deux sortes de conditions qui déterminent le caractère de l'existence sociale. D'une part, l'homme ne peut être heureux que par un travail soutenu, plus ou moins dirigé par l'intelligence, et cependant l'exercice intellectuel lui est spontanément antipathique. D'autre part, les facultés affectives sont seules profondément actives, et leur prépondérance fixe la direction et le but de l'état social. En même temps, les penchants sociaux sont seuls propres à produire et à maintenir le bonheur privé ; néanmoins l'homme est dominé par l'ensemble de ses instincts personnels. Cette opposition indique le germe de la lutte entre l'esprit de conservation et l'esprit d'amélioration. Le premier est inspiré par les instincts personnels, et le second par la combinaison de l'activité intellectuelle avec les divers instincts sociaux.

Nous allons apprécier maintenant les conditions d'existence sociale relatives à la famille.

Tout système devant être formé d'éléments homogènes, l'esprit scientifique ne permet pas de regarder la société comme composée d'individus. L'unité sociale consiste dans la famille, au moins réduite au couple qui en constitue la base. La famille présente le germe des dispositions de l'organisme social ; elle constitue un intermédiaire entre l'individu et l'espèce. C'est par là que l'homme commence à sortir de sa personnalité et apprend à vivre en autrui.

La constitution de la famille, loin d'être invariable, reçoit des modifications plus ou moins profondes, dont l'ensemble offre, à chaque époque, la mesure du changement opéré dans la société correspondante. La famille ancienne, dont certaines catégories d'esclaves faisaient partie, différait de la famille moderne. Nous devons considérer la famille en ce qu'elle offre de commun à tous les cas sociaux, en regardant la vie domestique comme la base de la vie sociale. A ce point de vue, la théorie sociologique de la famille peut être réduite à l'examen de deux ordres de relations : la subordination des sexes et celle des âges, dont l'une institue la famille, tandis que l'autre la maintient.

L'institution du mariage ne pouvait pas échapper à l'ébranlement révolutionnaire de toutes les autres notions sociales, après la décadence de la philosophie théologique, qui leur servait de base. Quand la philosophie positive pourra consolider la subordination des sexes, principe du mariage et de la famille, elle prendra son point de départ dans une exacte connaissance de la nature humaine, suivie d'une judicieuse appréciation de l'ensemble du développement social et de sa phase actuelle.

Sans doute l'institution du mariage est modifiée par le

cours de l'évolution humaine. Le mariage catholique diffère du mariage romain, qui différait lui-même du mariage grec, et encore plus du mariage égyptien ou oriental, même depuis l'établissement de la monogamie. Les modifications de ce lien fondamental ne sont pas parvenues à leur dernier terme ; mais l'esprit absolu de la philosophie politique actuelle porte trop à confondre de simples modifications avec le bouleversement total de l'institution.

Nous sommes dans une situation morale analogue à celle des temps principaux de la philosophie grecque, où la tendance à la régénération chrétienne de la famille et de la société donnait déjà naissance, pendant ce long interrègne intellectuel, à des erreurs semblables, comme le témoigne la célèbre satire d'Aristophane, où le dévergondage actuel se trouve d'avance si rudement stigmatisé.

La sociologie interdit comme prématuré l'examen des modifications futures du mariage moderne, en vertu du principe qui oblige à procéder de l'ensemble aux détails. L'étude spéciale de ces modifications doit être subordonnée à la conception, encore plus ignorée, du système de la réorganisation sociale. Tout ce qu'on peut garantir, c'est que, quelque profonds qu'on puisse supposer ces changements, ils resteront conformes à l'esprit de l'institution. Cet esprit consiste dans la subordination de la femme à l'homme, dont tous les âges reproduisent le caractère, et que la nouvelle philosophie politique préservera de toute tentative anarchique en lui ôtant le caractère religieux, pour la rattacher à la base fournie par la connaissance de l'organisme individuel et de l'organisme social.

La philosophie biologique commence à faire justice des déclamations sur la prétendue égalité des deux sexes en démontrant, par l'examen anatomique et par l'observation physiologique, les différences physiques et morales qui existent dans toutes les espèces animales, et surtout dans la race humaine. La biologie positive tend à représenter le sexe féminin, principalement dans notre espèce, comme constitué, comparativement à l'autre, en une sorte d'état d'enfance qui l'éloigne du type idéal de la race. Complétant cette appréciation scientifique, la sociologie montrera l'incompatibilité de toute existence sociale avec une chimérique égalité des sexes, en caractérisant les fonctions que chacun d'eux doit remplir dans la famille.

Les considérations indiquées dans l'examen sociologique de la constitution de l'homme permettraient d'ébaucher une telle opération philosophique. Les deux parties de cet examen font ressortir en principe, l'une, l'infériorité fondamentale, et l'autre, la supériorité secondaire de l'organisme féminin au point de vue social.

La prépondérance des facultés affectives est moins prononcée chez l'homme que chez tout autre animal, et un degré spontané d'activité spéculative constitue le principal attribut cérébral de l'humanité, ainsi que la source du caractère de l'organisme social. On ne peut contester, à cet égard, l'infériorité de la femme. Elle est plus impropre que l'homme à la continuité et à l'intensité du travail mental, en vertu de la moindre force intrinsèque de son intelligence, ou de sa plus vive susceptibilité morale et physique.

L'expérience a toujours confirmé, même dans les beaux-arts, l'infériorité du genre féminin, malgré les qualités qui distinguent ordinairement ses spirituelles et gracieuses compositions. Quant aux fonctions de gouvernement, fussent-elles réduites à l'état le plus élémentaire et relatives à la conduite de la famille, l'inaptitude du sexe féminin est encore plus prononcée, parce que la nature du travail y exige une attention à un ensemble de relations plus compliquées, dont aucune partie ne doit être négligée, et une plus grande indépendance de l'esprit à l'égard des passions, en un mot, plus de raison. Sous ce premier aspect, l'économie de la famille humaine ne saurait être intervertie, à moins de supposer une chimérique transformation de notre organisme cérébral.

En second lieu, nous avons reconnu que les instincts personnels dominent les instincts sympathiques ou sociaux. C'est par l'examen de cette relation, si importante quoique secondaire, qu'on peut apprécier l'heureuse destination sociale du sexe féminin. Les femmes sont, en général, aussi supérieures aux hommes, par un plus grand développement de la sympathie et de la sociabilité, qu'elles leur sont inférieures par l'intelligence et par la raison. Leur fonction dans la famille, et par suite dans la société, doit être de modifier, par une plus énergique et plus touchante excitation de l'instinct social, la direction de la raison trop froide ou trop grossière de l'homme.

Considérons l'autre élément de la famille, c'est-à-dire la corrélation entre les enfants et les parents, qui, généralisée ensuite dans la société, y produit, à un certain degré, la subordination des âges. Ici les erreurs issues de l'anarchie intellectuelle sont d'un autre genre. La discipline naturelle est, sous ce second aspect, trop irrésistible pour pouvoir être sérieusement contestée. Les champions des droits politiques de la femme ne se sont pas encore avisés de construire une doctrine analogue en faveur de l'enfance.

Tous les âges de la civilisation ont rendu hommage au type de la famille. Où pourrait-on trouver, au même degré, de la part de l'inférieur, une plus respectueuse obéissance, imposée sans avilissement, d'abord par la nécessité et ensuite par la reconnaissance ; et chez le supérieur, une autorité plus absolue, unie à un plus entier dévouement ?

La vie de famille restera l'école de la vie sociale, soit

pour l'obéissance, soit pour le commandement, qui doivent, en tout autre cas, se rapprocher autant que possible d'un pareil modèle. L'avenir ne pourra que se conformer, comme le passé, à cette obligation en tenant compte des modifications que le cours de l'évolution déterminera dans la constitution domestique. A toutes les époques de décomposition, des sophistes, au lieu de proposer la famille pour modèle à la société, ont cru montrer un grand génie politique en s'efforçant de constituer la famille à l'image de la société, et d'une société alors fort mal ordonnée, en vertu même de l'état exceptionnel qui permettait de telles rêveries.

Pour compléter l'appréciation de la subordination domestique, il importe de remarquer la propriété qu'a la famille d'établir la première notion de la perpétuité sociale en rattachant l'avenir au passé. A quelque degré que puisse parvenir la progression sociale, il sera toujours important que l'homme ne se croie pas né d'hier, et que l'ensemble de ses institutions et de ses mœurs tende à lier, par un système de signes intellectuels et matériels, ses souvenirs du passé à ses espérances d'avenir. L'esprit révolutionnaire de notre temps devait produire, à cet égard, un ébranlement provisoire, sans lequel l'imagination aurait été trop entravée dans son élan vers la rénovation du système social; l'extension de ce dédain passager du passé tend à altérer l'instinct de la sociabilité.

Il nous reste, pour terminer l'ébauche de la statique sociale, à considérer, à un point de vue analogue, l'analyse de la société, envisagée comme groupe de familles, et non d'individus.

Les études biologiques montrent que la supériorité de l'organisme animal consiste dans la spécialité, de plus en plus prononcée, des fonctions accomplies par des organes de plus en plus distincts et néanmoins solidaires. Tel est le caractère de l'organisme social, et le motif de sa supériorité sur tout l'organisme individuel.

Peut-on concevoir un plus merveilleux spectacle que cet accord d'une multitude d'individus, doués chacun d'une existence distincte et à un certain degré indépendante, tous disposés, malgré les différences de leurs talents et de leurs caractères, à concourir spontanément à un même développement général, sans s'être concertés, et le plus souvent à l'insu de la plupart d'entre eux, qui croient n'obéir qu'à leurs impulsions personnelles ? Tel est, du moins, l'idéal scientifique du phénomène, dégagé des perturbations inséparables d'un organisme aussi compliqué.

La conciliation de la séparation des travaux avec la coopération des efforts, d'autant plus prononcée que la société se complique davantage, constitue le caractère des opérations humaines, quand on s'élève du point de vue domestique au point de vue social.

La séparation des travaux ne saurait être prononcée dans la famille, en raison du trop petit nombre d'individus qui la composent, et surtout parce qu'une telle division est opposée à l'esprit de son institution. Les relations domestiques ne correspondent pas à une association proprement dite ; elles composent une véritable *union*, dont le caractère est moral, et accessoirement intellectuel. Fondée sur l'attachement et la reconnaissance, l'union domestique est destinée à satisfaire l'ensemble des instincts sympathiques.

Les combinaisons sociales présentent un caractère inverse. Le sentiment de coopération devient prépondérant, et l'instinct sympathique ne peut plus former le lien principal. Sans doute l'homme est, en général, assez heureusement organisé pour aimer ses coopérateurs, quelque nombreux et quelque lointains qu'ils puissent être ; mais ce sentiment, dû à une précieuse réaction de l'intelligence sur la sociabilité, n'a pas assez d'énergie pour diriger la vie sociale.

Quand même un exercice convenable pourrait développer suffisamment l'ensemble des instincts sociaux, la médiocrité intellectuelle de la plupart des hommes ne leur permettrait pas de se former une idée assez nette de relations trop étendues, et trop étrangères à leurs propres occupations, pour qu'il en puisse résulter une stimulation sympathique, capable de quelque efficacité.

C'est dans la vie domestique que l'homme doit développer ses affections, et c'est peut-être à ce titre que la famille constitue la meilleure préparation à la vie sociale ; car la concentration est aussi nécessaire aux sentiments que la généralisation aux pensées.

Les hommes, même les plus éminents, qui parviennent à tourner le cours de leurs instincts sympathiques vers l'ensemble de l'espèce ou de la société y sont presque toujours portés par les désappointements moraux d'une vie domestique dont le but a été manqué. Quelque douce que leur soit alors une telle compensation, l'amour abstrait de l'espèce ne comporte pas la plénitude de satisfaction que peut seul procurer un attachement très limité, et surtout individuel.

La philosophie métaphysique du siècle dernier a commis une erreur capitale en attribuant au principe de la coopération l'origine de l'état social. Loin d'avoir pu produire la société, la coopération en suppose l'établissement préalable. La gravité d'une telle erreur me paraît tenir à une confusion entre la vie domestique et la vie sociale, trop ordinaire aux spéculations métaphysiques. Si la participation à une œuvre commune n'a pas déterminé le rapprochement primitif des familles, elle seule a pu imprimer à leur association spontanée un caractère prononcé et une consistance durable.

L'étude de la vie sauvage montre les diverses familles, quelquefois fort unies pour un but temporaire, retournant, presque comme les animaux, à leur indépendance isolée, dès que l'expédition, ordinairement de guerre ou de chasse, est accomplie, bien que certaines opinions communes, formulées par un langage uniforme, tendent à les réunir d'une manière permanente en tribus plus ou moins nombreuses.

C'est sur le principe de la coopération que doit reposer l'analyse de la société, dont le caractère dépend de ce principe, mais dont l'établissement et le maintien n'ont pu avoir lieu sans la participation de l'instinct sympathique, destiné à répandre sur tous les actes de la vie sociale un indispensable charme moral.

Un principe aussi évident semble à l'abri de toute attaque. Après avoir vu la philosophie métaphysique nier, à la stupide satisfaction des beaux esprits contemporains, l'utilité de la société elle-même, peut-on s'étonner de la production de tout autre sophisme, quelque important qu'en soit l'objet, et quelque absurde qu'en soit la pensée? Aussi, de nos jours, une métaphysique spéciale attaque-t-elle l'antique maxime de la répartition des travaux et de la spécialisation des occupations individuelles. La division des opérations et la persévérance des efforts ne sont plus regardées comme d'indispensables conditions de succès.

Poursuivre beaucoup d'occupations différentes, et passer de l'une à l'autre avec toute la rapidité possible, tel est le nouveau plan de travail qu'on ose recommander comme *attrayant!*

Pour analyser le principe de la coopération des familles à des travaux spéciaux et séparés, il faut concevoir cette coopération dans son étendue rationnelle, c'est-à-dire l'appliquer à l'ensemble de toutes les opérations, au lieu de la borner à de simples usages matériels. On est alors conduit à regarder, non seulement les individus et les classes, mais encore les différents peuples, comme participant à une œuvre immense dont le développement rattache les coopérateurs actuels à la série de leurs prédécesseurs et à la suite de leurs successeurs.

L'homme ne peut guère subsister dans un état d'isolement volontaire ; la famille peut vivre séparément, parce qu'elle réalise l'ébauche de division du travail indispensable à une satisfaction grossière des premiers besoins, comme la vie sauvage en offre de nombreux exemples. Avec un tel mode d'existence, il n'y a pas encore de société, et le rapprochement des familles est sans cesse exposé à des ruptures temporaires, provoquées par les moindres incidents.

C'est seulement quand la répartition régulière des travaux s'est convenablement étendue que l'état social acquiert une consistance et une stabilité supérieures aux divergences particulières. L'habitude de cette coopération partielle développe, par voie de réaction intellectuelle, l'instinct social, en inspirant à chaque famille le sentiment de sa dépendance à l'égard des autres et celui de son importance personnelle. Ainsi envisagée, l'organisation sociale tend de plus en plus à reposer sur l'appréciation des diversités individuelles.

Les travaux doivent être répartis de manière à appliquer chacun à la destination qu'il peut le mieux remplir, d'après sa nature, son éducation, sa position et l'ensemble de ses principaux caractères. De cette manière, toutes les organisations individuelles seront utilisées pour le bien commun. Tel est le type idéal à concevoir comme une limite de l'ordre réel. C'est en ce sens que l'organisme social doit ressembler à l'organisme domestique. La discipline sociale est plus artificielle et plus imparfaite que la discipline domestique, dont la nature a fait d'avance tous les frais essentiels.

C'est sur l'examen de la répartition des travaux que repose la théorie de la statique sociale ; on y trouve le germe de la corrélation entre l'idée de société et l'idée de gouvernement.

La répartition des travaux suscite les divergences particulières, intellectuelles et morales, dont l'influence combinée exige, dans la même mesure, une discipline propre à prévenir ou à contenir leur discordance. Si, d'une part, la séparation des fonctions permet à l'esprit de détail un développement qui serait impossible autrement, elle tend, d'autre part, à étouffer l'esprit d'ensemble, ou du moins à l'entraver. Pareillement, au point de vue moral, en même temps que chacun est placé sous une étroite dépendance à l'égard de la masse, il en est détourné par son activité spéciale, qui le rappelle constamment à son intérêt privé. A l'un et à l'autre titre, les inconvénients de la spécialisation augmentent avec les avantages.

La spécialité des idées et des relations rétrécit l'intelligence, tout en l'aiguisant sans cesse en un sens unique ; elle isole l'intérêt particulier de l'intérêt général.

Les affections sociales, concentrées entre les individus de même profession, deviennent étrangères à toutes les autres classes, faute d'une suffisante analogie de mœurs et de pensées.

Le même principe qui a permis le développement et l'extension de la société menace, sous un autre aspect, de la décomposer en une multitude de corporations incohérentes.

De même, la première cause de l'habileté humaine paraît destinée à produire des esprits très capables sous un aspect unique, et monstrueusement inaptes sous tous les autres, esprits trop communs chez les peuples les plus civilisés, où ils excitent l'admiration universelle.

Si l'on a justement déploré, dans l'ordre matériel, le sort de l'ouvrier occupé, pendant toute sa vie, à la fabrication des manches de couteaux ou des têtes d'épingles, la philosophie ne doit pas faire moins regretter, dans l'ordre intellectuel, l'emploi exclusif et continu d'un cerveau humain à la résolution de quelques équations ou au classement de quelques insectes.

L'effet moral, dans l'un ou l'autre cas, est malheureusement analogue : c'est de tendre à inspirer une désastreuse indifférence pour le cours général des affaires humaines, pourvu qu'il y ait toujours des équations à résoudre et des épingles à fabriquer. Cette sorte d'automatisme humain résulte de l'extrême influence dispersive du principe de la spécialisation ; sa réalisation, déjà trop fréquente, doit y faire attacher une grande importance.

La destination du gouvernement consiste à contenir et à prévenir, autant que possible, la dispersion des idées, des sentiments et des intérêts, qui, si elle pouvait suivre son cours sans obstacles, finirait par arrêter la progression sociale. Cette conception constitue la base de la théorie du gouvernement, envisagé dans sa plus noble extension, c'est-à-dire comme caractérisé par la réaction de l'ensemble sur les parties.

Le seul moyen d'empêcher une telle dispersion consiste à ériger cette réaction en une nouvelle fonction, capable d'intervenir dans l'accomplissement de toutes les fonctions particulières, pour y rappeler la pensée de l'ensemble et le sentiment de la solidarité commune, avec d'autant plus d'énergie que l'activité individuelle tend à les effacer davantage.

Ainsi doit être conçue la participation du gouvernement au développement de la vie sociale, indépendamment des grossières attributions d'ordre matériel auxquelles on veut réduire sa destination. Sans exécuter par lui-même aucun progrès déterminé, il contribue dès lors à tous ceux de la société.

L'intensité de cette fonction régulatrice, loin de décroître à mesure que l'évolution humaine s'accomplit, devient plus indispensable. La prédominance de l'esprit d'ensemble constitue le caractère du gouvernement, sous quelque aspect qu'on l'envisage.

On peut concevoir combien est irrationnelle l'antipathie pour toute doctrine générale qui distingue la plupart des savants actuels.

L'esprit d'ensemble et l'esprit de détail sont également indispensables. Ils doivent alternativement prédominer dans le cours de l'évolution, suivant la nature des progrès que sa marche réserve à chaque époque.

L'analyse des besoins de la société actuelle indique que, si pendant les trois derniers siècles l'esprit de détail a dû être prépondérant pour opérer la décomposition de l'ancienne organisation, et pour faciliter le développement des éléments d'un ordre nouveau, c'est maintenant à l'esprit d'ensemble qu'il appartient de présider à la réorganisation.

Après avoir signalé la destination du gouvernement, je dois expliquer comment son action résulte du cours de l'économie sociale.

La tendance dispersive, inhérente à la spécialisation des travaux, a toujours existé, et s'est développée de plus en plus. Il a fallu que l'influence destinée à la neutraliser ait été également spontanée et croissante, pour que l'économie sociale ait pu subsister.

La répartition des opérations établit une subordination croissante, tendant à faire ressortir le gouvernement de la société elle-même. Cette subordination n'est pas seulement matérielle ; elle est surtout intellectuelle et morale, exigeant, outre la soumission pratique, un certain degré de confiance dans la capacité et dans la probité des organes spéciaux auxquels est confiée une pareille fonction.

Rien n'est plus sensible dans le système très développé de notre économie sociale où, chaque jour, par suite de la subdivision du travail, chacun de nous fait reposer le maintien de sa vie sur l'aptitude et la moralité, d'une foule d'agents presque inconnus, dont l'ineptie ou la perversité exposeraient le public aux pires dangers.

Une telle condition appartient à tous les modes de l'existence sociale : si elle est attribuée aux sociétés industrielles, c'est parce qu'elle y est plus prononcée, à raison d'une spécialisation plus intime ; on la retrouve dans les sociétés militaires, comme le montre l'analyse statique d'une armée, d'un vaisseau, ou de toute autre corporation active.

L'appréciation de cette subordination spontanée en fait découvrir la loi, qui consiste en ce que les diverses sortes d'opérations particulières se placent naturellement sous la direction de celles qui sont du degré de généralité immédiatement supérieur. On peut s'en convaincre en analysant chaque spécialisation du travail à l'instant où elle prend un caractère nettement séparé.

Une telle loi fait comprendre la liaison de la subordination sociale avec la subordination politique, base du gouvernement, qui se présente comme le dernier degré d'une hiérarchie de plus en plus étendue.

Les fonctions particulières de l'économie sociale tendent à s'assujettir à la direction de la fonction la plus générale, caractérisée par l'action de l'ensemble sur les parties.

Les agents de cette action régulatrice doivent être secondés dans leur développement, par une autre conséquence de la répartition des travaux favorisant l'essor des inégalités intellectuelles et morales. Cet essor reste presque entièrement comprimé tant que la concentration des opérations, réduisant l'homme à la vie domestique, absorbe son activité pour la satisfaction des besoins de la famille.

Les différences individuelles, vraiment tranchées, se font sentir dans tout état social. La division du travail et le loisir qu'elle a pu procurer ont été nécessaires au développement des prééminences intellectuelles, sur lesquelles repose l'ascendant politique durable. La civilisation développe les inégalités morales et les inégalités intellectuelles ; mais les forces morales et intellectuelles ne peuvent être unies à la manière des forces physiques.

S'il s'agit de lutter de vigueur physique, ou même de richesse, quelle que puisse être la supériorité d'un individu ou d'une famille, une coalition suffisamment nombreuse des moindres individualités sociales en viendra aisément à bout. La plus immense fortune particulière ne saurait soutenir la concurrence avec la puissance financière d'une nation un peu étendue, dont le trésor public est formé d'une multitude de cotisations minimes.

Si l'entreprise dépend d'une haute valeur intellectuelle, comme une conception scientifique ou poétique, aucune réunion d'esprits ordinaires, si vaste qu'on la suppose, ne pourra lutter avec un Descartes ou un Corneille. Sous l'aspect moral, lorsque la société aura besoin d'un grand dévouement, elle ne pourra le composer de l'accumulation de dévouements médiocres. A l'un et à l'autre titre, le nombre des individus ne peut qu'augmenter l'espoir d'y mieux trouver l'organe de la fonction proposée.

Telle est la tendance de toute société à un gouvernement spontané. Cette tendance est en harmonie, dans notre nature individuelle, avec un système de penchants spéciaux, les uns vers le commandement, les autres vers l'obéissance. Il ne faut pas regarder la disposition trop vulgaire à commander comme le signe d'une vocation de gouvernement. Les femmes, si passionnées pour la domination, sont ordinairement impropres à tout gouvernement, même domestique. Il existe chez la plupart des hommes une disposition à l'obéissance. Nous sommes tous plus ou moins enclins à respecter chez nos semblables une supériorité quelconque, intellectuelle ou morale.

Au milieu des plus violentes convulsions politiques, quand l'économie sociale semble menacée de dissolution, l'instinct des masses manifeste encore cette tendance, qui, jusque dans l'accomplissement des démolitions révolutionnaires, leur inspire l'obéissance aux supériorités intellectuelles et morales, dont elles suivent la direction, et dont elles ont souvent sollicité la domination temporaire. Ainsi la spontanéité des dispositions individuelles est en harmonie avec le cours des relations sociales, pour établir que la subordination politique est aussi inévitable qu'indispensable ; ce qui complète l'ébauche de la statique sociale.

La condensation et l'abstraction, peut-être excessives, de ces conceptions pourront d'abord mettre obstacle à leur appréciation directe ; l'usage qui en sera fait dissipera cette première incertitude.

Dans ces considérations statiques, la vie individuelle a été caractérisée par la prépondérance des instincts personnels ; la vie domestique, par l'essor des instincts sympathiques ; la vie sociale, par le développement des influences intellectuelles. Chacun de ces trois degrés de l'existence est destiné à préparer le suivant. Il en résulte la coordination de la morale, d'abord personnelle, ensuite domestique, et enfin sociale. La première assujettit à une sage discipline la conservation de l'individu ; la seconde tend à faire prédominer la sympathie sur l'égoïsme ; et la dernière, à diriger l'ensemble de nos penchants d'après les indications d'une raison convenablement développée, toujours préoccupée de la considération de l'économie générale, de manière à faire concourir au but commun toutes les facultés de notre nature, selon les lois qui leur sont propres.

DOUZIÈME LEÇON

DYNAMIQUE SOCIALE

Pour faire apprécier les lois de la progression sociale, il importe d'expliquer la direction de cette évolution, ainsi que sa vitesse et la subordination de ses divers éléments. L'ensemble du développement fait ressortir les facultés de l'humanité par rapport à celles de l'animalité, et à celles qui nous sont communes avec tout le règne organique. C'est en ce sens que la civilisation est conforme à notre nature, puisqu'elle constitue une manifestation des principales propriétés de notre espèce.

La philosophie biologique démontre que, dans l'ensemble de la hiérarchie animale, la dignité de chaque race est déterminée par la prépondérance de plus en plus prononcée de la vie animale sur la vie organique, à mesure qu'on se rapproche de l'organisme humain. L'évolution sociale constitue le dernier terme de cette progression générale. Le développement des fonctions intellectuelles et morales tend de plus en plus à une prédominance, qui toutefois ne saurait jamais être atteinte, même chez les hommes les plus parfaits. Le progrès humain est ainsi rattaché au perfectionnement animal, dont il réalise le plus haut degré.

En développant l'action de l'homme sur le monde extérieur, la civilisation semble concentrer l'attention sur les soins de l'existence matérielle, dont l'entretien et l'amélioration constituent en apparence le principal objet des occupations sociales. Un examen plus approfondi montre que ce développement fait prévaloir les plus éminentes facultés, par la sécurité qu'il inspire à l'égard des besoins physiques, dont la considération devient moins absorbante, et par l'excitation qu'il imprime aux fonctions intellectuelles et aux sentiments sociaux.

Dans l'enfance sociale, les instincts relatifs à la conservation matérielle sont tellement prépondérants que l'instinct sexuel lui-même, malgré sa grossière énergie, en est d'abord dominé. Les affections domestiques sont moins prononcées, et les affections sociales s'étendent à une imperceptible fraction de l'humanité, en dehors de laquelle tout devient étranger et même ennemi. Les passions haineuses restent, après les appétits physiques, le principal mobile de l'existence.

Quant aux facultés intellectuelles, l'imprévoyance qui caractérise la vie sauvage permet de constater le peu d'influence qu'exerce alors la raison sur la conduite de l'homme. Les facultés sont encore engourdies ; il n'y a d'activité que chez les plus inférieures d'entre elles, relatives à l'exercice des sens. Les facultés d'abstraction et de combinaison demeurent presque inertes. La curiosité qu'inspire le spectacle de la nature se contente alors des moindres ébauches d'explication théologique. Les divertissements, qui se distinguent par une violente activité musculaire, sont aussi peu favorables au développement de l'intelligence qu'à celui de la sociabilité.

Sous quelque aspect qu'on étudie les divers âges de la société, on trouve que l'évolution améliore la condition matérielle de l'homme par l'extension continue de son action sur le monde extérieur. Elle développe, par l'exercice, les facultés les plus éminentes en diminuant l'empire des appétits physiques et en stimulant les instincts sociaux. Elle excite les fonctions intellectuelles les plus élevées en augmentant l'influence de la raison sur la conduite. Le développement individuel reproduit les principales phases du développement social. L'un et l'autre subordonnent la satisfaction des instincts personnels à l'exercice des instincts sociaux, et assujettissent les passions aux règles imposées par une intelligence de plus en plus prépondérante.

Une pareille notion permet de distinguer la part de la nature et celle de l'art : le développement humain est naturel, en ce qu'il tend à faire prévaloir les attributs de l'humanité sur ceux de l'animalité ; il est artificiel, puisqu'il consiste à obtenir, par l'exercice des facultés, un ascendant d'autant plus marqué pour chacune d'elles qu'elle est primitivement moins énergique. Telle est l'explication de la lutte entre notre humanité et notre animalité, qui a été reconnue depuis l'origine de la civilisation.

La direction de l'évolution humaine étant définie, nous allons considérer cette évolution relativement à sa vitesse, en faisant abstraction des différences qui résultent du climat, de la race, et de toutes les causes modificatrices, dont l influence doit être écartée dans une première ébauche de la dynamique sociale. Cette vitesse est déterminée par l'influence combinée des conditions relatives à l'organisme humain et au milieu dans lequel il se développe. L'invariabilité de ces conditions et l'impossibilité de suspendre ou de restreindre leur empire ne permettent pas d'en mesurer l'importance.

Notre développement serait accéléré ou retardé par tout changement, favorable ou contraire, survenu dans ces différentes influences, soit organiques, soit inorganiques, si, par exemple, notre appareil cérébral offrait une moindre infériorité, ou que notre planète devînt plus grande ou mieux habitable. L'analyse sociologique ne saurait atteindre que les conditions accessoires, au moyen des variations appréciables dont elles sont susceptibles.

Parmi les puissances secondaires qui concourent à déterminer la vitesse du développement, on peut d'abord signaler, d'après Georges Leroy, l'influence de l'*ennui*, influence d'ailleurs exagérée par ce philosophe.

L'homme ne peut être heureux sans une suffisante activité de ses facultés. Dans toute situation, il tend à cette indispensable condition du bonheur. La difficulté qu'il éprouve à réaliser un développement compatible avec la supériorité de sa nature le rend plus sujet que les autres animaux à cet état de pénible langueur qui indique l'existence des facultés et leur activité insuffisante. Une telle disposition, intellectuelle et morale, a dû contribuer, dans l'enfance de l'humanité, à accélérer l'évolution. Toutefois cette influence n'a pu devenir puissante que dans un état social assez avancé pour faire sentir le besoin d'exercer les plus éminentes facultés, qui sont aussi les moins énergiques.

Les facultés les moins élevées comportent un si commode exercice qu'elles ne sauraient déterminer un véritable ennui, capable de produire une heureuse réaction cérébrale. Les sauvages et les enfants ne s'ennuient pas, tant que leur activité physique n'est pas entravée. Un sommeil facile et prolongé les empêche, à la manière des animaux, de sentir leur torpeur intellectuelle. En représentant l'ennui comme le mobile du développement social, G. Leroy a confondu un symptôme avec un principe, outre l'erreur qui lui faisait exclusivement attribuer à l'homme une telle propriété. Malgré cette fausse appréciation, il était bon de signaler la participation d'une telle influence.

Je dois indiquer, en second lieu, la durée ordinaire de la vie, qui influe sur la vitesse de l'évolution peut-être plus que tout autre élément appréciable. La progression sociale repose sur la mort : les pas successifs de l'humanité supposent un renouvellement assez rapide des agents du mouvement général, qui, presque imperceptible dans le cours de chaque vie individuelle, ne devient prononcé qu'en passant d'une génération à la suivante. L'organisme social subit la même condition que l'organisme individuel, où, après un temps déterminé, les parties devenues, par suite des phénomènes vitaux, impropres à concourir à sa composition, sont graduellement remplacées par de nouveaux éléments.

Pour apprécier une telle nécessité sociale, il serait superflu de supposer à la vie humaine une durée indéfinie : il en résulterait la suppression presque totale du mouvement progressif. Sans aller jusqu'à cette limite, il suffirait, par exemple, d'imaginer que la durée fût seulement décuplée, en concevant d'ailleurs que les diverses époques conservassent les mêmes proportions. Si rien n'était changé dans la constitution du cerveau, une telle hypothèse ralentirait le développement social ; car la lutte qui s'établit spontanément entre l'instinct de conservation, caractère de la vieillesse, et l'instinct d'innovation, attribut de la jeunesse, se trouverait altérée en faveur du premier élément.

Ceux qui ont le plus contribué, dans leur virilité, au progrès de la société ne peuvent conserver longtemps leur prépondérance sans devenir plus ou moins hostiles au développement ultérieur. Une durée trop prolongée de la vie retarderait l'évolution sociale ; une existence trop éphémère deviendrait un obstacle en attribuant un empire exagéré à l'instinct d'innovation.

La résistance opposée par l'instinct conservateur de la

vieillesse oblige l'esprit d'amélioration à subordonner ses efforts à l'ensemble des résultats antérieurs. Sans ce frein, on serait trop disposé à se contenter de tentatives ébauchées et d'aperçus incomplets, qui ne permettraient aucun développement fécond et persévérant. Tel serait le résultat d'une notable diminution de la durée de la vie, si, par exemple, on la supposait réduite au quart ou à la moitié de ce qu'elle est aujourd'hui. L'évolution sociale serait incompatible avec un renouvellement trop lent ou trop rapide des diverses générations.

Les partisans des causes finales s'efforceraient vainement d'appliquer cette considération à justifier leur absurde optimisme ; car, si l'ordre réel se trouve plus ou moins conforme à la marche des phénomènes, il s'en faut de beaucoup que la disposition de l'économie naturelle soit aussi favorable à sa destination qu'il serait aisé de le concevoir. La brièveté de la vie est une des causes de la lenteur du développement social, bien que cette lenteur dépende surtout de l'imperfection de notre organisme.

L'extrême rapidité d'une existence dont trente ans à peine, au milieu de nombreuses entraves physiques ou morales, peuvent être employés autrement qu'en préparation à la vie ou à la mort, établit un insuffisant équilibre entre ce que l'homme peut concevoir et ce qu'il peut exécuter.

Tous ceux qui se sont voués au développement de l'esprit humain ont senti avec amertume combien le temps manquait à l'élaboration de leurs conceptions les mieux arrêtées, dont ils n'ont pu ordinairement réaliser que la moindre partie.

On regarderait en vain le renouvellement plus rapide des coopérateurs successifs comme réparant suffisamment la durée trop circonscrite de l'activité individuelle. Cette compensation est, malgré son importance, fort imparfaite, soit en raison de la perte de temps qu'exige la préparation de chaque successeur, soit en ce que cette succession est rendue très incomplète par la difficulté de se placer au point de vue et dans la direction précise des travaux antérieurs, difficulté d'autant plus grande que les nouveaux collaborateurs ont plus de valeur réelle.

La continuité des efforts successifs ne peut être pleinement établie entre divers individus qu'à l'égard d'opérations très simples et presque entièrement matérielles, où les forces humaines s'ajoutent aisément. Elle ne peut être organisée d'une manière satisfaisante pour les travaux les plus difficiles et les plus éminents, où rien ne saurait remplacer l'influence d'une persévérante unité.

Les forces intellectuelles et morales ne sont pas plus capables de morcellement ou d'addition entre successeurs qu'entre contemporains.

Nous devons enfin signaler, parmi les causes qui modifient la vitesse de l'évolution sociale, l'accroissement de la population, qui contribue à déterminer, dans l'ensemble du travail, une division de plus en plus spéciale.

Une telle condensation excite les individus à tenter de nouveaux efforts pour s'assurer, par des moyens plus raffinés, une existence devenue plus difficile, et elle oblige la société à réagir avec plus d'énergie pour lutter contre les divergences particulières. Il ne s'agit pas ici de l'augmentation absolue du nombre des individus, mais de leur concours plus intense sur un espace donné. En créant de nouveaux besoins et des difficultés nouvelles, cette agglomération développe aussi des moyens nouveaux, non seulement pour le progrès, mais encore pour l'ordre, en neutralisant les inégalités physiques, et en donnant une importance croissante aux forces intellectuelles et morales.

Telle est l'influence de cette condensation continue. Si on l'envisage relativement à la vitesse, on y trouvera une nouvelle cause de l'accélération du mouvement social dans la perturbation qu'éprouve l'antagonisme entre l'instinct de conservation et l'instinct d'innovation, ce dernier devant acquérir dès lors un surcroît d'énergie.

En ce sens, l'influence sociologique d'un plus prompt accroissement de population est analogue à celle que nous venons d'apprécier pour la durée de la vie ; car il importe peu que le renouvellement plus fréquent des individus tienne à la moindre longévité des uns ou à la multiplication plus hâtive des autres. Il faut remarquer, comme dans le cas précédent, que, si cette condensation et cette rapidité dépassaient un certain degré, elles cesseraient de favoriser l'évolution et lui susciteraient de puissants obstacles ; mais le mouvement de la population est toujours demeuré inférieur aux limites où doivent commencer de tels inconvénients.

Dans un avenir trop éloigné pour pouvoir inspirer aujourd'hui aucune préoccupation raisonnable, notre postérité aura seule à s'inquiéter de cette tendance, à laquelle la petitesse de notre planète et la limitation des ressources devront faire attacher une grande importance, quand notre espèce se trouvera partout aussi condensée qu'elle l'est déjà dans l'Europe occidentale. A cette époque, le développement plus complet de la nature humaine et la connaissance plus exacte de l'évolution sociale fourniront sans doute, pour résister avec succès à de telles causes de destruction, des moyens nouveaux dont nous ne pouvons nous former aucune idée.

Après avoir apprécié les éléments qui concourent à modifier, par une influence plus ou moins mesurable, la vitesse du développement humain, je dois indiquer la subordination que présentent entre eux les divers aspects de ce développement.

Malgré la solidarité qui règne entre les éléments de notre évolution, l'un d'eux doit être prépondérant, de manière à imprimer aux autres une impulsion primitive et à recevoir, à son tour, de leur évolution, un essor nouveau. Il s'agit de discerner cet élément prépondérant, dont la considération devra diriger notre exposition dynamique. Ainsi réduite, la détermination ne saurait présenter aucune difficulté, puisqu'il suffit de distinguer l'élément social dont le développement pourrait le mieux être conçu, abstraction faite de celui de tous les autres, malgré leur connexité ; tandis que la notion s'en reproduirait inévitablement dans la considération du développement de ceux-ci. A ce caractère décisif, on ne saurait hésiter à placer en première ligne l'évolution intellectuelle comme principe de l'ensemble de l'évolution humaine.

Si le point de vue intellectuel doit dominer dans l'étude statique de l'organisme social, à plus forte raison doit-il en être de même dans l'étude du mouvement des sociétés. Bien que l'intelligence ait besoin de la stimulation qu'inspirent les appétits, les passions et les sentiments, c'est cependant sous sa direction que s'est accompli l'ensemble de la progression.

L'analyse statique montre que l'organisme social repose sur certaines opinions. La variation de ces opinions doit exercer une influence prépondérante sur les modifications successives de la vie de l'humanité. L'histoire de la société est dominée par l'histoire de l'esprit humain. Nous devons choisir ici, ou plutôt conserver l'histoire générale de l'esprit humain comme guide de notre étude historique. Par une suite rigoureuse du même principe, il faudra nous attacher, dans cette histoire intellectuelle, aux conceptions les plus générales et les plus abstraites. C'est donc l'appréciation du système des opinions relatives à l'ensemble des phénomènes, en un mot l'histoire de la *philosophie*, qui devra présider à la coordination de notre analyse historique.

Nous pouvons maintenant examiner la conception de la dynamique sociale en considérant les lois de la marche de l'esprit humain. Le principe de cette théorie consiste dans la loi philosophique, que j'ai découverte en 1822, sur la succession constante des trois états généraux, l'état théologique, l'état métaphysique et l'état positif, par lesquels passe l'intelligence en un genre quelconque de spéculations.

Depuis la découverte de cette loi, tous les savants doués de quelque portée philosophique sont convenus de son exactitude dans les différentes sciences. Les objections que j'ai rencontrées ne portaient pas sur le fait lui-même, mais sur son universalité. Ce fait me semble ainsi implicitement reconnu dans les sciences qui sont aujourd'hui positives, c'est-à-dire que la triple évolution intellectuelle est admise pour tous les cas où elle est accomplie; on ne paraît y appliquer aucune autre restriction que l'impossibilité de l'étendre aux spéculations sociales.

Il importe d'insister sur l'explication d'une telle loi, qui, à l'état de fait général, resterait dépourvue de sa principale efficacité. Il est possible, en sociologie, de concevoir *a priori* toutes les relations des phénomènes, indépendamment de leur exploration directe, d'après les bases fournies par la théorie biologique de l'homme. Or cette opération ne peut présenter, en aucun cas, un intérêt plus capital qu'à l'égard de la loi la plus importante de la dynamique sociale. Nous devons donc indiquer les motifs, puisés dans la connaissance de la nature humaine, qui ont rendu inévitable et indispensable la succession des phénomènes sociaux, envisagés par rapport à l'évolution intellectuelle qui domine leur marche.

La nécessité de cette évolution résulte de la tendance de l'homme à transporter le sentiment de sa nature à l'explication de tous les phénomènes. Bien qu'on ait justement signalé la difficulté de se connaître soi-même, il ne faut pas attacher un sens trop absolu à cette remarque, qui ne peut se rapporter qu'à un état intellectuel déjà très avancé. L'esprit humain a dû parvenir, dans ses méditations, à un degré notable de raffinement, avant de pouvoir s'étonner de ses propres actes, en réfléchissant sur lui-même une activité spéculative que le monde extérieur devait d'abord seul provoquer.

Si, d'une part, l'homme commence par se regarder comme le centre de tout, il est, d'autre part, non moins disposé à s'ériger en type universel. Il ne peut alors expliquer les phénomènes qu'en les assimilant à ses propres actes, les seuls dont il s'imagine comprendre le mode de production par la sensation qui les accompagne. On peut établir, en renversant l'aphorisme ordinaire, que l'homme ne connaît d'abord que lui-même ; sa philosophie primitive consiste à transporter plus ou moins heureusement cette connaissance à tous les sujets qui attirent son attention.

Telle est l'origine de la philosophie théologique, dont l'esprit consiste à expliquer la nature intime des phénomènes et leur mode essentiel de production en les assimilant aux actes produits par les volontés humaines, d'après cette tendance à regarder tous les êtres comme vivant d'une vie analogue à celle de l'homme, et d'ailleurs le plus souvent supérieure à cause de leur plus grande énergie. Cet expédient est si naturel que l'homme n'a pu y renoncer, même dans l'état le plus avancé de son évolution intellectuelle, qu'en se restreignant à la détermination des lois des phénomènes, abstraction faite de leurs causes.

Aujourd'hui encore, lorsque le génie tente de franchir ces limites, il retombe dans le cercle primitif des erreurs, parce qu'il reprend un point de départ et un but analogues en attribuant la production des phénomènes à des volontés spéciales. Pour me borner à un exemple décisif, il me suffira d'indiquer l'erreur de Malebranche relativement à l'explication des lois mathématiques du choc élémentaire des corps solides. Quand un tel esprit, dans un siècle aussi éclairé, n'a pu concevoir, pour expliquer cette théorie, que l'activité continue d'une providence directe et spéciale, une pareille vérification rend irrécusable la tendance de l'intelligence à une philosophie théologique, toutes les fois qu'elle veut pénétrer la nature intime des phénomènes.

La spontanéité de la philosophie théologique constitue sa principale propriété et la source de son long ascendant. La destination d'une telle philosophie, seule apte à ouvrir une issue à l'évolution intellectuelle, en résulte immédiatement. Il était impossible d'établir primitivement, en un sujet quelconque, aucune théorie positive, c'est-à-dire aucune conception fondée sur un système convenable d'observations. Indépendamment du temps exigé pour l'accumulation de telles observations, l'esprit humain ne pouvait les entreprendre, à moins d'être dirigé par une théorie.

Tel est, au point de vue logique, l'office de la philosophie théologique dans l'évolution intellectuelle, où l'imagination devance toujours l'observation, aussi bien pour l'espèce que pour l'individu. C'est à cette philosophie qu'il appartenait de dégager l'esprit humain du cercle vicieux où il se trouvait, obligé d'observer d'abord pour parvenir à des conceptions convenables, et de commencer par concevoir des théories pour entreprendre ensuite des observations suivies.

Il n'y avait d'autre solution possible que l'assimilation de tous les phénomènes aux actes humains, soit directement d'après la fiction originelle qui anime chaque corps d'une vie semblable à la nôtre, soit indirectement d'après l'hypothèse qui superpose à l'ensemble du monde visible un monde invisible peuplé d'agents surhumains, dont l'activité détermine tous les phénomènes appréciables en modifiant à son gré une matière qui serait vouée, sans elle, à une inertie totale.

C'est surtout dans ce second état que la philosophie théologique fournit les ressources les plus étendues pour satisfaire aux besoins naissants d'une intelligence alors disposée à préférer naïvement les explications les plus illusoires. A chaque nouvel embarras provenant du spectacle de la nature, il a suffi d'opposer la conception d'une volonté nouvelle chez l'agent correspondant, ou la création peu coûteuse d'un agent nouveau. Quelques vaines que paraissent aujourd'hui ces puériles spéculations, il ne faut pas oublier qu'elles ont tiré l'esprit humain de sa torpeur primitive en offrant à son activité l'unique élément qui pût d'abord exister.

A ces motifs intellectuels viennent se joindre les motifs moraux et sociaux qui rendent incontestable une telle nécessité. La philosophie théologique pouvait seule, à l'origine, animer l'homme d'une confiance énergique en lui inspirant, au sujet de sa position et de sa puissance, un sentiment de suprématie universelle. Regardant tous les phénomènes comme régis par des volontés surhumaines, il espérait modifier la nature au gré de ses désirs, non pas d'après ses ressources personnelles, dont la misérable insuffisance était alors trop évidente, mais en vertu de l'empire illimité qu'il attribuait à ces puissances idéales, pourvu qu'il parvînt, à l'aide de sollicitations convenables, à se concilier leur intervention.

Si l'homme avait pu d'abord concevoir le monde comme assujetti à des lois invariables, l'impossibilité où il se fût trouvé de les connaître et d'en modifier l'exercice lui eût inspiré un fatal découragement, et l'eût empêché de sortir de son apathie et de sa torpeur mentale.

Depuis que le développement social nous a conduits à exercer enfin sur la nature une action suffisamment étendue, nous avons appris à nous passer, pour le soulagement de nos misères, des secours surnaturels, dont une longue expérience nous a fait sentir la stérilité. Les dispositions primitives devaient être inverses, parce que la situation générale avait un caractère opposé. La confiance et le courage ne pouvaient alors venir que d'en haut, grâce aux illusions qui promettaient ainsi une puissance presque illimitée. Je fais même abstraction des espérances relatives à la vie future, qui n'ont pu acquérir que très tard une haute importance sociale, comme l'histoire le confirme.

La philosophie théologique a d'abord développé l'énergie morale, en même temps que l'activité mentale, en faisant entrevoir, dans toutes les entreprises, la possibilité d'une assistance surhumaine. Si, même aux époques les plus avancées, on analyse l'influence de l'esprit religieux sur la conduite de la vie, on trouvera toujours que la confiance qu'il inspire résulte bien plus de la croyance à un secours actuel et spécial que de l'uniforme perspective d'une existence future. Tel est le caractère de la situation remarquable que produit, dans le cerveau, le phénomène intellectuel et moral de la *prière*.

Depuis la décroissance de l'esprit religieux, on a dû créer la notion de *miracle* pour caractériser les événements, dès lors exceptionnels, attribués à l'intervention divine. Une telle notion indique clairement que le principe des lois naturelles a déjà commencé à devenir familier et même, à certains égards, prépondérant, puisqu'elle ne saurait avoir d'autre sens que d'en désigner la suppression momentanée.

Pendant la domination complète de la philosophie théologique, il n'y a pas de miracles, parce que tout paraît également merveilleux, comme le témoignent les naïves descriptions de la poésie antique, où les événements les plus vulgaires sont mêlés aux plus monstrueux prodiges. et reçoivent des explications analogues. Minerve intervient pour ramasser le fouet d'un guerrier dans de simples jeux militaires, aussi bien que pour le protéger contre toute une armée. De nos jours, quel est le dévot qui n'importune presque autant la divinité en raison de ses moindres convenances personnelles qu'au sujet des plus grands intérêts humains ?

En tout temps, le ministère sacerdotal a dû être plus occupé des demandes journalières de ses fidèles relativement à la sollicitation des faveurs immédiates de la Providence qu'à l'égard du salut éternel de chacun d'eux. D'ailleurs cette distinction n'altère pas la propriété qu'a la philosophie théologique de pouvoir seule, à l'origine, animer et soutenir le courage moral, aussi bien qu'éveiller et diriger l'activité intellectuelle.

Il faut remarquer, pour apprécier la tendance primitive de l'homme à une telle philosophie, que l'influence affective a dû fortifier l'influence spéculative pour l'y attacher encore plus. On conçoit, en effet, quelle importance a dû avoir, pour l'excitation mentale de l'homme, la perspective de pouvoir modifier la nature entière. Ainsi cette philosophie correspondait, au point de vue intellectuel, au seul mode alors possible de l'investigation humaine et à la nature de ses recherches ; au point de vue moral, elle pouvait seule développer l'énergie en faisant briller l'espoir d'un empire absolu sur le monde extérieur comme une digne récompense des efforts spéculatifs.

Nous pouvons indiquer les considérations sociales qui établissent à leur tour cette nécessité. Il faut apprécier à deux points de vue la destination sociale de la philosophie théologique, soit pour présider à l'organisation de la société, soit pour y permettre l'existence d'une classe spéculative. La formation de toute société capable de consistance et de durée suppose l'influence prépondérante d'opinions communes, propres à contenir les divergences individuelles. Une telle obligation est irrécusable dans l'état social le plus développé, où tant de causes unissent l'individu à la société.

Quelque puissance sociale qu'on attribue au concours des intérêts et même à la sympathie des sentiments, elle ne saurait suffire pour constituer la moindre société durable, si la communauté intellectuelle, déterminée par l'adhésion à certaines notions fondamentales, ne venait pas prévenir ou corriger d'inévitables discordances.

L'intelligence préside à la vie sociale et, à plus forte raison, à la vie politique : elle peut seule organiser la réaction de la société sur les individus, qui caractérise la destination du gouvernement, et exige un système d'opinions communes, relatives au monde et à l'humanité. On ne saurait donc méconnaître la nécessité d'un tel système, à une époque quelconque, et encore moins dans l'enfance de la société. L'esprit humain, dont l'activité fournit la base de l'organisation sociale, ne peut se développer que par la société elle-même, dont l'évolution est inséparable de celle de l'intelligence. Il n'y a d'issue que dans la philosophie théologique, seule apte à former d'abord un système d'opinions communes.

Sous un autre aspect, la prépondérance de la philosophie théologique a été indispensable au développement intellectuel, comme pouvant seule instituer une classe consacrée à l'activité spéculative. Ce second point de vue n'est pas moins efficace que le premier pour l'ensemble de notre démonstration sociologique. L'appréciation en est plus facile, et l'application plus prolongée ; car la prééminence de la philosophie théologique a duré, pour ainsi dire, jusqu'à nos jours chez les peuples les plus avancés.

Nous ne pouvons nous former une idée des difficultés que devait offrir, dans l'enfance de l'humanité, l'établissement d'une division entre la théorie et la pratique. Au premier âge social, chez des populations composées de guerriers et d'esclaves, une corporation dégagée des soins militaires et industriels, et dont l'activité fût intellectuelle, n'eût pu être ni établie, ni tolérée, si la philosophie théologique ne l'avait introduite et investie d'une autorité respectée. Tel est l'office de cette philosophie, instituant ainsi une corporation spéculative, dont l'existence sociale devait précéder et diriger l'organisation de toutes les autres classes. Ces castes sacerdotales, malgré la confusion de leurs travaux intellectuels et l'inanité de leurs principales recherches, ébauchèrent la première division de la théorie et de la pratique.

Le progrès mental eût été arrêté presque à sa naissance, si la société avait pu rester composée de familles livrées aux soins de l'existence matérielle et à l'entraînement de l'activité militaire. L'essor spirituel suppose l'existence d'une classe privilégiée jouissant du loisir indispensable à la culture intellectuelle, et portée par sa position sociale à développer le genre d'activité spéculative compatible avec l'état primitif de l'humanité. C'est ainsi que la philosophie théologique, après avoir présidé à l'organisation du premier âge social, a réalisé les conditions du développement futur de l'esprit humain par l'institution d'une classe spéculative.

Telles sont les propriétés intellectuelles, morales et sociales qui concourent à procurer à la philosophie théologique une suprématie aussi indispensable qu'inévitable, à l'origine de l'évolution humaine.

La tendance de toutes les conceptions à un état positif a été constatée dans les différentes sciences. Ainsi le terme de l'évolution intellectuelle n'est pas plus contestable que son point de départ. Chacun des motifs qui expliquent et justifient l'empire intellectuel de la philosophie théologique le montre en même temps comme provisoire. Le lecteur peut reprendre, à ce point de vue, les considérations principales ; partout il reconnaîtra que, quand on en prolonge l'application jusqu'à un état social très avancé, elles constatent la décadence de la philosophie théologique et l'avènement de la philosophie positive. C'est même en cela que consiste la délicatesse d'une telle argumentation, dont un esprit sophistique pourrait abuser pour nier l'utilité de la philosophie théologique.

Cette philosophie, après avoir développé l'intelligence, a fini par la comprimer, depuis que son antagonisme avec la philosophie positive s'est caractérisé. De même, dans l'ordre moral, la confiance et l'énergie inspirées par les illusions d'une telle philosophie se sont changées, sous son empire trop prolongé, en une terreur oppressive et en une langueur apathique, à partir du moment où, sa prépondérance s'étant trouvée compromise, elle a dû retenir au lieu de stimuler.

La supériorité de la philosophie positive est aussi indubitable à ce titre qu'au précédent. A elle seule il appartient, dans l'état viril de la raison humaine, de développer en nous, au milieu des entreprises les plus hardies, une vigueur inébranlable et une constance réfléchie, tirées de notre nature, sans aucune assistance extérieure et sans aucune entrave chimérique.

Au point de vue social, la philosophie théologique, loin d'unir les hommes suivant sa destination primitive, contribue à les diviser. La propriété de réunir, comme celle de stimuler et de diriger, appartient, depuis la décadence des croyances religieuses, à l'ensemble des conceptions positives, seules capables d'établir, d'un bout du monde à l'autre, sur des bases aussi durables qu'étendues, une communauté intellectuelle pouvant servir de fondement à la plus vaste organisation politique. A tous ces titres, l'expérience commence à faire pressentir la destinée des deux philosophies.

La théologie n'a jamais entraîné l'intelligence qu'à défaut d'une meilleure philosophie. En un sujet quelconque, quand, après une préparation convenable, la concurrence des méthodes est devenue possible, l'homme n'a jamais hésité à substituer la recherche des lois des phénomènes à celle de leurs causes, comme étant mieux adaptée à sa portée et à ses besoins. La philosophie théologique, même dans la première enfance individuelle ou sociale, n'a jamais pu être universelle, c'est-à-dire que, pour tous les ordres de phénomènes, les faits les plus simples et les plus communs ont toujours été regardés comme assujettis à des lois naturelles, au lieu d'être attribués à la volonté d'agents surnaturels. Adam Smith a remarqué dans ses essais philosophiques, qu'on ne trouvait, en aucun temps, ni en aucun pays, un dieu pour la pesanteur.

L'existence individuelle ou sociale n'aurait jamais pu comporter aucune prévoyance, si tous les phénomènes humains avaient été attribués à des agents surnaturels, puisque, dès lors, la prière aurait constitué la seule ressource pour influer sur le cours des actions humaines. C'est l'ébauche des premières lois naturelles, propres aux actes individuels ou sociaux, qui, fictivement transportée à tous les phénomènes du monde extérieur, a d'abord fourni le principe de la philosophie théologique.

Ainsi le germe de la philosophie positive est aussi primitif que celui de la philosophie théologique, bien qu'il n'ait pu se développer que beaucoup plus tard. Une telle notion importe à la rationalité de notre théorie. En effet, la vie humaine ne pouvant offrir aucune création, mais une simple évolution, le développement de l'esprit positif deviendrait incompréhensible, si, dès l'origine, on n'en apercevait les premiers rudiments. Depuis cette situation primitive, à mesure que les observations se sont étendues et généralisées, cet esprit, d'abord à peine appréciable, a constamment suivi, sans cesser d'être subalterne, une progression continue, pendant que la philosophie théologique était toujours réservée pour les phénomènes, de moins en moins nombreux, dont les lois ne pouvaient encore être dévoilées.

La fluctuation intellectuelle constitue la maladie de notre siècle ; on y redoute toute opinion décisive, faute de sentir sur quelle base on pourrait l'asseoir. Aussi, malgré l'entraînement de l'esprit humain vers l philosophie positive, voudrait-on conserver à la philosophie théologique une éternelle autorité en rêvant entre elles une conciliation chimérique. Il est vrai que d'abord on n'aperçoit pas une opposition inévitable entre la recherche des lois des phénomènes et celles de leurs causes essentielles. Pourvu que l'étude physique reste toujours subordonnée au dogme théologique, son développement propre peut s'opérer sans conduire à aucun choc direct, l'une des deux philosophies ne paraissant alors destinée qu'à explorer les détails d'un ordre fondamental, dont l'autre doit seule apprécier l'ensemble.

La progression de la philosophie positive a dû même dépendre de cette subalternité ; car, s'il eût pu en être autrement, cette philosophie étant beaucoup trop faible, à l'origine, pour résister avec succès à une collision immédiate, son premier élan eût été nécessairement comprimé. Depuis que les observations ont perdu leur incohérence, l'opposition des méthodes a développé, dans tous les sujets, une inévitable hostilité entre les doctrines. Avant que l'antagonisme fût ouvertement prononcé, cette opposition s'est manifestée, soit par la répugnance de l'esprit positif pour les explications absolues de la philosophie théologique, soit par le dédain de celle-ci pour la marche circonspecte et les modestes recherches de la nouvelle école. Toutefois l'étude des lois réelles paraissait encore pouvoir se concilier avec celle des causes essentielles.

Quand des lois naturelles de quelque portée ont été enfin découvertes, il en est résulté une incompatibilité de plus en plus grande entre la prépondérance de l'imagination et celle de la raison, entre l'esprit absolu et l'esprit relatif, et surtout entre l'antique hypothèse de la direction des événements par des volontés arbitraires et la possibilité de les prévoir ou de les modifier par les seules voies de la sagesse humaine. Jusqu'à ce que la collision se soit étendue à toutes les parties du système intellectuel, ce qui n'a eu lieu que de nos jours, la spécialité des recherches scientifiques a dissimulé à ceux qui les poursuivaient la tendance de leur ensemble vers une philosophie nouvelle, inconciliable avec la philosophie théologique. Les esprits spéciaux ont cru de bonne foi que, s'interdisant toute enquête sur la nature intime des êtres et sur le mode essentiel de production des phénomènes, les recherches de la physique n'étaient pas opposées aux explications de la théologie.

Une telle illusion s'est dissipée, quand l'esprit scientifique, introduisant dans les recherches une marche nouvelle, a fait ressortir, au point de vue logique, le contraste entre la rationalité des procédés appliqués au but le plus abordable et la témérité des tentatives destinées à dévoiler les plus impénétrables mystères. Quant à la doctrine, l'impossibilité de concilier la subordination des phénomènes à des lois naturelles avec leur assujettissement à des volontés mobiles est devenue de plus en plus irrécusable.

La conception d'une providence universelle, combinée avec des lois spéciales qu'elle-même se serait imposées, ne constitue qu'une concession involontaire de l'esprit théologique à l'esprit positif, par une sorte de compromis inspiré par l'évolution intellectuelle. Cette transaction, que le catholicisme a organisée en interdisant l'usage habituel des miracles et des prophéties, si prépondérant dans toute l'antiquité, caractérise, dans l'ordre religieux, une situation transitoire, analogue à celle qu'indique, dans l'ordre monarchique, l'institution de la royauté constitutionnelle. A l'un et à l'autre titre, de telles notions sont des symptômes de déclin.

C'est surtout dans l'application que deviennent incontestables, pour le vulgaire, les différences des diverses philosophies. Il est impossible de concilier aucune philosophie théologique avec le pouvoir de prévoir les événements ou de les modifier, pouvoir qui constitue la principale destination de la philosophie positive. En comparant son aptitude à satisfaire les besoins intellectuels de l'humanité avec la stérilité des conceptions de la théologie, la raison publique, indépendamment de toute lutte directe, n'a pu s'abstenir de condamner les explications chimériques de celle-ci. Tel est le principal aspect sous lequel s'est manifestée une tendance à la philosophie positive chez ceux qui sont restés fidèles à la philosophie théologique, et qui, sans en faire usage dans la vie journalière, lui ont conservé, en principe, une prédilection fondée sur sa généralité, seul titre légitime qui lui reste à la suprématie sociale.

Après avoir caractérisé le point de départ et le terme de l'évolution intellectuelle, nous devons en apprécier l'état intermédiaire. Il importe d'examiner, en un sujet quelconque, les cas intermédiaires sous l'influence de l'analyse préalable des deux cas extrêmes, entre lesquels ils sont destinés à opérer une transition graduelle. La question actuelle nous présente une application de ce précepte logique : après avoir reconnu que l'esprit humain doit partir de l'état théologique et arriver à l'état positif, on peut aisément comprendre la nécessité de passer de l'un à l'autre à l'aide de l'état métaphysique, qui ne saurait avoir d'autre destination. Cela résulte de la trop grande opposition qui existe entre l'esprit théologique et l'esprit positif, et du caractère bâtard et mobile des conceptions métaphysiques, capables de s'adapter au déclin de l'un et à l'essor de l'autre, de manière à ménager à l'intelligence une transition presque insensible.

A mesure que la théologie se retire du domaine spéculatif, la métaphysique y prépare l'avènement de la philosophie positive. Dans chaque cas, toute contestation de suprématie entre ces trois philosophies peut se réduire à une question d'opportunité, jugée par l'examen du développement de l'esprit humain. La modification de la philosophie théologique s'opère par la substitution de l'entité à la divinité, lorsque les conceptions religieuses se généralisent en diminuant le nombre des agents surnaturels, ainsi que leur intervention active, et quand elles parviennent, sinon en réalité, du moins en principe, à une rigoureuse unité.

Dans ce dernier état, l'action surnaturelle, perdant sa spécialité primitive, abandonne la direction des phénomènes en laissant à sa place une entité émanée d'elle, à laquelle l'esprit humain rapporte de plus en plus la production de chaque événement. Cette manière de philosopher a été longtemps nécessaire, soit pour faciliter le déclin de la théologie en éliminant peu à peu l'intervention des causes surnaturelles, soit pour préparer l'essor de la science en habituant l'esprit à la considération exclusive des phénomènes. A l'un et à l'autre titre, cette situation transitoire a été indispensable.

La philosophie métaphysique est analogue, à l'égard de la méthode et de la doctrine, à la philosophie théologique, dont elle ne peut jamais être qu'une simple modification. Elle possède une moindre consistance intellectuelle et une puissance sociale moins intense. Ces caractères, qui s'adaptent à son office transitoire dans l'ensemble de l'évolution humaine, soit individuelle, soit sociale, la rendent moins capable de résister à l'esprit positif.

D'une part, la subtilité des conceptions métaphysiques tend à réduire leurs entités à de simples dénominations abstraites des phénomènes correspondants, de manière à rendre ridicules de telles explications, ce qui n'eût pas été aussi facile à l'égard des formes théologiques. D'autre part, l'impuissance organique d'une telle philosophie empêche les modifications successives du régime théologique de lutter avec la même efficacité contre l'esprit positif.

Il faut avoir égard à ma théorie de la hiérarchie scientifique dans toute application de la loi de l'évolution intellectuelle. Je n'ai jamais trouvé d'argumentation sérieuse en opposition à cette loi, si ce n'est celle que l'on fondait sur la considération de la simultanéité, jusqu'ici très commune, des trois philosophies chez les mêmes intelligences.

Un tel ordre d'objections est résolu par l'usage de la hiérarchie scientifique, qui, disposant les diverses parties de la philosophie selon leur complication et leur spécialité croissantes, conformément à l'ensemble de leurs liaisons, fait comprendre que leur progression a dû suivre le même ordre. Ainsi l'une des phases de l'évolution totale a pu faire coïncider l'état théologique d'une science avec l'état métaphysique et même avec l'état positif d'une autre science plus simple et plus générale, malgré la tendance de l'esprit humain à l'unité de méthode. Ces anomalies apparentes étant ainsi régularisées, la difficulté ne serait insoluble que si la simultanéité pouvait présenter un caractère inverse ; ce qui, d'ailleurs, prouverait seulement la nécessité de perfectionner ou tout au plus de rectifier la théorie hiérarchique, sans qu'il en rejaillît aucune incertitude sur la loi d'évolution elle-même.

Pour compléter cette démonstration, il me reste à établir que le développement matériel a suivi une marche correspondante à celle du développement intellectuel. Cette étude supplémentaire étant aujourd'hui mieux conçue que la théorie principale, je n'aurai besoin, après avoir apprécié l'évolution matérielle, que d'insister sur sa corrélation avec l'évolution intellectuelle. Il s'agit d'expliquer la connexité qui unit les deux termes extrêmes et le terme transitoire du développement temporel des sociétés aux phases correspondantes de leur développement spirituel.

Tous les moyens d'exploration applicables aux recherches politiques ont déjà concouru à faire constater la tendance primitive de l'humanité à une vie militaire et sa destination finale à une existence industrielle.

L'antipathie de l'homme primitif pour tout travail régulier ne lui laisse exercer aucune autre activité soutenue que celle de la vie guerrière, la seule à laquelle il puisse alors être propre, et qui constitue pour lui le moyen le plus simple de se procurer sa subsistance. Quelque déplorable que semble une telle nécessité, son universalité et son développement, en des temps même assez avancés pour que l'existence matérielle ait pu reposer sur d'autres bases, doivent faire sentir à tous les philosophes que le régime militaire a rempli un indispensable office.

L'évolution matérielle des sociétés a longtemps exigé la prépondérance de l'esprit militaire ; c'est seulement sous son empire que l'industrie pouvait se développer. Les motifs de cette tutelle sont analogues à ceux qui ont fait accomplir par l'esprit religieux la même fonction provisoire pour préparer le développement de l'esprit scientifique.

Loin d'avoir dirigé d'abord la société temporelle, l'esprit industriel est résulté d'un développement déjà considérable qui s'est opéré sous l'influence de l'esprit militaire. Sans cet esprit, les familles seraient demeurées isolées, ce qui aurait empêché toute division du travail, et par suite tout progrès de l'industrie. Les propriétés sociales et politiques de l'activité militaire sont, à l'origine, conformes à leur fonction civilisatrice. Plusieurs philosophes ont reconnu l'aptitude d'un tel mode d'existence à développer des habitudes de régularité et de discipline, sans lesquelles aucun régime politique n'aurait pu s'organiser.

Cet ensemble d'attributs est adapté à la nature et aux besoins des sociétés primitives, qui ne pouvaient apprendre l'ordre qu'à l'école de la guerre. Malgré de poétiques rêveries sur l'institution des pouvoirs politiques, on ne peut douter que les premiers gouvernements n'aient été militaires. De même, la première autorité spirituelle ne pouvait être que théologique. L'esprit guerrier n'a pas été seulement indispensable à la consolidation des sociétés politiques ; il a présidé à leur agrandissement.

Le régime militaire a eu partout pour base l'esclavage individuel des producteurs, afin de permettre aux guerriers le développement de leur activité. Sans cette condition, l'opération sociale qui devait être accomplie par la progression du système militaire eût été manquée. L'institution de l'esclavage était destinée à préparer la vie industrielle, ainsi imposée à la majeure partie de l'humanité malgré son aversion pour le travail. En se reportant par la pensée à cette situation primitive, on ne peut méconnaître la nécessité d'une telle stimulation.

L'activité industrielle présente la propriété de pouvoir être stimulée en même temps chez tous les individus et chez tous les peuples, sans que l'essor des uns soit inconciliable avec celui des autres. Au contraire, la plénitude de la vie militaire dans une partie notable de l'humanité suppose et détermine une compression dans tout le reste ; ce qui constitue le principal office social d'un tel régime dans l'ensemble du monde civilisé.

L'époque industrielle ne comporte d'autre terme que celui de l'existence progressive de notre espèce ; l'époque militaire a dû être limitée au temps d'un suffisant accomplissement des conditions qu'elle était destinée à réaliser. Ce but a été atteint quand la majeure partie du monde civilisé s'est trouvée réunie sous une même domination, comme les conquêtes de Rome l'ont opéré en Europe. Dès lors, l'activité militaire a manqué d'objet et d'aliment. Aussi, depuis ce terme, sa prépondérance a-t-elle assez diminué pour ne plus dissimuler l'accroissement de l'esprit industriel.

L'état industriel diffère tellement de l'état militaire que le passage de l'un à l'autre régime ne comportait pas plus un accomplissement immédiat que la succession correspondante, dans l'ordre spirituel, entre l'esprit théologique et l'esprit positif. De là résulte l'indispensable intervention d'une situation intermédiaire, semblable à l'état métaphysique de l'évolution intellectuelle, où l'humanité a pu se dégager de la vie militaire et préparer la prépondérance de la vie industrielle. Le caractère équivoque et flottant d'une telle phase sociale, où les diverses classes de légistes devaient occuper la scène politique, a d'abord consisté dans la substitution de l'organisation militaire défensive à la première organisation offensive, et ensuite dans la subordination, de plus en plus prononcée, de l'esprit guerrier à l'instinct producteur.

Telle est l'évolution temporelle de l'humanité. Tout esprit philosophique doit être frappé de l'analogie que présente cette progression avec la loi relative à la succession des trois états de l'esprit humain. Outre cette similitude, il importe de reconnaître les liens qui ont toujours uni, d'abord l'esprit théologique et l'esprit militaire, ensuite l'esprit scientifique et l'esprit industriel, et enfin les deux fonctions transitoires des métaphysiciens et des légistes.

Cet éclaircissement porte notre démonstration à son dernier degré de précision et de consistance, et lui permet de servir de base à l'ensemble de notre analyse historique.

La rivalité qui a souvent troublé l'harmonie entre le pouvoir théologique et le pouvoir militaire a dissimulé leur relation aux yeux de plusieurs philosophes. En principe, il ne peut exister de véritable rivalité que parmi les éléments d'un même système politique. Quand deux pouvoirs également énergiques naissent, grandissent et déclinent simultanément, on peut être assuré qu'ils appartiennent au même régime. La lutte ne prouverait une incompatibilité complète que si elle avait lieu entre deux éléments appelés à des fonctions analogues, et qu'elle fît constamment coïncider l'accroissement de l'un avec la décadence de l'autre.

Dans tout système politique, il y a une profonde rivalité entre la puissance spéculative et la puissance active. Quels que soient, parmi les éléments du régime moderne, les liens de la science et de l'industrie, il faut s'attendre à des conflits entre les savants et les industriels, à l'époque où leur influence politique deviendra plus grande. Ces conflits sont indiqués, soit par l'antipathie intellectuelle et morale qu'inspire aux uns la subalternité des travaux des autres, soit par la répugnance de ceux-ci pour l'abstraction des recherches des premiers et pour le juste orgueil qui les anime.

Ces objections écartées, rien n'empêche d'apercevoir le lien qui unit la puissance théologique et la puissance militaire. Aucun régime militaire ne saurait s'établir ni durer qu'en reposant sur une consécration théologique.

Chaque époque impose, par des voies spéciales, des exigences équivalentes. A l'origine, où la restriction et la proximité du but ne prescrivaient pas une soumission d'esprit aussi absolue, le peu d'énergie de liens sociaux encore imparfaits ne permettait d'assurer le concours de tous que par l'autorité religieuse, dont les chefs de guerre se trouvaient alors naturellement investis.

En des temps plus avancés, le but devient tellement vaste et lointain, et la participation tellement indirecte, que, malgré les habitudes de discipline déjà contractées, la coopération resterait insuffisante et précaire, si elle n'était garantie par des convictions théologiques, déterminant envers les supérieurs militaires une confiance aveugle et illimitée. Sans cette corrélation, l'esprit militaire n'aurait jamais pu remplir sa destination sociale. Aussi sa prépondérance n'a-t-elle été réalisée que dans l'antiquité, où les deux pouvoirs se trouvaient concentrés aux mains des mêmes chefs.

Une autorité spirituelle quelconque n'aurait pu convenir à la fondation et à la consolidation du gouvernement militaire. Quels que soient, par exemple, les services que, dans les temps modernes, il ait rendus à l'art de la guerre, l'esprit scientifique, par les habitudes de discussion qu'il tend à propager, n'en est pas moins incompatible avec l'esprit militaire.

L'union des pouvoirs militaires et des pouvoirs théologiques est expliquée. On peut d'abord croire qu'une telle coordination est moins nécessaire à l'influence politique de l'esprit théologique, puisqu'il a existé des sociétés purement théocratiques, tandis qu'on n'en connaît aucune qui ait été exclusivement militaire. Un examen plus approfondi fera apercevoir l'efficacité du régime militaire pour consolider et pour étendre l'autorité théologique.

Le dualisme de la politique moderne est encore plus irrécusable. Nous sommes bien placés pour l'apprécier, parce que les deux éléments ne sont pas encore investis de leur influence définitive, bien que leur développement social soit assez grand. Quand la puissance scientifique et la puissance industrielle auront acquis l'influence politique qui leur est réservée, et que leur rivalité se sera pareillement manifestée, la philosophie éprouvera peut-être plus d'obstacles à leur faire reconnaître une similitude d'origine et de destination.

J'ai déjà indiqué l'incompatibilité qui existe entre l'esprit scientifique et l'esprit militaire. On ne peut contester davantage l'antipathie de l'esprit industriel pour l'esprit théologique. La modification des phénomènes d'après les règles d'une sagesse purement humaine ne doit pas sembler moins impie que leur prévision. Suivant la logique barbare, mais rigoureuse, des peuples arriérés, toute intervention de l'homme pour améliorer à son profit l'économie de la nature constitue un injurieux attentat au gouvernement providentiel.

La prépondérance de l'esprit religieux tend à engourdir l'essor industriel par le sentiment exagéré d'un stupide optimisme. Si cette désastreuse conséquence n'a pas été plus souvent réalisée, cela tient à la sagesse sacerdotale, qui a su manier avec habileté un pouvoir aussi dangereux, de manière à développer son influence civilisatrice en neutralisant son action délétère.

La solidarité des deux puissances qui constituent le régime transitoire est une suite de celle dont nous venons d'apprécier le principe à l'égard du régime initial et du régime définitif. La réalité en est tellement évidente qu'elle n'a besoin d'aucune indication. Ce n'est pas en voyant à l'œuvre les métaphysiciens et les légistes qu'on peut méconnaître les liens qui les unissent.

Nous devons regarder comme terminée l'explication qu'exigeait la loi de l'évolution sociale avant de pouvoir être appliquée à l'étude du passé.

Il n'est pas inutile de signaler la conformité d'une telle loi de succession intellectuelle et matérielle avec la coordination que l'instinct de la raison publique a établie dans l'ensemble du passé en y distinguant le monde ancien et le monde moderne, séparés par le moyen âge. Sans engager aucune discussion d'époque sur un rapprochement qui ne saurait être précis, on ne peut méconnaître une analogie entre cet aperçu vulgaire et ma loi sociologique. Loin de craindre que cette coïncidence ne diminue le mérite de mes travaux, je dois, au contraire, m'en prévaloir, en vertu de cet aphorisme de philosophie positive qui impose, à toutes les théories scientifiques, l'obligation d'un point de départ conforme aux indications de la raison publique, dont la science constitue un simple prolongement.

TREIZIÈME LEÇON

ÉVOLUTION DES SOCIÉTÉS HUMAINES.

La loi d'évolution consiste dans le passage de l'humanité par trois états successifs, l'état théologique, l'état métaphysique et l'état positif. L'usage de cette loi permet d'expliquer les grandes phases historiques, et d'en apprécier le caractère. Il en résulte, pour la première fois, la conception d'une série homogène et continue dans la suite entière des temps antérieurs, depuis le premier essor de l'intelligence et de la sociabilité jusqu'à l'état actuel. Si long que semble un tel intervalle, il est rempli par les divers degrés de l'état théologique et de l'état métaphysique, constituant l'éducation préliminaire de notre espèce, dont l'état définitif a été jusqu'ici ébauché par le développement partiel des nouveaux éléments sociaux.

On peut suivre, dans toute son étendue, la vie théologique et militaire en considérant d'abord son origine, ensuite sa plus complète extension, enfin sa décadence. Ces trois phases du passé correspondent aux trois formes de l'esprit théologique, fétichiste dans son élan initial, polythéiste au temps de sa splendeur et monothéiste à son déclin.

Quelque imparfait que soit le fétichisme, sa spontanéité lui procure le privilège de tirer l'intelligence et la sociabilité de leur torpeur initiale. Constituant le fond de toute philosophie théologique, il correspond à l'époque de la prépondérance de l'esprit religieux, qui n'est pas encore modifié par la métaphysique, ni entravé par la science. Aussi le principe théologique offre-t-il, après ce premier âge, malgré de spécieuses apparences, un décroissement continu pendant tout le reste de la vie religieuse.

Le régime fétichiste a d'abord ébauché le développement humain, industriel, esthétique et scientifique ; il l'a ensuite entravé par son excessive durée. On y trouve, sous l'aspect social, les germes de l'organisme antique, dans l'exercice primitif de l'activité militaire et dans la disposition naturelle à l'hérédité des professions, qui a conduit à étendre le gouvernement domestique. La nature de cette première religion a retardé l'institution d'un culte régulier, dirigé par un sacerdoce distinct. Les propriétés sociales de la philosophie théologique, dépendant de l'existence d'une classe sacerdotale, ont été longtemps dissimulées.

L'âge du fétichisme se divise en deux périodes principales : la première comprend le fétichisme proprement dit ; la seconde, l'astrolâtrie, pendant laquelle cette philosophie initiale s'est étendue aux corps les plus généraux et les plus inaccessibles. Dès lors parvenu à la plus grande perfection dont il était capable, le régime fétichiste a déterminé le développement d'un sacerdoce, et a permis à l'ordre naissant des sociétés d'acquérir une extension et une consistance durables, au moyen d'un système d'opinions communes et du principe de subordination inhérent à la consécration religieuse. Le passage de l'existence nomade à l'existence sédentaire a fortifié cette influence sociale.

Une telle phase était voisine de l'avènement du polythéisme, qu'elle était destinée à préparer. Le principe religieux est alors profondément modifié. L'activité divine, résultant de l'assimilation de tous les phénomènes aux actes humains est retirée aux êtres réels pour devenir l'attribut d'êtres fictifs, susceptibles d'une élimination graduelle.

Le polythéisme correspond à la principale époque de la vie religieuse. L'impulsion qu'il a imprimée à l'imagination a rendu son empire longtemps favorable à l'essor intellectuel. Il a exercé une heureuse influence sur le développement industriel, que le fétichisme avait entravé en consacrant la matière. Les faciles ressources qu'il présentait pour expliquer les phénomènes lui ont permis de favoriser les débuts de l'évolution scientifique ; il a surtout dirigé l'éducation esthétique de l'humanité. Sous l'aspect social, outre sa participation à l'établissement d'un ordre régulier et stable, propre à consolider la civilisation naissante, le polythéisme a présidé à l'immense opération politique par laquelle la sociabilité ancienne a préparé la sociabilité moderne en utilisant l'exercice de l'activité militaire.

Quelque variées qu'en aient été les formes, le régime polythéiste a toujours été marqué par deux institutions connexes : d'une part, l'esclavage des travailleurs, nécessaire au système de conquêtes et à la formation des habitudes industrielles ; d'autre part, la concentration des pouvoirs chez les mêmes chefs, sans laquelle l'action directrice n'aurait pu obtenir la plénitude d'autorité indispensable à sa destination. Les exigences politiques ont constamment dirigé les progrès réalisés dans la morale, personnelle, domestique et sociale.

Le régime polythéiste présente deux états généraux. l'un théocratique, l'autre militaire. Dans le premier système, caractérisé par le régime des castes, l'imitation constitue, à l'exemple de l'organisme domestique, le principe de toute éducation. La sociabilité humaine a partout manifesté une tendance initiale vers une telle organisation, régularisée par la caste sacerdotale, unique dépositaire de toutes les connaissances. Ce principe hiérarchique a prolongé son influence jusqu'aux temps modernes : chez les populations les plus avancées, la royauté en constitue le dernier vestige.

Cet ordre primitif, éminemment conservateur, était adapté aux besoins de la civilisation naissante, qu'il pouvait seul consolider. Destiné à ébaucher l'essor spéculatif en établissant une séparation entre la théorie et la pratique, il était apte à favoriser le développement industriel par sa préoccupation des applications immédiates. Après avoir présidé aux divers progrès, ce régime, dont la race jaune offre encore un exemple, est devenu peu à peu stationnaire, et a déterminé une immobilité presque complète, bien que toute issue n'y soit pas fermée au mouvement social.

L'évolution de l'élite de l'humanité s'est accomplie, suivant une voie plus rapide, par l'ascendant, longtemps progressif, du polythéisme militaire, réalisé sous deux formes, l'une intellectuelle, l'autre politique. La première, propre à la civilisation grecque, s'est développée lorsque les circonstances locales et sociales, stimulant assez l'activité militaire pour empêcher le triomphe du régime théocratique, ont opposé d'insurmontables obstacles à l'établissement régulier d'un système de conquêtes, de manière à refouler, vers la culture intellectuelle, une activité qui manquait d'une suffisante destination politique.

La libre culture spéculative, ainsi constituée en dehors de l'économie ancienne, se manifeste alors par la première apparition de la science, qui, bornée aux conceptions mathématiques, détermine une réaction philosophique, favorable à la métaphysique et opposée à la théologie.

En accomplissant la destruction du polythéisme, la

métaphysique s'empare de l'étude du monde extérieur. Elle essaie vainement d'établir la domination philosophique de ses entités. Sans pouvoir enlever à la théologie l'empire des conceptions morales et sociales, elle l'y réduit au monothéisme. Par là se trouve rompue l'unité de la philosophie primitive. Alors surgit cette étrange division, ou plutôt ce long antagonisme qui a persisté jusqu'ici entre la philosophie *naturelle* et la philosophie *morale*.

La civilisation romaine réalisa la forme politique propre au polythéisme militaire. L'incorporation graduelle des peuples civilisés à une nation conquérante était l'unique moyen d'étendre la société, et d'y comprimer une ardeur guerrière incompatible avec la vie laborieuse. Telle fut la destination d'une admirable politique, poursuivant son but sans se laisser distraire par aucune diversion, avec une continuité d'efforts de tout genre, et qui demeurera toujours le type de l'homogénéité sociale. La politique romaine pouvait seule consolider les résultats de la civilisation grecque.

Après la combinaison de ces deux formes, le polythéisme marcha vers une inévitable décadence. L'accomplissement du système de conquêtes en faisait cesser le principal office. Le régime monothéiste a continué le développement de l'humanité ; il a rallié, sous un culte commun, des populations séparées par des religions nationales devenues sans objet, et où surgissait le besoin d'une morale universelle. Il était alors impossible de maintenir, sur un aussi vaste territoire, la concentration des deux pouvoirs qui se rapportait au régime d'une seule ville. L'action spéculative des philosophes, extérieure à l'ordre légal, portait le germe d'un pouvoir spirituel indépendant du pouvoir temporel.

Résultat d'une telle situation, le monothéisme constitua,

au moyen âge, la dernière phase religieuse, pendant que l'ancien organisme politique aboutissait à une dispersion graduelle, accélérée par des invasions qui faisaient sentir la nécessité d'un lien spirituel. Le régime primitif subit alors une modification qui fut l'indice de son déclin : l'esprit rationnel s'empara d'une partie de plus en plus grande du domaine de l'esprit religieux ; l'activité conquérante se transforma en activité défensive ; la séparation des pouvoirs fut organisée ; le principe des castes fut ébranlé par la suppression de l'hérédité du sacerdoce.

Avant de disparaître, l'organisme théologique et militaire, ainsi modifié, a marqué ses propriétés civilisatrices par l'établissement d'une morale universelle, et par le développement des nouveaux éléments sociaux. La division des pouvoirs, d'abord empiriquement établie, fut entravée et même compromise par les imperfections de la théologie dirigeante. Malgré son caractère passager, cette tentative anticipée n'en a pas moins obtenu un résultat fondamental, base de tous les progrès ultérieurs, en rendant la morale indépendante de la politique.

Le régime monothéiste favorisa le développement des nouveaux éléments sociaux en transformant d'abord et en supprimant ensuite l'esclavage antique, de manière à permettre l'essor de la vie industrielle, principal attribut de l'existence moderne. Au point de vue spéculatif, ce régime seconda l'évolution scientifique, tant qu'elle conserva, à l'égard du monothéisme, une harmonie que le polythéisme n'avait pu longtemps admettre. L'évolution esthétique, bien que moins encouragée par un tel système, y trouva une incorporation supérieure à ce que l'antiquité avait réalisé.

Le moyen âge se divise en deux époques principales : la première s'étend du début du ve siècle à la fin du viie ; elle correspond à l'établissement de la nouvelle société, à l'issue des invasions, et à la transformation de l'esclavage en servage.

Pendant l'époque suivante, le régime monothéiste développe tous ses attributs en consacrant l'indépendance du pouvoir spirituel, et en faisant servir l'activité militaire à contenir les invasions. Cette seconde époque peut être subdivisée en deux périodes, composées chacune d'environ trois siècles, suivant que l'activité féodale est dirigée contre les sauvages polythéistes du Nord ou contre le monothéisme musulman. Dans la première, les deux pouvoirs tendent à se constituer. La libération individuelle succède au servage. Les habitants des villes, initiés à la vie laborieuse, développent la nouvelle activité industrielle. Les langues modernes s'élaborent à mesure que l'humanité s'éloigne de la sociabilité antique, et préparent ainsi un essor esthétique original. L'élément scientifique et philosophique, extérieur à la société ancienne, commence à s'incorporer à la société nouvelle.

La dernière période est le temps de la splendeur du régime monothéiste, dont la maturité est marquée par l'indépendance politique du pouvoir spirituel et par la constitution de la hiérarchie féodale. Ce puissant organisme accomplit son plus noble office en faisant prévaloir la morale sur la politique, et en préservant l'Europe de l'oppressive domination de l'islamisme. Sous sa tutélaire prépondérance, l'industrie urbaine est consolidée par l'affranchissement collectif, qui conduit à l'abolition de la servitude rurale.

L'ensemble de la situation encourage l'évolution esthétique, qui, dans tous les arts, manifeste une tendance originale et populaire. La science et la philosophie, dont l'activité avait été ralentie, tant que l'institution du catholicisme avait absorbé les plus hautes intelligences, reçoivent une impulsion croissante, et constituent une dangereuse rivalité pour l'esprit religieux, qui, par la transaction scolastique, est obligé d'abandonner à la métaphysique le domaine moral. Une certaine unité ontologique est organisée dans le système intellectuel. Le gouvernement providentiel est conçu comme subordonné à des lois immuables, ce qui constitue une concession involontaire, mais décisive, faite par la théologie à la science.

L'ascendant du régime monothéiste cessa dès que sa mission temporaire fut accomplie. Cette destination avait seule pu contenir les germes de décomposition inhérents à un tel système.

Sous l'aspect politique, l'indépendance du pouvoir spirituel, qui en constituait le principal caractère, était incompatible, soit avec l'esprit de concentration absolue, inséparable de l'activité militaire, restée dominante, soit avec la nature, non moins despotique, propre à toute autorité religieuse. Un tel organisme flottait toujours entre la théocratie et l'empire.

Dans l'ordre mental, une théologie qui n'avait pu s'incorporer le mouvement intellectuel, dirigé par une métaphysique implicitement hostile, fut discréditée, après avoir réalisé, par l'établissement de la morale universelle, sa haute mission sociale, malgré son infériorité philosophique. Ce régime transitoire finit par devenir incompatible avec les progrès qu'il avait ébauchés.

Telle est l'origine de l'état métaphysique. Pendant les cinq siècles qui ont suivi le moyen âge, cet état a réalisé, par une double série d'opérations simultanées et solidaires, les unes négatives, les autres positives, la destruction de l'ancien régime et le développement des nouveaux éléments sociaux.

Pour apprécier cette progression, révolutionnaire et régénératrice, particulière à l'Europe occidentale, comme l'initiation catholique et féodale dont elle émanait, il faut y distinguer deux phases successives, suivant que la décomposition générale et la recomposition partielle présentent un caractère spontané ou systématique. Dans la première, qui s'étend du début du XIVe siècle à la fin du XVe, la dissolution de l'ancien régime résulte du seul antagonisme de ses éléments. Le pouvoir temporel annule socialement le pouvoir spirituel en ruinant d'abord l'autorité des papes, ensuite l'unité de la hiérarchie catholique. En même temps, le conflit des deux éléments du pouvoir temporel, en se développant, tend à l'entière prépondérance de l'un d'eux.

Pendant que toutes les forces politiques concourent à détruire l'organisme monothéiste, les nouveaux éléments sociaux, coopérant à ces luttes comme simples auxiliaires, s'efforcent de les utiliser pour leur propre développement. qui accélère le mouvement de décomposition.

La vie industrielle s'étend et se consolide ; elle soustrait la masse des populations à la prépondérance des mœurs militaires et des liens féodaux. Elle fait ressortir l'inaptitude de la morale théologique à régler une sociabilité qu'elle n'avait pu prévoir.

L'essor esthétique, sous l'impulsion du moyen âge, parvient à un mémorable élan, hostile à l'ordre ancien, mais bientôt entravé par l'incohérence et l'instabilité de la situation sociale, qui fait naître le besoin d'une direction artificielle et précaire, fondée sur une servile imitation de l'antiquité.

L'évolution scientifique, suivant encore la direction scolastique, enrichit et agrandit le domaine de la philosophie naturelle par les conceptions, alors progressives, de l'astrologie et de l'alchimie.

Quand la désorganisation spontanée est assez avancée,

elle passe à l'état systématique ; les conséquences révolutionnaires des luttes antérieures sont poursuivies jusqu'à l'entière abolition de l'ancien régime. C'est alors que le développement des nouveaux éléments sociaux reçoit les encouragements du pouvoir temporel. Cette progression peut se partager, jusqu'au début de la révolution française, en deux phases distinctes, qui se succèdent vers le milieu du XVIIe siècle. Elles sont caractérisées par les dénominations de protestante et de déiste, suivant que l'esprit critique y contient l'action dissolvante du principe du libre examen entre des limites compatibles avec l'existence de l'ancien organisme, ou qu'il en étend l'application jusqu'à rendre logiquement impossible cette existence contradictoire.

Pendant que s'accomplit cette transformation du régime monothéiste, l'évolution industrielle, accélérée par une protection systématique, pénètre de plus en plus dans la société européenne.

L'évolution esthétique, pareillement encouragée, fait surgir, malgré les entraves d'une situation confuse et mobile, d'éternels témoignages de la conservation et même de l'extension des facultés poétiques et artistiques.

L'évolution scientifique, parvenue à un grand éclat dans le domaine inorganique, commence à manifester l'incompatibilité de l'esprit positif avec l'ancienne philosophie, par suite des éminentes découvertes qui renouvellent le système des notions astronomiques.

Sous cette impulsion, une crise décisive, produite par l'heureuse émancipation de l'esprit positif, aboutit au compromis institué par Descartes. C'est la dernière modification du partage, organisé par Aristote et Platon, entre la philosophie naturelle et la philosophie morale. Cette répartition avait déjà été altérée, au profit de la métaphysique, par la scolastique du moyen âge. La méthode positive entre alors en possession de toute l'étude du monde extérieur. Elle réduit l'antique méthode au domaine de l'intelligence et de la sociabilité. Cet ensemble d'opérations critiques et organiques porte une atteinte irréparable aux bases de l'ancienne économie, et rend irrécusable la nécessité d'une rénovation totale. Toujours inconséquente, la métaphysique continue à fonder la régénération sociale sur la conservation contradictoire des impuissants débris du passé.

En même temps, la dictature temporelle accorde à l'évolution industrielle la plus grande concession, compatible avec l'existence de l'ancien système, en subordonnant l'activité militaire aux succès industriels, envisagés comme but de la politique européenne.

L'évolution esthétique et l'évolution scientifique obtiennent un ascendant analogue. Elles commencent à s'affranchir de toute protection facultative, et s'incorporent à la sociabilité moderne en exerçant une influence croissante sur l'éducation. Tandis que ces trois évolutions deviennent hostiles au régime primitif, les défauts inhérents à la spécialité exclusive qui avait dirigé, depuis la fin du moyen âge, leur développement empirique, s'étendent au point d'entraver tout progrès.

Une immense crise sociale est déterminée tout à coup dans la nation où l'évolution avait acquis la plus complète efficacité politique, et qui, par l'ensemble de ses antécédents, était destinée au périlleux honneur d'une telle initiative. Ce mouvement révolutionnaire enlève tous les débris de l'ancien régime, sans en excepter le pouvoir central, autour duquel ils s'étaient rassemblés.

Le but de la révolution devait être de réorganiser la société, puisque, loin d'avoir pour objet la ruine de l'ancienne économie, elle en était le résultat. La marche empirique et le caractère spécial de la progression positive n'ayant pu faire ressortir sa tendance politique, la réorganisation sociale est confiée à la métaphysique, qui avait dirigé le mouvement antérieur. Cette illusion réduit la pensée révolutionnaire à indiquer vaguement les conditions d'une régénération dont le principe reste indéterminé.

La philosophie dirigeante conduit à fonder la régénération sociale sur une restauration du système théologique et militaire, que favorise une immense activité guerrière, détournée peu à peu de son but. Le développement même de cette réaction, qui, malgré son intensité, n'établit rien de durable, prouve qu'elle est incompatible avec l'état des peuples modernes.

Le cours des événements de la première moitié du XIXe siècle montre que les conditions de l'ordre et celles du progrès ne peuvent être réalisées que par une véritable réorganisation. L'ensemble de la politique flotte, comme avant la révolution, entre la tendance rétrograde d'un pouvoir, qui conçoit l'ordre dans le type ancien et l'instinct anarchique d'une société, qui n'imagine qu'un progrès purement négatif. Les faits eux-mêmes ont beaucoup amorti les passions correspondantes en signalant l'inanité commune des espérances opposées.

L'ancienne dictature temporelle, dissoute par la décomposition du pouvoir central, se reconnaît impuissante à diriger la réorganisation spirituelle, et se borne à maintenir l'ordre matériel. Le gouvernement intellectuel et moral est abandonné à la concurrence des tentatives philosophiques. Les nouveaux éléments sociaux, continuant leurs évolutions partielles, font ressortir la nécessité d'une coordination générale.

L'industrie rend irrécusable le besoin d'établir, entre les entrepreneurs et les travailleurs, une harmonie à laquelle leur antagonisme a cessé d'offrir des garanties suffisantes.

Dans l'évolution scientifique, l'extension de la méthode positive à l'étude des corps vivants, y compris les phénomènes intellectuels et moraux, fait ressortir les inconvénients d'une spécialisation devenue plus étroite et plus empirique, au temps où la marche de l'esprit humain exige qu'on substitue le régime synthétique au régime analytique.

Cet exposé permet de constater que notre analyse historique est le simple développement de la loi des trois états, aussi pleinement démontrée que toute autre loi de la philosophie naturelle. A partir des moindres ébauches de civilisation jusqu'à l'état des peuples les plus avancés, cette loi explique le caractère de toutes les grandes phases de l'humanité, la part de chacune d'elles à l'œuvre commune, leur filiation successive, de manière à introduire enfin une unité parfaite et une rigoureuse continuité dans cet immense spectacle.

Une loi qui a rempli de telles conditions ne peut plus passer pour un simple jeu de l'esprit philosophique, et contient l'expression abstraite de la vérité générale ; elle peut être employée à rattacher l'avenir au passé.

QUATORZIÈME LEÇON

LA RÉVOLUTION FRANÇAISE

La Révolution Française se présenta, dès son début, comme destinée à opérer une rénovation complète ; mais ce but ne put être atteint, faute d'une doctrine organique.

La métaphysique négative, qui, depuis cinq siècles, avait présidé au mouvement de décomposition, semblait être la seule doctrine qu'on pût appliquer à une organisation nouvelle.

Toutes les intelligences actives furent entraînées à développer les principes critiques. Sous une telle influence, les tentatives de réorganisation, au lieu de changer la nature et le rôle des pouvoirs sociaux, n'ont abouti qu'à morceler, à limiter et à déplacer les anciennes autorités, de manière à entraver toute action.

C'est alors que l'esprit métaphysique conçut la société comme étant entièrement livrée, sans aucune impulsion propre, à la succession des essais constitutionnels. Cette illusion, malgré ses dangers, était excusable. Les conceptions critiques étaient familières à tous les esprits : sans poser les fondements de l'organisation nouvelle, elles en formulaient les plus indispensables conditions. La nécessité de quitter un régime hostile à tout progrès obligeait à recourir au seul principe qui pût faire entrevoir la régénération sociale.

Le triomphe de la doctrine critique amena celui des métaphysiciens et des légistes. L'influence était passée des docteurs proprement dits aux simples littérateurs, pendant l'époque de propagation de la métaphysique révolutionnaire.

Une dégénération équivalente transmit aux avocats la prépondérance politique auparavant obtenue par les juges, qui furent renvoyés à leurs fonctions spéciales.

Après avoir indiqué la direction, le théâtre et les agents de la révolution, nous allons en apprécier la marche en y distinguant deux périodes, l'une préparatoire, l'autre caractéristique, sous la conduite de nos deux grandes assemblées nationales.

Au début de la révolution, le besoin de renouvellement, trop vaguement ressenti, semble pouvoir se concilier avec le maintien de l'ancien régime, réduit à ses points essentiels, et dégagé des abus secondaires. Cette première période semble, en général, moins métaphysique que la seconde. Cependant les illusions politiques y étaient plus complètes. On était plus éloigné d'apprécier sainement la situation sociale. On confondait le gouvernement moral avec le gouvernement politique. En un mot, jamais situation aussi provisoire n'a paru aussi définitive.

La métaphysique constitutionnelle rêvait d'unir le principe monarchique à l'ingérence populaire, et la constitution catholique à l'émancipation des esprits. Une telle doctrine conduisait à penser que, pour détruire l'ancien organisme, il suffirait de joindre, au renversement de la puissance aristocratique, l'abaissement de la monarchie.

Les esprits français furent ainsi amenés à vouloir suivre le mode de gouvernement particulier à l'Angleterre. Une semblable imitation était irrationnelle, parce que le mouvement de décomposition avait été dirigé, en France, contre l'élément politique dont la prépondérance avait déterminé le caractère du régime anglais.

Les principaux chefs de l'Assemblée constituante, en proposant pour but à la Révolution française la simple imitation du régime anglais, tendirent à constituer un pouvoir aristocratique, dont l'instinct de la population française, si dignement représenté à cet égard par les Parisiens, les empêcha de poursuivre ouvertement l'organisation. Ils cherchèrent à détacher les chefs industriels des masses placées sous leur patronage pour les unir, suivant le type anglais, aux anciennes classes dirigeantes. Ils s'efforcèrent d'ériger le gallicanisme en une sorte d'équivalent du protestantisme anglican.

C'était une étrange tentative chez une population élevée par Voltaire et Diderot. Ce projet n'en caractérise pas moins une telle politique, qui n'a pas cessé de trouver de fervents admirateurs parmi les métaphysiciens et les légistes qui dirigent encore nos destinées.

Pendant la seconde période de la crise révolutionnaire, le sentiment plus exact des besoins sociaux, compensant en partie, sous l'impulsion des circonstances, l'influence de la métaphysique, détermina le caractère de la révolution.

Écartant les fictions politiques sur lesquelles reposait l'incohérent édifice de l'Assemblée constituante, la Convention nationale regarda l'abolition de la royauté comme l'indispensable préliminaire de la régénération sociale.

Cette abolition entraîna bientôt la suppression légale du christianisme et la destruction de toutes les corporations antérieures, devenues une source d'entraves, bien plus que de progrès. Telles étaient les compagnies savantes, et même l'Académie des sciences de Paris, la seule qui pût mériter quelque regret. Cette institution avait alors rendu tous les services compatibles avec la nature et l'esprit de son organisation primitive ; depuis cette époque, son influence a été plus contraire que favorable à la marche des idées modernes.

L'instinct progressif de la grande dictature révolutionnaire ne fut pas plus en défaut dans cette circonstance que dans tant d'autres, où une meilleure appréciation a déjà conduit à lui rendre justice. Sous l'aspect scientifique, sa sollicitude pour tant d'heureuses fondations, et surtout pour la création de l'école polytechnique, montre que la suppression des académies tenait, non pas à de sauvages antipathies, mais plutôt à une certaine prévision juste, bien que confuse, des nouveaux besoins de l'esprit humain.

Pour apprécier le caractère de cette période, il est nécessaire d'y considérer l'influence, plus favorable que funeste, des circonstances qui la dominèrent.

Les gouvernements européens, qui avaient laissé tomber Charles Ier, n'eurent pas même besoin des coupables intrigues de la royauté française pour réunir tous leurs efforts contre une révolution que la France signalait comme devant être commune à toute l'Europe.

L'oligarchie anglaise, bien que désintéressée en apparence, se plaça à la tête de la coalition rétrograde. Cette formidable attaque favorisa l'œuvre révolutionnaire en provoquant une communauté de sentiments et de vues politiques indispensable au succès. Ce fut la source de l'énergie et de la rectitude morales qui placèrent la Convention bien au-dessus de l'Assemblée constituante.

Portée par sa philosophie à des conceptions vagues et absolues, l'assemblée républicaine fut conduite, par les exigences de sa mission, à ajourner toute constitution pour s'élever à l'idée du gouvernement révolutionnaire.

Renonçant à fonder des institutions qui ne pouvaient avoir aucune base solide, les conventionnels français s'attachèrent à organiser une dictature temporelle, équivalente à celle de Louis XI et de Richelieu, dirigée par une plus juste appréciation de son but et de sa durée. Cette dictature développa les sentiments de fraternité, et inspira aux classes inférieures la conscience de leur valeur politique.

Une telle conduite, récompensée par de sublimes et touchants dévouements, a laissé, chez le peuple français, d'ineffaçables souvenirs, et même de profonds regrets, qui ne disparaîtront que par une juste satisfaction donnée aux aspirations populaires.

L'organisation de la dictature révolutionnaire tendait à séparer le gouvernement moral du gouvernement politique. Cette tendance fut indiquée par l'action d'une association volontaire, celle des Jacobins, qui, extérieure au pouvoir, était destinée, en appréciant mieux l'ensemble de sa marche, à lui fournir de lumineuses indications. On en retrouve d'autres indices dans les tentatives qui furent faites pour fonder, sur la régénération des mœurs fançaises, les nouvelles institutions politiques.

La valeur des chefs du mouvement révolutionnaire et celle des masses qui les secondaient avec un admirable dévouement firent triompher de précieuses vérités.

Les graves erreurs qui furent commises résultèrent de la philosophie dominante. Au lieu de rattacher les tendances de l'humanité aux transformations antérieures, cette philosophie représentait la société comme étant, sans aucune impulsion propre, entièrement livrée à l'action arbitraire du législateur. Elle remontait au delà du moyen âge pour emprunter aux anciens un type rétrograde et contradictoire. Au milieu des circonstances les plus irritantes, elle appelait les passions à l'office réservé à la raison.

Un semblable contraste doit porter à admirer les grands résultats obtenus, tout en faisant réprouver d'inévitables égarements.

Aucun ordre de faits ne caractérise mieux cette opposition que ceux qui se rapportent au besoin d'unité nationale, dont le sentiment surmonta, chez les natures vraiment politiques, la tendance dissolvante de la métaphysique.

Cette réaction d'un heureux instinct pratique contre les indications d'une fausse théorie se manifesta dans la lutte suscitée par le puéril orgueil des malheureux girondins. Ils furent entraînés, par leur incapacité politique, à de coupables menées, qu'ils portèrent jusqu'à des coalitions armées avec le parti monarchique, dans le but de décomposer la France en républiques partielles, au temps où une redoutable agression extérieure exigeait la plus intense concentration. Quand, par une épuration indispensable, la révolution, dans sa marche, se fut délivrée de ces dangereux discoureurs, une mémorable unanimité d'efforts contint toute tendance au morcellement politique.

L'exaltation qui s'ensuivit, bien que nécessaire, ne pouvait durer. Elle aurait dû s'arrêter à l'époque, fort antérieure à la journée thermidorienne, où la France était suffisamment garantie contre l'invasion étrangère par la conquête de la Belgique et de la Savoie. L'irritation produite par d'aussi extrêmes nécessités, et surtout les inspirations absolues de la métaphysique dirigeante, ne permirent pas à la politique exceptionnelle d'abdiquer après avoir accompli son office provisoire. Telle fut l'origine des actes regrettables que rappelle trop exclusivement le souvenir de cette grande époque.

C'est ici le lieu de distinguer les écoles de Voltaire et de Rousseau, qui ont dirigé le mouvement philosophique en poursuivant, l'une l'émancipation des esprits, l'autre l'agitation sociale. La première concevait la métaphysique dirigeante comme négative et la dictature républicaine comme une mesure provisoire. Au contraire, aux yeux de la seconde, la doctrine critique formait la base d'une réorganisation directe. En même temps, l'une faisait preuve d'un instinct confus, mais réel, des conditions de la civilisation moderne, pendant que l'autre était préoccupée d'une vague imitation de la société antique.

Après que le danger commun eut cessé de contenir ces divergences, l'école de Voltaire montra son impuissance en formulant précipitamment une sorte de polythéisme métaphysique dominé par l'adoration de la grande entité scolastique. Il en résulta la catastrophe de Danton et de Camille Desmoulins, en un temps où tous les triomphes se résumaient par l'impitoyable extermination des adversaires, sous les inspirations d'une doctrine qui laissait prévaloir les passions les plus cruelles.

L'école de Rousseau, où le sincère fanatisme de quelques chefs dissimulait l'hypocrisie d'un plus grand nombre de déclamateurs, prouva bientôt à son tour, par un affreux délire, que, malgré ses mystérieuses promesses, elle était encore moins apte que sa rivale à réorganiser la société. Ce fut alors que la métaphysique révolutionnaire se montra hostile à la civilisation. Sensible même dans le domaine de la science et de l'art, cette hostilité se manifesta dans l'ordre industriel, qui fut menacé d'une ruine complète par la désastreuse tendance à détruire la subordination des classes laborieuses aux chefs de leurs travaux.

La réaction rétrograde, que l'on fait commencer à la journée thermidorienne, remonte à la tentative d'organisation du déisme légal. De singulières révélations attribuaient une sorte de mission céleste à Robespierre, le sanguinaire déclamateur érigé en souverain pontife de cette étrange restauration religieuse.

D'abord dirigé par les amis de Danton, le mouvement thermidorien fut le symptôme de la décadence d'une politique, qui, malgré une horrible exagération de procédés exceptionnels, n'avait produit qu'un mouvement rétrograde. Il est incontestable que de sanglantes représailles furent exercées, à la secrète instigation du parti monarchique, contre le parti révolutionnaire.

J'ai cru devoir insister sur l'époque la plus décisive de la révolution. D'une part, la Convention formula, d'une manière plus complète que ne l'avait fait l'Assemblée constituante, un programme politique, indiquant encore aujourd'hui le but à atteindre ; d'autre part, son impuissance à réorganiser la société fut démontrée par l'épreuve de son entier ascendant.

Après la chute d'un tel régime, la réaction se fit d'abord sentir par le retour de la métaphysique constitutionnelle, proposant de nouveau pour type la constitution anglaise.

En même temps, des tentatives énergiques, mais insensées, montrèrent la déplorable tendance du parti progressif à chercher la solution sociale dans un plus complet bouleversement des institutions. Par ces deux ordres d'erreurs, tous concouraient à maintenir la position abstraite du problème politique, sans tenir compte du milieu social correspondant. Tous concevaient la société comme étant indéfiniment modifiable, et s'accordaient à subordonner la régénération morale aux règlements législatifs.

Une telle fluctuation politique, menaçante pour l'ordre et stérile pour le progrès, devait aboutir, malgré les répugnances populaires, au triomphe passager de l'esprit rétrograde.

Cette dernière épreuve était indispensable pour faire

apprécier l'espèce d'ordre compatible avec l'existence des anciens pouvoirs. Le cours des événements préparait une domination militaire, à mesure que la guerre perdait son caractère défensif pour devenir offensive.

Tant que l'armée, attachée au sol de la patrie, n'avait pas cessé de participer aux émotions et aux inspirations nationales, l'énergie du terrible comité y avait maintenu la prépondérance de l'autorité civile sur la force militaire.

Dans ses expéditions lointaines, devenue de plus en plus étrangère aux affaires intérieures, l'armée s'identifia avec ses propres chefs, au milieu de populations inconnues. Son intervention parut indispensable pour comprimer l'agitation sociale, entretenue par l'esprit métaphysique.

Une dictature militaire était inévitable ; sa tendance rétrograde ou progressive devait, malgré l'influence d'une réaction passagère, dépendre de la disposition personnelle de celui qui en serait honoré, parmi tant d'illustres généraux que la défense révolutionnaire avait suscités.

Par une fatalité à jamais déplorable, cette suprématie, à laquelle le général Hoche semblait si heureusement destiné, échut à un homme presque étranger à la France, issu d'une civilisation arriérée, et pénétré d'admiration pour l'ancienne hiérarchie sociale. L'immense ambition dont il était dévoré ne se trouvait en harmonie, malgré son vaste charlatanisme, avec aucune éminente supériorité. Il faut en excepter celle qui se rapporte à un incontestable talent pour la guerre. Or ce talent dépend plus, de nos jours, de l'énergie morale que de la force intellectuelle.

Je ne prétends pas blâmer l'avènement de cette dictature inévitable ; mais je voudrais flétrir, avec toute l'énergie dont je suis capable, l'usage profondément pernicieux qu'en fit un chef investi d'une puissance matérielle et d'une confiance morale qu'aucun autre législateur moderne n'a réunies au même degré. L'état de l'esprit humain ne permettant pas à son immense autocratie de réorganiser la société, il aurait pu y appliquer les hautes intelligences et y disposer la masse des populations.

S'il avait eu un véritable génie politique, Bonaparte ne se serait pas abandonné à son aversion pour les idées républicaines ; il n'en aurait pas méconnu les tendances rénovatrices, qui n'eussent pas échappé, dans cette lumineuse situation, à Richelieu, à Cromwell ou à Frédéric. Toute sa nature intellectuelle et morale était incompatible avec la seule pensée de l'extinction du régime théologique et militaire, hors duquel il ne pouvait rien concevoir. Néanmoins il n'en comprenait ni l'esprit ni les conditions, comme le prouvèrent tant de graves contradictions dans la marche de sa politique rétrograde, surtout en ce qui concerne la restauration religieuse. Suivant la tendance du vulgaire des rois, il y voulut allier la considération à la servilité en s'efforçant de ranimer des pouvoirs qui ne peuvent jamais rester subalternes.

Le développement continu d'une immense activité guerrière était le fondement de cette désastreuse domination, qui, pour rétablir un régime antipathique au milieu social correspondant, exploita les vices généraux de l'humanité, les imperfections de notre caractère national, et principalement notre vanité exagérée.

Sans un état de guerre très actif, le ridicule aurait suffi pour faire justice de l'étrange restauration nobiliaire et sacerdotale qui fut tentée par Bonaparte, tant elle était contraire à l'état des mœurs et des opinions. La France n'aurait pas été réduite à cette longue et honteuse oppression, pendant laquelle la moindre réclamation généreuse était aussitôt étouffée comme un dessein de trahison nationale concerté avec l'étranger.

L'armée, qui, pendant la crise républicaine, avait été animée d'un si noble esprit patriotique, n'aurait pas tyrannisé les citoyens, réduits à se consoler du despotisme et de la misère par la puérile satisfaction de voir l'empire français s'étendre de Hambourg à Rome.

En élevant le peuple sans le corrompre, la Convention avait achevé de décomposer l'ancienne hiérarchie sociale. Bonaparte faussa le sentiment de l'égalité en associant la partie la plus active du pays à un désastreux système de rétrogradation politique, et en lui abandonnant, pour prix de ses services, le pillage et l'oppression de l'Europe.

Je m'arrête à cette malheureuse époque pour noter les graves enseignements qu'elle nous a si chèrement procurés.

Les convictions révolutionnaires furent remplacées par une déplorable versatilité politique, sans laquelle Bonaparte aurait manqué d'instruments et d'appuis pour restaurer un régime que l'antipathie générale avait si récemment abattu.

La honteuse apostasie de tant d'indignes républicains et l'entraînement insensé des masses marquèrent la fragilité inhérente à toutes les convictions métaphysiques.

La guerre était la base du système de rétrogradation, qui n'aurait pu obtenir autrement une telle consistance temporaire. Avant de s'effacer, l'esprit militaire fut conduit à rendre hommage à la nature pacifique de la sociabilité moderne en s'efforçant de représenter la guerre comme un moyen de civilisation. C'était rajeunir la politique romaine, qui, réalisée quinze siècles auparavant, ne pouvait pas être renouvelée.

Une telle illusion politique était excusable à l'issue de la défense révolutionnaire, qui excitait à propager les principes français. Pendant les guerres impériales, la prétention d'accélérer le progrès par le pillage et l'oppression de l'Europe ne pouvait exercer une séduction sérieuse.

Ce système de guerres fit surgir, comme l'eût fait une invasion de barbares, un principe d'indépendance et de liberté plus ou moins identique à celui de notre révolution. C'est ainsi que la tyrannie impériale a concouru, contre les desseins de son chef, à régénérer l'Europe.

Tandis que Paris opprimé était réduit à chercher un aliment à son activité dans les misérables querelles des comédiens et des versificateurs, Cadix, Berlin et Vienne retentissaient de chants énergiques et de patriotiques acclamations, excitant à des soulèvements contre une domination intolérable. Sauf cette inévitable réaction, la politique impériale, loin d'avoir propagé l'influence française, lui fut au contraire nuisible en stimulant les peuples à s'unir aux rois pour repousser l'oppression étrangère, et en détruisant la sympathie et l'admiration que notre initiative révolutionnaire et notre défense nationale avaient partout inspirées.

Après une sanglante prépondérance aussi désastreuse pour la France que pour l'Europe, ce régime, fondé sur la guerre, tomba par la guerre elle-même, quand la résistance fut devenue partout populaire.

La chute du tyran fut accueillie avec joie par la France, qui, outre sa misère et son oppression intérieures, était lasse d'être condamnée à toujours craindre ou la honte de ses armes, ou la défaite de ses plus chers principes.

Cette grande catastrophe ne doit laisser à la nation française qu'un seul regret, celui d'y avoir pris une part trop passive et trop tardive, au lieu d'avoir prévenu un dénouement funeste par une insurrection populaire.

Les habitudes politiques contractées sous l'influence de Bonaparte facilitèrent le retour provisoire des héritiers de l'ancienne royauté française, qui furent accueillis sans confiance, mais sans crainte, chez une nation dont le seul vœu était de voir cesser à tout prix la guerre et la tyrannie.

On pensait que cette famille comprendrait, comme tout le monde le sentait en France, que le système de conquêtes et le régime de rétrogradation étaient également détestés. Croyant voir, au contraire, un symptôme d'adhésion à leur utopie monarchique dans un retour qu'ils ne devaient qu'à Bonaparte, et où le peuple était resté passif, les Bourbons reprirent la politique rétrograde du pouvoir déchu.

Pour préserver le pays des tracasseries résultant de cette restauration, il eût suffi de laisser agir une ancienne rivalité domestique, si le désastreux retour de l'île d'Elbe n'était venu mettre de nouveau l'Europe en garde contre la France, et retarder de quinze ans, au prix d'immenses sacrifices, une substitution de personnes devenue inévitable.

Sans regarder le problème de sa réorganisation comme résolu et sans renoncer à le résoudre, la France, désabusée des espérances qu'elle avait attachées au triomphe de la politique métaphysique, ne s'occupa plus que de son développement industriel. Elle ne prit qu'un intérêt secondaire aux discussions constitutionnelles qui aboutirent à une troisième tentative d'imitation du régime anglais. Cette nouvelle épreuve, plus prolongée, plus paisible, et par suite plus décisive que les précédentes, fit bientôt ressortir le caractère d'une telle utopie.

Depuis que le régime politique a renoncé à toute prétention sur la réorganisation spirituelle, la puissance morale a été livrée à quiconque a voulu s'en saisir. Il en est résulté la domination du journalisme, qui appartient aujourd'hui à des littérateurs incapables de traiter d'une manière rationnelle une question quelconque, et disposés, même avec les plus loyales intentions, à transformer les discussions sociales en un stérile appel aux passions.

Sous le déplorable ascendant de sectes éphémères, ce pouvoir a été employé à propager des conceptions anarchiques. Quoi qu'il en soit, l'imperfection de ce nouveau pouvoir n'en doit pas faire méconnaître l'importance.

C'est ainsi que les perturbations sociales d'un demi-siècle ont conduit tous les partis à reconnaître la priorité que doit obtenir la régénération intellectuelle et morale.

QUINZIÈME LEÇON

ENSEMBLE DE LA MÉTHODE POSITIVE

Les conséquences de l'étude du passé présentent comme indispensable la réorganisation intellectuelle et morale des peuples les plus avancés. Les esprits qui ne seraient pas assez touchés de cette nécessité, au point de vue social, pourraient apprécier, sous le simple aspect spéculatif, la réalité de ce besoin des temps actuels, où la spécialité des travaux scientifiques menace d'altérer les résultats des efforts antérieurs.

Les conceptions abstraites les mieux établies ne peuvent subsister que par une suffisante solidarité, sans laquelle on verrait se reproduire, chez les modernes, l'équivalent de la dégradation mentale que les divagations théologiques et métaphysiques déterminèrent parmi les populations grecques de l'antiquité et du moyen âge. Ceux qui n'attribuent à l'évolution des différentes sciences d'autre résultat que la dissolution de l'ancien régime intellectuel, sans y chercher les bases d'une discipline plus parfaite et plus durable, tendent à détruire les conquêtes partielles, auxquelles ils attachent une importance exclusive.

La spécialisation empirique, depuis que le développement de l'esprit positif lui a fait perdre son office temporaire, oppose de puissants obstacles au progrès scientifique.

Tel est le motif de l'état flottant de la plupart des conceptions biologiques. Cette influence est rendue sensible dans les études organiques par leur complication, et par le besoin qu'elles ont d'une unité directrice. La persistance de l'anarchie scientifique produirait les mêmes ravages dans les études inorganiques, y compris les études mathématiques. Ainsi, abstraction faite des exigences sociales, le simple intérêt des sciences exige que les différentes parties de la philosophie soient réunies en un seul corps de doctrine. Cette coordination est une conséquence du plan de cet ouvrage, où le développement de la positivité a été assujetti, suivant la hiérarchie des phénomènes, à une succession d'états de plus en plus complets, dont chacun embrasse tous les précédents.

L'unité philosophique exige la prépondérance de l'un des éléments sur tous les autres. Il s'agit de déterminer l'élément qui doit prévaloir, non plus pour l'essor du génie positif, mais pour son développement. La constitution de notre hiérarchie scientifique démontre qu'une telle prééminence ne peut appartenir qu'au premier ou au dernier des six éléments philosophiques qui la composent.

La philosophie mathématique, à laquelle nous pouvons rattacher la philosophie astronomique, qui n'en est qu'une manifestation, présente des titres à la suprématie, en raison de l'extension des lois géométriques et mécaniques à tous les ordres de phénomènes. Sous un autre aspect, la philosophie sociologique, dont nous pouvons cesser d'isoler la philosophie biologique, qui lui sert de base, semble devoir obtenir la souveraineté intellectuelle, parce que toutes les conceptions peuvent être envisagées comme autant de résultats de l'évolution humaine. Quant au couple intermédiaire, formé par la philosophie physique et chimique, il ne peut que seconder l'une ou l'autre de ces deux impulsions rivales, dont il subit l'action simultanée.

La question se réduit à reconnaître la prépondérance de l'esprit mathématique, ou de l'esprit sociologique. La théorie de l'évolution prouve que, si l'esprit mathématique a dû prévaloir pendant l'éducation préliminaire qu'exigeait l'essor de la positivité, l'esprit sociologique peut seul diriger les spéculations réelles. Cette distinction explique l'antagonisme qui s'est développé, depuis trois siècles, entre le génie scientifique et le génie philosophique.

Pendant que la science poursuivait, sous l'impulsion mathématique, une vaine systématisation, la philosophie élevait d'impuissantes réclamations contre l'abandon du point de vue humain. Tant que l'évolution de l'humanité n'était pas ramenée à des lois, l'esprit moderne ne pouvait accueillir les protestations relatives au besoin de généralité, parce qu'elles se rattachaient à un régime caduc, d'où il fallait d'abord sortir. L'extension du caractère positif à tous les ordres de phénomènes permet aux conceptions sociologiques de reprendre l'ascendant qui leur appartient, et qu'elles avaient perdu, depuis la dernière période du moyen âge.

Dans chacune des parties de cet ouvrage, la science mathématique a été recommandée comme la source de toute positivité ; mais cette science a été reconnue impuissante à diriger la formation d'une philosophie générale. Cependant toutes les tentatives entreprises, depuis trois siècles, pour constituer une philosophie nouvelle ont été conçues d'après les principes mathématiques. La construction cartésienne en a fourni le type. Cette conception, qui érigeait la géométrie et la mécanique en fondements de toutes les sciences, a présidé, pendant un siècle, malgré ses inconvénients, à l'essor de la positivité dans les diverses branches de la philosophie inorganique. Étendue aux conceptions biologiques, elle y a exercé une influence perturbatrice, bien qu'elle fût d'abord nécessaire pour neutraliser l'esprit métaphysique. Quels qu'aient été, depuis ce mouvement initial, les progrès des théories mathématiques, ils ne pouvaient améliorer la nature d'un tel principe.

Les tentatives ultérieures ont été encore plus infructueuses. Elles ont été abandonnées à des esprits inférieurs, qui ont transporté, dans l'ordre des phénomènes physiques et chimiques, le point de départ de leurs conceptions universelles. Ces essais chimériques correspondent tellement au besoin d'unité des intelligences modernes que des philosophes ont été entraînés, même de nos jours, à quitter le point de vue moral et social, pour suivre de pareils projets, à l'exemple des géomètres et des physiciens. Il devient indispensable, pour sortir de cette situation, d'examiner le mode suivant lequel doit s'opérer la liaison des spéculations positives. La forme la plus rapide et la plus décisive de cette discussion consiste à comparer les deux marches opposées, l'une mathématique, l'autre sociologique.

Les titres de l'esprit mathématique se rapportent surtout à la méthode. Si la logique scientifique s'y est d'abord manifestée, elle n'a développé ensuite ses caractères qu'en s'étendant à des études plus complexes. Les sociologues sont les seuls qui aient une connaissance complète de la méthode positive ; les géomètres, d'après l'indépendance de leurs travaux, en ont la notion la plus imparfaite, parce qu'ils ne la conçoivent qu'à l'état rudimentaire, tandis que les premiers en ont suivi l'évolution totale.

Les défauts des spéculations mathématiques ne tiennent pas seulement à ce qu'elles datent d'une époque où l'antique philosophie conservait une suprématie dont la science ne pouvait s'affranchir. Ils résultent de l'isolement de ces conceptions, sur lesquelles les parties supérieures de la philosophie n'ont pu encore exercer une réaction salutaire.

Aucun attribut ne caractérise mieux l'esprit positif que la substitution du point de vue relatif au point de vue absolu. Ce caractère est peu marqué dans les notions mathématiques : l'extrême facilité des déductions y fait illusion sur la portée des connaissances humaines. Appliquées aux phénomènes naturels, ces notions substituent l'argumentation à l'observation. Les spéculations sociologiques, où le point de vue historique a la prépondérance, offrent la plus complète manifestation de cet attribut de la positivité.

Le sentiment de l'invariabilité des lois naturelles est peu développé par les études mathématiques, parce que l'extrême simplicité des phénomènes géométriques et mécaniques permet difficilement de généraliser cette notion philosophique. De tout temps, sans en excepter notre siècle, d'éminents géomètres ont été assez inconséquents pour supposer dépourvus de lois les phénomènes un peu compliqués, surtout quand l'action humaine y intervient. Les autres sciences présentent une manifestation plus décisive de l'invariabilité des lois naturelles. La science sociologique seule développe pleinement ce principe en l'étendant aux événements les plus complexes, ainsi soustraits à la suprématie de l'esprit théologique et métaphysique, auquel la transaction cartésienne avait conservé cette dernière attribution.

Tous les procédés qui composent la méthode positive se retrouvent, grâce à son unité, dans chacune des six sciences fondamentales. Le privilège que possèdent, à cet égard, les mathématiques tient à la simplicité de leur sujet, qui, offrant des ressources pour multiplier et prolonger les déductions, présente des exemples de tous les artifices que l'intelligence peut employer. En vertu même de cette simplification, les plus puissants de ces moyens logiques ne sont pas suffisamment définis. Ils ne deviennent appréciables que dans les parties supérieures de la philosophie. On les retrouve ensuite appliqués implicitement dans certaines spéculations mathématiques, où il eût été d'abord impossible de les distinguer. Il en est ainsi de la méthode comparative, propre à la biologie, et de la méthode historique, qui caractérise la sociologie.

La prééminence de l'esprit sociologique sur l'esprit mathématique paraît encore plus évidente, si, au lieu d'envisager la méthode, on considère la doctrine. Bien que le point de vue géométrique et mécanique soit universel, les indications qui en résultent ne dispensent jamais de l'étude directe du sujet. Ces indications deviennent de plus en plus imparfaites à mesure qu'il s'agit de phénomènes plus compliqués. C'est surtout manifeste dans les phénomènes sociaux, qui ont été exclus de la tentative faite par Descartes pour constituer une philosophie sous la seule impulsion mathématique.

Les plus simples phénomènes de la vie animale n'ont pu être expliqués que par l'insoutenable hypothèse de l'automatisme. Aussi l'esprit mathématique a-t-il réduit ses prétentions à la philosophie inorganique, et encore l'incorporation du domaine chimique a-t-elle été renvoyée à un lointain avenir. On est loin de l'universalité qu'on poursuivait d'abord. Bornée au monde inorganique, la suprématie de l'esprit mathématique n'y subsistera que jusqu'au temps, très prochain sans doute, où les physiciens seront préparés, par une éducation convenable, à diriger eux-mêmes l'usage d'un instrument logique qu'ils peuvent seuls appliquer sagement à chaque destination spéciale.

Les lois les plus générales de la nature inerte étant inconnues à l'homme, qui ignore les faits cosmiques, l'esprit mathématique ne domine les faits physiques qu'à l'aide de vaines hypothèses sur le mode essentiel de production des phénomènes. Les efforts scientifiques prennent ainsi une direction opposée aux prescriptions de la méthode positive en abordant des problèmes insolubles, et en reproduisant, sous un imposant appareil, le caractère vague et arbitraire de l'ancienne philosophie. Cette altération de la positivité est maintenue dans la physique par la prépondérance des géomètres.

Les physiciens seraient assez disposés à sentir l'inanité et les inconvénients des fluides fantastiques, pour tenter de débarrasser leurs théories de cet échafaudage métaphysique, s'ils pouvaient se soustraire à l'ascendant de l'algèbre, qui ne saurait se passer d'une telle base. La philosophie mathématique se trouvera bientôt réduite à ne présider, hors de sa propre sphère, qu'aux études astronomiques, dont la direction paraît lui appartenir, vu la nature, géométrique ou mécanique de tous les problèmes correspondants. Même dans ce dernier cas, la prépondérance des géomètres, en astronomie, présente un caractère forcé et précaire. L'état normal, en astronomie comme en physique, consiste dans l'administration de cet instrument intellectuel par ceux qui en comprennent la destination, et non par ceux qui en connaissent seulement la structure.

Depuis le développement de la mécanique céleste, les astronomes tels que les Bradley, les Mayer, les Lacaille, les Herschell, les Delambre, les Olbers, etc., ont souffert de la présomption des géomètres. Ceux-ci, par un sentiment exagéré de la portée des prévisions dynamiques à l'égard de phénomènes qu'ils ont trop peu étudiés, croient pouvoir réduire le rôle des observateurs à la détermination de quelques coefficients ; ce qui a plus d'une fois entravé les découvertes. Tout porte à croire que l'ascendant de l'esprit mathématique décroîtra, et se renfermera dans les limites de son sujet, abstrait et concret, tel que cet ouvrage l'a circonscrit.

Ces considérations font ressortir la prééminence de l'esprit sociologique, sans qu'il soit nécessaire de faire contraster son aptitude à diriger les méditations générales avec l'impuissance de l'esprit mathématique à remplir le même rôle.

Les différentes spéculations ne comportent d'autre point de vue universel que le point de vue humain, ou plus exactement social. Pour concevoir les droits de l'esprit sociologique à la suprématie, il suffit d'envisager toutes les conceptions comme autant de résultats du développement de l'intelligence. Depuis que les philosophes méditent sur les phénomènes intellectuels, ils ont dû sentir, malgré les illusions de l'état métaphysique, la réalité des lois qui les régissent. L'existence de ces lois, conformément à la lumineuse réflexion de Tracy, est toujours supposée dans chaque étude, où aucune conclusion ne serait possible si la formation et la variation des idées n'étaient assujetties à un ordre indépendant des volontés individuelles.

Mon élaboration historique ne permet plus de méconnaître l'exactitude de ma théorie sur la marche simultanée de l'esprit humain et de la société. La philosophie sociologique se trouve ainsi munie d'un premier principe propre à diriger son intervention dans toutes les parties du domaine spéculatif. La réalité et la fécondité de cette philosophie sont vérifiées par l'existence même de cet ouvrage, où les différentes sciences sont assujetties à un point de vue commun.

La constitution de la classe contemplative représente, à chaque époque, la situation de l'esprit humain. Les corporations spéculatives, développées depuis les trois derniers siècles, ont transmis aux géomètres une prépondérance qui, jusqu'à la fin du moyen âge, était restée inhérente aux études morales et sociales. Le terme de cette anomalie est arrivé. Rien ne s'oppose plus à ce que le point de vue humain reprenne son ascendant dans l'ensemble des spéculations. La nouvelle philosophie devra lutter contre les passions et les intérêts d'une classe peu nombreuse, mais très puissante, surtout en France. Tel est le motif pour lequel les compagnies savantes, dominées par les géomètres constituent un obstacle à l'évolution philosophique. Le joug des géomètres, intolérable aux biologistes, nuit à toutes les classes de savants en paraissant justifier la prétention des études inférieures à diriger les études supérieures, et en faisant prévaloir le point de vue le plus simple et le plus incomplet sur le plus complexe et le plus étendu.

Le droit de prééminence spéculative est tellement inhérent à la nature des études sociales qu'il ne semble pas pouvoir être contesté. Au point où j'ai conduit l'avènement d'une nouvelle philosophie, cette question restait seule à décider. La principale difficulté consistait à concilier les deux besoins de positivité et de généralité qui, également impérieux, semblaient incompatibles.

Entre le mode mathématique, propre aux deux derniers siècles, et l'ancien mode théologique et métaphysique, j'ai réalisé, par la création de la sociologie, un nouveau mode philosophique, satisfaisant aux conditions que chacun des modes précédents avait en vue sans les remplir suffisamment. La première de mes conclusions devait faire constater, après une discussion comparative, que cette réalisation, vainement cherchée jusqu'ici, est effectuée.

Dans cette discussion, je me suis assujetti à déduire mes preuves de l'examen des sciences abstraites. J'aurais pu y ajouter des motifs relatifs à la science concrète et à la contemplation esthétique, que le mode sociologique favorise, tandis que la prolongation du mode mathématique leur serait contraire.

Sous le premier aspect, il ne faut pas oublier que, si la science abstraite a été le sujet exclusif des grands travaux spéculatifs, elle doit devenir le fondement de la science concrète. L'esprit mathématique porte l'abstraction au plus haut degré, et fait prévaloir le régime le plus analytique ; il est incompatible avec la réalité qui distingue les études consacrées à l'existence des divers êtres. La sociologie, tout en gardant le caractère abstrait, développe les dispositions les plus convenables à la culture de l'histoire naturelle proprement dite. Les intérêts des études concrètes exigent que la présidence de la philosophie appartienne à la science où les inconvénients de l'abstraction sont atténués par la réalité plus complète des conceptions.

La sociologie ménage une transition entre la science et l'art. Tout autre mode serait impropre à subordonner le sentiment du beau à la connaissance du vrai. La contemplation esthétique n'est compatible qu'avec le genre d'esprit scientifique le mieux disposé à l'unité, comme étant le plus empreint d'humanité.

La tendance opposée à l'art, qu'on reproche à la science, tient à la suprématie que l'esprit mathématique y exerce depuis trois siècles. En ce sens, les plaintes ordinaires sont loin d'être dépourvues de fondement. Rien n'est plus contraire à toute appréciation esthétique que les habitudes des géomètres, toujours disposés à argumenter, quand il faudrait sentir.

La nouvelle philosophie se montrera plus favorable aux beaux-arts que la philosophie théologique, même à l'état polythéiste. L'esprit positif, qui, sous la présidence mathématique, était resté étranger aux considérations esthétiques, est forcé de se les incorporer, dès que, parvenu au degré sociologique, il entreprend de découvrir les lois de l'évolution humaine, dont l'évolution esthétique constitue l'un des éléments. Une pareille étude fait apprécier la relation qui subordonne le sentiment de la perfection idéale à la notion de l'existence réelle. En écartant tout intermédiaire surnaturel, la sociologie établira, entre le point de vue esthétique et le point de vue scientifique, une harmonie utile à leur perfectionnement mutuel, et indispensable à leur destination sociale.

Le seul ordre d'idées qui paraisse devoir souffrir de l'avènement de l'esprit sociologique à la présidence de la philosophie, c'est celui des applications industrielles. Ces applications, qui dépendent de la connaissance du monde inorganique, semblent exposées à une sorte d'abandon, dès que cette étude n'occupe plus le premier rang. Il y aurait peu d'inconvénients à ralentir un genre de combinaisons qui a pris une exorbitante prépondérance, menaçant d'absorber les modes plus nobles de l'activité humaine. On ne saurait craindre que cette diminution ne fût cause d'une négligence dangereuse. S'il en était ainsi, la nouvelle philosophie, toujours placée au point de vue d'ensemble, rectifierait cette fâcheuse influence. Le perfectionnement industriel dépend plus du judicieux emploi des moyens déjà acquis que de l'accumulation de moyens nouveaux. La doctrine destinée à systématiser l'action de l'homme sur la nature doit être établie sous l'inspiration de la philosophie sociologique, seule apte à instituer la combinaison très complexe des divers aspects scientifiques.

Ainsi l'examen des trois ordres de travaux, d'abord concrets, ensuite esthétiques, et enfin techniques, que la philosophie doit savoir diriger, confirme la nécessité démontrée par des motifs abstraits, d'accorder la prééminence à l'esprit sociologique dans toutes les spéculations positives. Chacun des nouveaux philosophes devra s'assujettir, comme je l'ai fait moi-même, à une lente et pénible préparation, fondée sur l'étude des diverses branches de la philosophie. Sans une telle initiation, nul ne doit prétendre à un ascendant philosophique supposant une exacte connexité entre le mouvement général et les divers progrès spéciaux. L'illusoire prépondérance des géomètres est d'une conquête plus facile, puisqu'elle ne demande pas une préparation étrangère à leurs propres études, que leur simplicité rend accessibles à tant de médiocres intelligences, au prix de quelques années d'application régulière.

L'avènement d'une véritable unité dans tout le système de la philosophie positive dissipera l'antagonisme qui, depuis vingt siècles, s'oppose à l'état normal de la raison humaine. Les conceptions relatives à l'homme et celles qui se rapportent au monde extérieur ont toujours semblé inconciliables. La nouvelle philosophie les combine en assignant aux unes et aux autres l'influence qui convient à leur nature, sans en altérer l'harmonie.

La suprématie d'abord obtenue par l'étude de l'homme, seule applicable à l'explication primitive du monde extérieur, a déterminé le caractère théologique de la philosophie initiale. Les notions positives, qui ont ensuite altéré ce premier système, sont résultées des plus simples études inorganiques, et surtout de l'astronomie. Ces notions ont présidé à la transformation du fétichisme en polythéisme préparée par l'astrolâtrie.

Dans le passage du polythéisme au monothéisme, l'évolution philosophique a exigé, pour la première fois, un véritable débat. Alors la science inorganique s'est élevée contre la théologie. Ainsi a surgi, entre la philosophie naturelle et la philosophie morale, le conflit qui, depuis Aristote et Platon, a dominé l'ensemble de l'évolution humaine, et dont l'élite de l'humanité subit la dernière influence.

Au moyen âge, ce long antagonisme reçut de la transaction scolastique, une modification profonde, qui fut suivie de la décadence de la philosophie initiale. Cette philosophie, dont l'efficacité, au point de vue social, venait d'être épuisée par la constitution du catholicisme, fut obligée, par les exigences du progrès intellectuel, à sanctionner, en se les incorporant, les prétentions de la métaphysique, qui ne put jamais éliminer entièrement les conceptions religieuses, seule base de son autorité.

Quand l'essor des connaissances réelles, surtout en astronomie, eut enfin déterminé une collision, le compromis cartésien marqua un état plus provisoire encore que le précédent, en proclamant la suprématie de la méthode positive dans toute la philosophie, sous la réserve d'une vaine présidence de la méthode théologique et métaphysique dans les études morales et sociales. Descartes brisa ainsi la fragile unité métaphysique, instituée au XIIIe siècle.

D'impuissantes tentatives ont été faites, pendant les deux derniers siècles, pour constituer la philosophie positive sous l'impulsion mathématique. L'extension de l'esprit positif aux spéculations morales et sociales dénoue une difficulté, de toute autre manière inextricable, en assurant une large satisfaction aux conditions, dès lors solidaires, de l'ordre et du progrès. Ainsi se trouvent conciliées, en ce qu'elles renfermaient de légitime, les prétentions soulevées, de part et d'autre, pendant les luttes philosophiques de la transition moderne.

La positivité, que l'impulsion mathématique avait en vue d'introduire dans toutes les spéculations, y est établie. La généralité, dont la résistance théologique et métaphysique stipulait avec raison, mais sans force, les indispensables garanties, y devient plus complète qu'elle n'a jamais pu l'être. Par là disparaît le déplorable antagonisme qui, depuis l'évolution grecque, semblait exister entre le progrès intellectuel et le progrès moral. A partir de la transaction scolastique, cet antagonisme a fait de plus en plus négliger les besoins moraux. Dans l'éducation de l'individu, reflet nécessaire de celle de l'espèce, on ne s'est proposé que le développement intellectuel, sans s'inquiéter du développement moral.

Entre la souveraineté spontanée de la force et la prétendue suprématie de l'intelligence, la philosophie positive réalise la prépondérance de la morale, que le catholicisme avait noblement proclamée au moyen âge, sans avoir pu la constituer, parce que la morale était alors subordonnée à une philosophie implicitement caduque.

Les propriétés morales, inhérentes à la grande conception de Dieu, ne peuvent être convenablement remplacées par celles que comporte la vague entité, la Nature. Elles sont inférieures à celles qui caractérisent la notion de l'Humanité, présidant enfin, après ce double effort préparatoire, à la satisfaction de tous les besoins essentiels, intellectuels et sociaux, dans la pleine maturité de l'organisme collectif. La prépondérance de la morale est aussi indispensable à l'évolution intellectuelle qu'à sa destination sociale. L'indifférence pour les conditions morales altérerait la sincérité et la dignité des efforts spéculatifs, qui tendraient à se transformer en instruments d'ambition personnelle.

Il importe de dissiper les dernières illusions métaphysiques en faisant ressortir la nature du point de vue humain, nécessairement social. Sous l'aspect statique aussi bien que sous l'aspect dynamique, l'homme n'est qu'une abstraction. Il n'y a de réel que l'humanité, dans l'ordre intellectuel et moral. La philosophie théologique a seule satisfait à cette condition générale. C'est à cet égard que, malgré sa caducité, elle n'a pu être remplacée. La métaphysique n'a jamais osé s'élever au-dessus du point de vue individuel. Elle s'est efforcée, depuis la transaction cartésienne, d'en consacrer la prépondérance, en rappelant toujours des pensées d'isolement et de concentration personnelle, qui, malgré de vaines prétentions morales, développent le plus souvent des sentiments d'égoïsme.

Quand l'insuffisance philosophique de l'esprit mathématique est devenue irrécusable, l'esprit biologique s'est efforcé à son tour de former la base de la coordination positive, comme le témoignent les exemples de Cabanis et de Gall. Ce nouvel effort a réalisé un progrès en transportant le centre de la généralisation plus près de son siège réel. Un tel progrès, sauf son utilité à titre d'intermédiaire, ne peut conduire qu'à une utopie fondée sur une exagération des rapports de la biologie et de la sociologie. La science de l'individu est impuissante à construire une philosophie, parce qu'elle reste étrangère à une véritable universalité. C'est l'ascendant de la sociologie qui consolidera la biologie, ainsi que toutes les autres sciences.

La prépondérance de la biologie ne constitue qu'une dernière préparation, comme auparavant celle de la chimie, de la physique et de l'astronomie. Tant qu'il ne s'est pas élevé au degré sociologique, l'esprit positif n'est pas parvenu à des vues d'ensemble, propres à lui conférer le droit et le pouvoir de constituer une philosophie. Cette condition remplie, rien ne peut empêcher l'accomplissement d'une rénovation préparée depuis longtemps.

Les espérances de Bacon et de Descartes se trouvent réalisées, malgré l'incompatibilité qui semblait exister entre les tendances de ces deux philosophes. Descartes s'était interdit les études sociales, pour concentrer ses efforts sur les spéculations inorganiques, par lesquelles il sentait que devait débuter la méthode destinée à régénérer la raison humaine. Bacon avait en vue la rénovation des théories sociales, à laquelle il voulait rapporter le perfectionnement des sciences naturelles. Ces deux élaborations complémentaires accordaient, l'une aux besoins intellectuels, l'autre aux besoins sociaux, une prépondérance exclusive, qui les rendait provisoires, bien que diversement efficaces.

Pendant que la conception de Descartes faisait progresser la science inorganique, la pensée de Hobbes, principal représentant de l'école de Bacon, après avoir ébauché la science sociale, dirigeait le mouvement politique nécessaire pour faire apprécier cette double évolution. Ainsi s'est réalisé l'accord de ces deux ordres de travaux, dont l'un posait le problème, et l'autre traçait la seule voie qui pût conduire à le résoudre. Mon œuvre résulte de la combinaison de ces deux évolutions préparatoires.

L'ensemble de cet ouvrage dispense de montrer l'inanité des inquiétudes que pourrait inspirer la prépondérance de l'esprit sociologique, au sujet des diverses branches de la science des corps bruts, et surtout des théories mathématiques. Ces craintes seraient vaines à l'égard d'un principe qui ne peut établir son ascendant sans s'appuyer sur tous les autres modes de l'esprit positif.

La théorie sociologique montre que l'éducation de l'individu doit reproduire celle de l'espèce, au moins dans chacune de ses principales phases. Les spéculations mathématiques conserveront toujours pour l'individu le privilège, qu'elles ont exercé pour l'espèce, de fournir la base de la positivité. On ne devra pas oublier que le plus simple degré de l'élaboration positive ne peut dispenser d'en poursuivre les modifications dans les différents ordres de phénomènes.

Après cette discussion, qui caractérise l'esprit de la philosophie positive, nous allons considérer d'abord la nature et la destination, ensuite l'institution et le développement de la méthode positive.

La nouvelle philosophie se distingue de l'ancienne par sa tendance à écarter comme vaine toute recherche des causes premières et des causes finales. Elle se borne à étudier les rapports qui constituent les lois de tous les événements observables, ainsi susceptibles d'être prévus les uns d'après les autres. Tant que les phénomènes restent attribués à des volontés surnaturelles, les spéculations relatives à l'origine et à la destination des divers êtres doivent seules paraître dignes d'occuper les intelligences les plus actives. Sous la décadence de l'esprit religieux, à mesure que l'activité mentale trouve un meilleur aliment, ces questions sont graduellement abandonnées et jugées vides de sens.

La connaissance de la nature des recherches positives nous a conduits à déterminer le rôle de l'observation et celui du raisonnement, de manière à éviter les deux écueils de l'empirisme et du mysticisme. D'une part, nous avons appliqué la maxime de Bacon sur la nécessité de prendre les faits observés pour base de toute spéculation. D'autre part, nous avons écarté les systèmes qui tendent à réduire la science à une accumulation de faits incohérents. La science se compose de lois et non de faits, bien que ceux-ci soient indispensables à l'établissement et à la sanction des lois. L'esprit positif, sans méconnaître la prépondérance de la réalité constatée, agrandit toujours le domaine rationnel aux dépens du domaine expérimental en substituant la prévision des phénomènes à leur exploration.

Le progrès scientifique consiste à diminuer le nombre des lois distinctes et indépendantes en étendant sans cesse les liaisons. Malgré la tendance qu'ont les géomètres à chercher, d'après de vaines hypothèses, une chimérique unité, le nombre des lois irréductibles est plus considérable que ne l'indiquent ces illusions, fondées sur une fausse appréciation de l'intelligence et des difficultés scientifiques. Une telle unité d'explication sera toujours impossible à réaliser dans l'intérieur de chaque science. La branche la plus simple de la philosophie constitue une exception, d'ailleurs incomplète, puisque la théorie de la gravitation n'établit aucun rapport entre la plupart des données relatives aux divers astres de notre monde.

Le régime théologique et métaphysique, plaçant l'esprit à la prétendue source des explications universelles, a imprimé aux habitudes spéculatives un caractère d'élévation chimérique, qui les écarte des modestes allures de la sagesse vulgaire. Tandis que la raison commune se bornait à saisir, dans l'observation des événements, quelques relations propres à diriger les prévisions pratiques, l'ambition philosophique, dédaignant de tels succès, attendait d'une lumière surnaturelle la solution des plus impénétrables mystères.

La saine philosophie, substituant la recherche des lois à celles des causes essentielles, combine ses spéculations avec les notions populaires. Elle constitue, sauf l'inégalité du degré, une identité mentale qui ne permet plus à la classe spéculative de s'isoler de la masse des travailleurs. Chacun doit concevoir qu'il s'agit de questions semblables, relatives aux mêmes sujets, élaborées par des procédés analogues, et accessibles aux intelligences convenablement préparées, sans exiger aucune mystérieuse initiation. Le véritable esprit philosophique consiste à étendre le bon sens à tous les sujets accessibles à la raison. Dans tout genre, ce sont les inspirations de la sagesse pratique qui ont transformé les habitudes spéculatives, en rappelant les contemplations humaines à leur véritable destination et aux conditions de la réalité.

La méthode positive est, comme la méthode théologique ou métaphysique, l'œuvre continue de l'humanité ; elle n'est due à aucun inventeur spécial : ses principaux caractères ont été appréciables dès que les recherches usuelles ont été dirigées vers un but déterminé. Prenant pour type cette sagesse spontanée, recommandée par des succès journaliers, elle s'est bornée à la généraliser, en l'étendant aux diverses spéculations abstraites, qu'elle a successivement régénérées, soit quant à la nature des problèmes, soit quant au mode de solution.

La supériorité de l'esprit philosophique sur le simple bon sens résulte d'une application spéciale et continue aux études communes. Ces études sont ramenées à un état abstrait, sans lequel ne pourraient s'accomplir la généralisation et la coordination qui constituent la valeur des théories scientifiques. Ce qui manque aux esprits ordinaires, c'est moins la justesse et la pénétration, propres à dévoiler d'heureux rapprochements partiels, que l'aptitude à généraliser des rapports abstraits et à établir, entre les différentes idées, une parfaite cohérence logique. Malgré sa spontanéité primitive, la philosophie théologique a dû être attribuée aux lumières surnaturelles de quelques organes priviligiés, sans aucun concours de la raison publique. L'adjonction de la masse pensante à la classe spéculative constitue l'un des caractères de la nouvelle philosophie. On voit à quelle incorporation sociale est réservé un système spéculatif conçu comme un simple accroissement de la sagesse vulgaire.

La philosophie positive assujettit tous les phénomènes, inorganiques ou organiques, physiques ou moraux, individuels ou sociaux, à des lois invariables, sans lesquelles, toute prévision étant impossible, la science resterait bornée à une stérile érudition. En aucun temps, la raison humaine n'a été entièrement soumise au régime théologique. Pendant la longue enfance de l'humanité, les phénomènes partiels ou secondaires, à l'égard desquels l'existence de certaines règles constantes n'a jamais pu être méconnue, ont constitué une simple anomalie, fréquemment altérée par l'arbitraire intervention des volontés dirigeantes.

Les lois naturelles ont commencé par être admises dans les plus simples études géométriques et d'abord numériques, qui, vu leur abstraction supérieure et leur apparente inutilité, ont été spontanément soustraites à l'empire des croyances théologiques. Les mêmes lois se sont ensuite étendues aux notions astronomiques, destinées à marquer, dans leurs principales phases, les plus grandes révolutions intellectuelles de l'humanité. Cette première extension a transformé le polythéisme en monothéisme, ce qui a commencé la décadence de la philosophie initiale. C'est sous l'ascendant d'une telle forme religieuse que le principe des lois naturelles a obtenu une véritable popularité en s'introduisant, pendant la dernière période du moyen âge, dans les études physiques et chimiques, à l'aide des conceptions astrologiques et alchimiques.

La transaction scolastique a subordonné à des règles constantes le développement de la volonté directrice, ainsi éliminée de tous les phénomènes à l'égard desquels de telles règles ont pu être découvertes. Cet artifice a protégé l'essor du principe positif, qui, après avoir obtenu, pendant les deux derniers siècles, la prépondérance dans les études inorganiques, a fini par prévaloir, de nos jours, dans la science de l'homme considéré comme un être intellectuel et moral. La connexité d'une telle science avec celle du développement social ne permettait pas d'y sentir l'invariabilité des lois naturelles, tant que l'évolution de l'humanité restait soumise à la volonté divine.

Il fallait peu compter sur un raisonnement métaphysique pour établir *a priori* l'existence des lois naturelles, sans en signaler aucun germe dans les cas les plus importants. La découverte des lois propres aux événements les plus complexes, malgré son imperfection actuelle, ne laisse subsister aucun doute sur la généralité du principe. Dans cette nouvelle situation, l'influence des croyances monothéistes s'oppose seule à l'admission de ce principe en conservant la possibilité d'une arbitraire intervention qui vienne brusquement changer l'ordre fondamental. Sans une telle arrière-pensée, inhérente à toute philosophie théologique, la raison moderne aurait déjà cédé à la conviction que doit produire, à ce sujet, le cours journalier d'une foule d'événements de tout genre, accomplis selon les prévisions humaines.

La sociologie a complété la notion des lois naturelles, en assurant à ces lois une indépendance conforme au génie des études correspondantes, et en faisant sentir que chaque ordre de phénomènes a ses lois propres, outre celles qui résultent de ses relations avec les ordres moins compliqués et plus généraux.

Considérées au point de vue scientifique, les lois naturelles donnent lieu à une différence importante, selon qu'elles ont pour objet la similitude ou la succession des phénomènes. Les explications positives se réduisent à rattacher entre eux les phénomènes, tantôt comme semblables, tantôt comme successifs, sans qu'on puisse rien constater au delà du fait d'une telle similitude ou d'une telle succession. La connaissance de ces analogies ou de ces filiations suffit pour atteindre le but de toute étude positive de la nature ; car les phénomènes peuvent être dès lors expliqués et prévus les uns d'après les autres. Cette prévision peut, du reste, s'appliquer au présent ou même au passé, aussi bien qu'à l'avenir. Elle conserve toujours un caractère identique, consistant à connaître les événements, indépendamment de leur observation directe, et seulement en vertu de leurs rapports mutuels.

Nous avons considéré, dans cet ouvrage, les lois de similitude et de succession sous une forme plus usuelle, et d'ailleurs équivalente, en traitant l'étude statique et l'étude dynamique de tout sujet, envisagé tantôt quant à l'existence, tantôt quant à l'activité. En attachant trop d'importance à ces dénominations, on les croirait émanées de la science mathématique ; elles pouvaient être aussi bien empruntées à l'art musical, qui fournit même, à cet égard, une plus heureuse comparaison par le contraste de l'harmonie et de la mélodie. Abstraction faite de toute formule, c'est en mathématique qu'une telle distinction est la moins prononcée. Elle n'existe pas en géométrie, où il ne s'agit que de rapports de coexistence ; elle ne commence à s'appliquer qu'en mécanique, d'où résultent les termes employés. L'étude des corps vivants la rend plus manifeste en l'appliquant aux idées d'organisation et de vie. La sociologie l'accentue au plus haut degré en la faisant correspondre aux idées d'ordre et de progrès.

Appréciées au point de vue logique, les lois naturelles offrent une autre différence, suivant que leur source est expérimentale ou rationnelle : cette diversité n'influe ni sur leur certitude ni sur leur utilité, pourvu qu'elles soient constatées et établies d'après le mode le plus convenable à la nature du sujet. Chacune des six sciences présente des exemples de ces deux marches complémentaires. Malgré les préjugés des géomètres, il n'y a pas moins de génie dans la découverte de Képler que dans celle de Newton. Les lois initiales de la mécanique rationnelle et même les lois de la géométrie ne reposent que sur une judicieuse observation.

La perfection logique consiste à confirmer par l'une de ces deux voies ce qui a été trouvé par l'autre. Cependant chaque science renferme des notions qui résultent d'un seul des deux procédés, sans être pour cela moins certaines. Les avantages de ces deux modes varient suivant la nature des cas. La déduction doit être ordinairement préférée pour les recherches spéciales, et l'induction pour les lois générales. L'abus de la seconde tend à faire dégénérer la science en un assemblage de lois incohérentes, et l'emploi exagéré de la première altère l'utilité, la netteté et même la réalité des spéculations.

En considérant la philosophie positive comme ayant pour objet l'étude des lois de similitude et de succession, nous avons été conduits à faire ressortir les deux caractères de tout sujet, l'un logique, l'autre scientifique. Le premier consiste dans la prépondérance de l'observation sur l'imagination. Tant que l'état théologique a persisté, c'est-à-dire jusqu'à l'ascendant du monothéisme, les enquêtes inaccessibles qui préoccupaient l'esprit humain ont été dirigées par des révélations où l'imagination avait seule part, sans que l'observation y pût exercer aucun contrôle, puisque le sentiment de l'existence des lois naturelles n'existait pas.

Dans l'état métaphysique, qui a commencé à prévaloir après l'entier développement du monothéisme, l'imagination n'est plus souveraine, mais l'observation ne l'est pas encore ; c'est l'argumentation qui domine le régime philosophique : le raisonnement s'exerce non sur des fictions ni sur des réalités, mais sur de simples entités. Dans cet état transitoire, la nature des recherches n'est pas changée ; des considérations *a priori* indépendantes de toute observation continuent à diriger les hautes spéculations. La prolongation de ce régime vague et équivoque constitue le plus grand danger pour le développement de la raison moderne, qui ne peut plus sérieusement redouter les fictions théologiques, tandis qu'il peut être entravé par les entités métaphysiques.

La méthode positive étant mal comprise des savants actuels, il n'est pas inutile de faire remarquer que la prépondérance de l'observation sur l'imagination en constitue le principal caractère. Les recherches sont dirigées non pas vers les causes essentielles, mais vers les lois des phénomènes. Les différents ordres de spéculations accordent une place à l'imagination, mais ni le point de départ ni la direction ne peuvent en aucun cas lui appartenir. Même quand on procède *a priori*, les considérations dirigeantes ont été fondées sur la simple observation. Voir pour prévoir, tel est le caractère de la science. Tout prévoir sans avoir rien vu, constitue une absurde utopie métaphysique.

A cette appréciation, faite au point de vue logique, correspond, sous l'aspect scientifique, la substitution du relatif à l'absolu, qui constitue le principal attribut de la philosophie positive. Il nous reste à caractériser le contraste existant à ce sujet entre la nouvelle philosophie et l'ancienne. Celle-ci conserve la tendance aux notions absolues, qui convient à toute recherche de la cause proprement dite et du mode essentiel de production des phénomènes.

Rien ne marquant mieux les natures éminentes que leurs efforts pour quitter une fausse direction, le plus grand des métaphysiciens modernes, l'illustre Kant, a mérité une éternelle reconnaissance en tentant le premier d'échapper à l'absolu philosophique par sa conception de la double réalité à la fois objective et subjective. Cet heureux aperçu, privé de toute consistance scientifique par suite de l'isolement dans lequel se trouvait la métaphysique depuis la transaction cartésienne, ne suffisait pas à constituer une philosophie relative. Aussi l'absolu, que ce puissant penseur avait implicitement contenu, a-t-il repris chez ses successeurs son ancienne prépondérance. Rien de décisif n'était possible à cet égard tant que l'évolution scientifique ne s'étendait pas aux spéculations sociales. Une telle condition, réalisée par cet ouvrage, entraîne la décadence de toute philosophie absolue. D'abord les études inorganiques montrent la relativité de toutes les notions qu'on possède sur le monde extérieur, où l'homme n'intervient que comme spectateur de phénomènes indépendants de lui. Ensuite la philosophie biologique fait sentir que les opérations de l'intelligence, en qualité de phénomènes vitaux, sont subordonnées, comme tous les autres phénomènes humains, à la relation existant entre l'organisme et le milieu, dont le dualisme constitue la vie.

Nos connaissances dépendent du milieu agissant sur nous et de notre organisme. Nous ne pouvons apprécier la part d'influence de chacun de ces deux éléments de nos impressions et de nos pensées. C'est à l'équivalent très imparfait de cette conception biologique que Kant était parvenu. Un tel progrès ne pouvait suffire, puisqu'il se borne à une appréciation statique de l'intelligence individuelle ; il fallait le compléter par l'appréciation dynamique de l'intelligence collective. L'aperçu statique montrait seulement que nos conceptions seraient modifiées par un changement de notre organisation ou par l'altération du milieu ; mais, ce changement organique étant fictif, l'absolu n'était qu'imparfaitement écarté. Notre théorie dynamique considère le développement auquel est assujettie, sans aucune transformation d'organisme, l'évolution intellectuelle de l'humanité. Ce dernier effort est seul efficace contre la philosophie absolue.

S'il était possible que je me fusse mépris sur la loi de

l'évolution humaine, il n'en résulterait que la nécessité d'établir une meilleure doctrine, et je n'en aurais pas moins constitué l'unique méthode capable de conduire à la connaissance positive de l'esprit humain. L'immutabilité mentale étant ainsi écartée, la philosophie relative se trouve constituée. Les théories successives sont des approximations croissantes d'une réalité qui ne saurait jamais être rigoureusement appréciée. La meilleure théorie est, à chaque époque, celle qui représente le mieux l'ensemble des observations correspondantes.

Cette appréciation doit dissiper les craintes qu'avait pu inspirer jusqu'ici une élimination prématurée et mal conçue de l'absolu philosophique. Sous l'aspect statique, plusieurs écoles ont exagéré l'influence des diversités organiques sur les conceptions mentales en rapportant au mode les variations toujours bornées au degré.

Si l'on considère l'ensemble des organismes, on reconnaît que les connaissances propres aux diverses races ont un fonds commun, apprécié par des entendements plus ou moins parfaits, mais toujours homogènes. Cette conformité est incontestable pour la partie expérimentale de chaque notion, nos impressions personnelles n'y servant que d'intermédiaires à la manifestation des rapports externes. Elle est plus évidente encore pour la partie rationnelle ; car les intelligences ne diffèrent pas sur la nature élémentaire des déductions ou des combinaisons, malgré leur aptitude très inégale à les former ou à les prolonger.

On ne pourrait méconnaître cette universalité des lois intellectuelles sans être conduit à nier celle des autres lois biologiques. Ainsi le monde est sans doute moins bien connu, sauf à quelques égards secondaires, par les animaux, même les plus élevés, que par notre espèce ; il pourrait l'être mieux par des êtres plus parfaits, capables d'observations plus complètes ou plus exactes et de raisonnements plus généraux ou plus suivis. Le sujet des études et le fond des conceptions restent identiques, malgré la diversité des degrés, toujours analogue à celle que nous apercevons chez les différents hommes. Les maladies mentales elles-mêmes n'altèrent pas essentiellement cette identité.

Sous l'aspect dynamique, les variations continues des opinions suivant les temps et les lieux ne modifient pas davantage une telle uniformité. Nous connaissons maintenant la loi d'évolution à laquelle est assujetti le cours, en apparence arbitraire, de ces diverses mutations, qui a fait croire à l'incertitude des connaissances humaines, parce que la prépondérance d'une philosophie absolue ne permettait pas de concevoir la vérité sans l'immutabilité. Une autre conséquence de ce régime intellectuel se trouve dissipée par la philosophie positive : c'est la tendance à exagérer la supériorité de la raison moderne et à considérer la plupart des opinions antérieures comme l'indice d'une sorte d'état d'aliénation mentale, qui aurait persisté jusqu'à ces derniers siècles, sans que d'ailleurs on s'inquiète plus d'en motiver la cessation que l'origine.

Cette tendance, qui est le fondement des conceptions révolutionnaires, empêche d'apprécier l'ensemble de l'évolution humaine. Elle a été rectifiée dans cet ouvrage : l'étude du passé nous a présenté non seulement les théories successives de chaque science, mais encore les croyances religieuses les plus opposées à nos lumières actuelles comme ayant constitué, d'abord au temps de leur avènement et ensuite pour une certaine durée, le meilleur système compatible avec l'âge correspondant du développement humain, c'est-à-dire la moins imparfaite approximation, alors possible, de cette vérité fondamentale dont nous sommes plus rapprochés aujourd'hui.

Après avoir fait connaître la nature de la méthode positive, nous allons en examiner la destination dans l'individu et dans l'espèce, d'abord quant à la vie spéculative, ensuite quant à la vie pratique.

L'office théorique de cette méthode consiste, en ce qui concerne l'individu, à satisfaire au double besoin qu'éprouve l'intelligence d'étendre ses connaissances et de les rattacher les unes aux autres. Ces deux conditions ont été imparfaitement remplies et sont restées opposées sous l'empire de la philosophie théologique et métaphysique, dont le caractère absolu ne pouvait s'accorder qu'avec l'immobilité des croyances. La liaison établie entre les conceptions sous l'ascendant des volontés ou des entités était très vague et peu stable ; elle empêchait leur extension en expliquant d'une manière uniforme tous les cas imaginables. Si un tel régime avait été universel, il aurait opposé au progrès un obstacle insurmontable. Tandis qu'il dominait dans les hautes spéculations, les questions usuelles présentaient la première ébauche des lois naturelles. C'est ce qui a permis à la science de se développer.

La philosophie positive est caractérisée par son aptitude à concilier les deux besoins, jusqu'alors opposés, de liaison et d'extension. Elle tire de la liaison des connaissances le plus puissant moyen de les étendre, et elle fait servir chaque extension accomplie à perfectionner la liaison antérieure en établissant l'harmonie entre les différentes parties du système intellectuel. Cette cohérence logique, fournit, à chaque époque, le témoignage de la réalité des conceptions, puisque sa correspondance avec les observations est dès lors garantie, et qu'on est assuré d'être aussi près de la vérité que le comporte l'état de l'évolution. Toute prévision rationnelle devient le critérium de la positivité en manifestant la destination de cette harmonie qui étend les connaissances en les coordonnant.

Les besoins intellectuels sont ordinairement peu prononcés vu la faible énergie des fonctions spéculatives chez la plupart des hommes. Ils sont cependant plus vifs que ne le fait supposer la longue résignation avec laquelle l'esprit humain a supporté le régime philosophique le moins propre à les satisfaire. A tout degré de cette lente préparation, les conceptions positives ont été accueillies avec empressement, malgré l'attachement primitif de l'intelligence aux explications théologiques ou métaphysiques. D'ailleurs la faiblesse de l'entendement humain est un motif de la prédilection qu'il marque pour les connaissances réelles, dès qu'elles peuvent lui faire retrouver, dans les relations générales, la constance et la continuité que ne sauraient lui offrir les phénomènes particuliers.

C'est surtout à l'égard de l'espèce qu'un tel office spéculatif devient fondamental en constituant la base de l'association humaine. D'après la similitude existant entre l'organisme individuel et l'organisme collectif, toute philosophie qui peut constituer une cohérence logique chez un esprit unique est capable de rallier la masse des penseurs. C'est ainsi que les philosophes deviennent les guides de l'humanité en subissant les premiers chaque révolution intellectuelle.

Aucune intelligence ne saurait s'isoler assez de la masse pensante pour n'être pas entraînée par l'accord public. On le prouverait au besoin par l'exemple des réunions d'aliénés, qui, malgré leur discordance, exercent une influence déplorable sur l'état mental des plus éminents médecins exposés à leur action journalière, en vertu de l'aptitude que possède toute énergique conviction, même erronée, à troubler les opinions contraires, quelque fondées qu'elles soient.

Tous les hommes doivent être regardés comme collaborant pour découvrir la vérité, autant que pour l'utiliser. Quelle que soit la hardiesse du génie destiné à devancer la sagesse commune, son isolement absolu serait aussi irrationnel qu'immoral. L'état d'abstraction, indispensable aux grands efforts intellectuels, expose à tant de graves erreurs, soit par négligence, soit même par illusion, qu'aucun bon esprit ne doit dédaigner le contrôle permanent de la raison publique.

Toute association exige une certaine communauté d'intérêts, de sentiments et surtout d'opinions. Sans ce triple fondement, aucune société, depuis la famille jusqu'à l'espèce, ne saurait être ni active ni durable. L'étude de l'évolution moderne nous a suffisamment prouvé que l'unique base d'une vraie communion intellectuelle se trouve dans l'esprit positif. Telle est, pour l'espèce et l'individu, la destination de la méthode positive, envisagée, quant à la vie spéculative, comme principe de cohérence logique et d'harmonie.

Ce jugement est fortifié par l'examen des besoins intellectuels relatifs à la vie active. C'est surtout comme base de toute action rationnelle que la science a été jusqu'ici goûtée. Cette attribution conservera toujours sa valeur. L'essor de la positivité a été provoqué par les exigences de la pratique, plus impérieuses et plus précises que celles de la pure spéculation. Si cet essor n'eût été à un certain degré spontané, il n'aurait jamais pu s'accomplir ; car les théories positives ne deviennent efficaces qu'après une culture suffisante. Les chimères théologiques et métaphysiques ont semblé longtemps plus aptes à satisfaire les désirs de l'enfance de l'humanité. Dès que la relation de la théorie à la pratique a été établie en quelques cas importants, elle a exercé une influence capitale sur le développement de l'esprit philosophique en montrant que le régime des volontés et des entités est impuissant à diriger l'action de l'homme sur la nature. Les moindres problèmes pratiques sont liés aux plus éminentes recherches théoriques, comme le témoignent, depuis longtemps, les arts relatifs à l'astronomie. La prévision, qui constitue le principal caractère de la science, devient ainsi la base de toute action rationnelle.

L'intelligence humaine éprouve, indépendamment de toute application active, le besoin de connaître les phénomènes et de les rattacher les uns aux autres ; mais, sauf chez quelques organismes exceptionnels, cette tendance est trop peu prononcée pour faire prévaloir un régime philosophique qui choque les inclinations initiales. Une insuffisante analyse des effets de l'étonnement ferait attribuer une plus grande intensité à ces besoins spéculatifs ; car rien n'égale peut-être la perturbation déterminée, d'abord dans l'appareil cérébral, et ensuite dans tout le reste de l'économie, par la seule apparence d'une grave et brusque infraction à l'ordre des phénomènes naturels. Une plus complète appréciation montre que le principal trouble est dû aux inquiétudes pratiques que suggère une telle pensée. Le renversement des lois extérieures exciterait à peine notre attention s'il ne devait amener que des événements étrangers à notre existence.

Sans insister sur cette explication, il faut remarquer que la sociologie relie la spéculation à l'action dans tous les cas possibles. L'art a commencé à se subordonner à la science, d'abord dans les arts mathématiques, soit géométriques, soit mécaniques, ensuite dans les arts physiques et chimiques, et enfin, de nos jours, dans les arts biologiques, soit hygiéniques, soit thérapeutiques. L'art politique cessera de s'isoler de toute théorie quand la raison publique sentira que les phénomènes correspondants sont ramenés à des lois capables de fournir d'heureuses indications pratiques. Dès lors complétée et systématisée, la relation de la science à l'art deviendra la source d'une stimulation propre à accroître les connaissances et à en perfectionner le caractère.

Après avoir apprécié la nature et la destination de la méthode positive, il nous reste à en considérer l'institution et le développement.

L'unité de l'esprit humain et l'identité de sa marche dans tous les sujets qui lui sont accessibles permettent de prévoir que la philosophie positive finira par embrasser l'ensemble de l'activité mentale en comprenant, non seulement toutes les sciences, mais encore tous les arts, soit esthétiques, soit techniques. L'institution de la méthode exige que la spéculation reste distincte de l'action, et qu'il en soit ainsi de la science par rapport à l'art.

Sous le premier aspect, toutes les parties de cet ouvrage nous ont représenté l'indépendance de la théorie à l'égard de la pratique comme la condition primordiale de l'évolution intellectuelle. L'esprit théorique ne peut s'élever à la généralité qui en constitue la valeur qu'en se plaçant à un point de vue d'abstraction permettant de saisir ce que les divers cas ont de semblable en écartant leurs diversités. Ce point de vue est, par cela même, plus ou moins opposé à la réalité. L'esprit pratique, en vertu de sa spécialité, est le seul réel et complet, mais aussi le moins propre à l'extension des rapports. La domination de l'esprit pratique tendrait à étouffer la progression intellectuelle ; l'ascendant de la théorie ne serait pas moins funeste en empêchant de conduire toute opération jusqu'à un suffisant accomplissement.

L'orgueil philosophique a souvent rêvé de systématiser les travaux pratiques en dehors de toute culture directe et spontanée. Ce projet repose sur une absurde exagération de la portée de nos moyens théoriques, dont la puissance apparente suppose toujours qu'on a réduit les questions à un état abstrait trop éloigné de l'état concret pour suffire aux exigences de la pratique. On en trouve le témoignage dans l'impuissance des théories mathématiques à l'égard des moindres travaux techniques.

L'esprit pratique ne doit jamais cesser de présider à l'ensemble, souvent très complexe, de chaque opération concrète en comprenant seulement les données scientifiques parmi les éléments de ses combinaisons spéciales. Toute subordination de la pratique à la théorie qui dépasserait cette mesure exposerait à de graves perturbations. La nature de la civilisation moderne tend à contenir les conflits de ce genre en développant de plus en plus une telle division. La fondation de la sociologie complète à ce sujet les garanties antérieures en instituant une semblable séparation dans le cas le plus important.

La division existant entre l'art et la science est moins prononcée que celle qu'on remarque entre la spéculation et l'action. Elle est cependant moins contestée. Aux temps mêmes où l'imagination dominait en philosophie, l'esprit poétique, sans altérer sa spontanéité, s'est subordonné à l'esprit philosophique. C'est un résultat de la relation qui rattache, en tout genre, le sentiment du beau à la connaissance du vrai, et qui assujettit l'idéal à l'ensemble des conditions admises, à chaque époque, pour la réalité scientifique.

Nous devons indiquer une autre division entre la science abstraite et la science concrète. Cette division a présidé implicitement à l'évolution scientifique des deux derniers siècles. La science concrète ne pouvait être abordée tant que la science abstraite n'avait pas été suffisamment ébauchée dans tous les ordres de phénomènes. Cette condition n'a été remplie que de nos jours, et seulement dans cet ouvrage. Il faut peu s'étonner si les spéculations scientifiques développées depuis Bacon ont été abstraites. L'institution de la méthode positive ne doit jamais cesser de reposer sur une telle séparation, sans laquelle les deux précédentes resteraient insuffisantes.

Une abstraction graduelle a seule permis et peut seule étendre le progrès de l'esprit philosophique en écartant d'abord les exigences pratiques, ensuite les impressions esthétiques, et enfin les conditions concrètes, pour organiser peu à peu le point de vue le plus simple, le plus général et le plus élevé, au delà duquel on ne saurait réduire davantage l'appréciation rationnelle sans tomber dans une veine ontologie. Si le troisième degré d'abstraction, fondé sur les mêmes motifs logiques que les précédents, n'était pas venu les compléter, la philosophie positive serait demeurée impossible.

Dans les plus simples phénomènes, et même en astronomie, aucune loi générale ne pouvait être établie tant que les corps étaient considérés dans l'ensemble de leur existence concrète. Il fallait en détacher le principal phénomène par une judicieuse analyse. C'est surtout aux théories sociologiques que ce précepte logique est applicable. Toute institution rationnelle y aurait été impossible, si je n'en avais écarté la partie concrète, afin de saisir dans sa plus grande simplicité la règle du mouvement fondamental en laissant aux travaux ultérieurs le soin d'y ramener les anomalies apparentes.

Tels sont les trois degrés d'abstraction qu'a exigés l'institution de la méthode positive. Cette méthode ne résulte que d'une heureuse extension de la sagesse vulgaire aux diverses spéculations abstraites. Ses fondements sont les mêmes que ceux du simple bon sens. Les règles logiques de Descartes, les préceptes de Bacon, ainsi que les aphorismes formulés par Pascal et par Newton, ne sont que la consécration dogmatique des maximes émanées de la sagesse commune, et déjà étendues aux spéculations abstraites dans les études géométriques. A titre de règles de conduite, ces préceptes sont impuissants à diriger les efforts intellectuels, abstraction faite des études positives spécifiant leur application.

Après avoir apprécié l'institution de la méthode positive, il nous reste à indiquer les principales phases qu'elle a présentées. Il faut, pour cela, distinguer, entre le degré mathématique et le degré sociologique, trois phases intermédiaires, correspondant à l'astronomie, au couple physique et chimique, et à la biologie. Telles sont les cinq phases qui ont marqué le développement de la positivité.

Les erreurs philosophiques dont l'esprit mathématique est devenu la source ne peuvent altérer la propriété qu'il a de constituer, pour l'individu comme pour l'espèce, la base de toute éducation logique. Ce privilège résulte de la nature du sujet, le plus simple, le plus abstrait, le plus général et le plus dégagé de toute passion perturbatrice. Aucune supériorité personnelle ne peut dispenser de recourir à un tel exercice initial et, même après avoir rempli cette condition, l'esprit le mieux organisé éprouvera le besoin d'y venir retremper ses forces. L'expérience démontre que, faute d'une telle base, d'éminents penseurs peuvent être exposés, sous l'influence d'une médiocre passion, à de grossières erreurs sur les questions qui leur sont le mieux connues, quand le sujet en est un peu complexe.

Le perfectionnement de la nature humaine consiste surtout à faire prévaloir, autant que possible, les influences intellectuelles. L'éducation mathématique réalise la première condition d'un tel progrès en faisant connaître, sous des formes plus ou moins distinctes, chacun des procédés inductifs ou déductifs de la méthode positive ; mais l'art du raisonnement y est seul pleinement développé. La partie la plus abstraite des mathématiques peut être envisagée comme une accumulation de moyens logiques tout préparés pour les besoins de déduction et de coordination des diverses sciences. C'est la géométrie, encore plus que l'analyse, qui constitue, sous l'aspect logique, la branche la mieux adaptée à la première élaboration de la méthode positive.

Descartes, qui a institué la philosophie mathématique en organisant la relation de l'abstrait au concret, a placé dans la géométrie le centre des conceptions mathématiques. La mécanique, plus importante que la géométrie au point de vue scientifique, n'a pas la même valeur logique ; on n'y peut faire aussi facilement des déductions sans altérer la réalité du sujet. L'analyse en a souvent reçu d'utiles impulsions secondaires, jamais de lumières directes. En passant des spéculations géométriques aux spéculations dynamiques, l'intelligence sent qu'elle est près de toucher aux limites de l'esprit mathématique, d'après la difficulté qu'elle éprouve à traiter d'une manière satisfaisante les questions les plus simples en apparence.

L'éducation mathématique, malgré son indispensable office, offre de graves inconvénients. Par suite de sa priorité historique, cette science reste imprégnée des inspirations métaphysiques qui ont dominé son développement. Elle donne une fausse idée de la portée de l'intelligence humaine, et dispose à substituer l'argumentation à l'observation par l'abus des considérations *a priori*. Non seulement une telle éducation est peu propre à développer l'esprit d'observation, mais encore, lorsqu'elle est exclusive, elle conduit à en méconnaître le rôle dans les théories géométriques et mécaniques. Bien que le premier sentiment des lois naturelles ait dû résulter des spéculations mathématiques, la prépondérance de ces spéculations tend à constituer un régime mental peu convenable à l'étude de la nature, et maintient l'ancien esprit philosophique en paraissant consacrer les recherches absolues.

La culture exclusivement mathématique inspire d'aveugles prétentions à une domination spéculative offrant un double danger, soit en raison des obstacles qu'elle oppose à la formation de la philosophie positive, soit en vertu de la compression qu'elle exerce sur la plupart des études. Elle est impuissante à préserver des plus grossières erreurs la masse des esprits qui la reçoivent et même ses organes spéciaux.

Toutes les utopies antisociales enfantées par notre anarchie spirituelle ont trouvé de nombreux partisans dans les classes dominées par l'éducation mathématique.

Tandis que les savants voués aux autres études ont depuis longtemps cessé d'accorder aucune confiance aux conceptions astrologiques, on voit des géomètres recommandables donner le spectacle d'une foi plus absurde à l'égard de sujets qui leur sont étrangers, par une appréciation erronée de leur position spéculative, qui les entraîne à s'ériger en arbitres de questions qu'ils ne peuvent comprendre. Quand la philosophie positive aura prévalu, on sentira que la première phase de la logique positive, loin de pouvoir dispenser des suivantes, doit en attendre d'importantes lumières.

Les inconvénients de l'éducation mathématique font ressortir la nécessité d'une autre phase générale. La méthode positive trouve dans le système des études astronomiques un second degré de développement, lié au degré initial, dont il constitue le complément et le correctif. Faute d'une direction philosophique, le génie de cette seconde science, depuis le progrès de la mécanique céleste, reste dissimulé sous l'application des notions et des procédés mathématiques, qui devraient au contraire y être subordonnés. Ce second degré de l'initiation positive est plus distinct du premier qu'on ne le pense communément. Sans doute il ne s'agit encore que de phénomènes géométriques ou mécaniques, déjà considérés en mathématiques ; mais les difficultés de leur investigation impriment à l'astronomie un autre caractère. L'observation sert de base, même en géométrie, au raisonnement ; mais son office y est peu prononcé comparativement à l'immense extension des conséquences.

C'est en astronomie que se développe l'esprit d'observation ; c'est là que le plus simple et le plus général des quatre modes de l'art d'observer montre toute sa portée. Sous l'aspect scientifique, l'astronomie est la partie fondamentale du système des connaissances inorganiques ; elle est également, sous l'aspect logique, le type le plus parfait de l'étude de la nature. Elle a influé plus que toute autre science sur le cours des spéculations humaines, qui a modifié graduellement la philosophie initiale par des conceptions émanées de l'étude du monde extérieur. C'est là qu'il faut d'abord apprendre en quoi consiste l'explication d'un phénomène, soit par similitude, soit par succession.

L'astronomie est aussi rationnelle que positive, puisqu'elle offre le seul exemple de l'unité philosophique qu'on doit avoir en vue dans chaque ordre de spéculations, et que tous doivent comporter, pourvu qu'on n'y cherche pas une précision incompatible avec la nature des phénomènes. Nulle autre science ne manifeste autant la prévision qui constitue le principal caractère des théories positives.

Abstraction faite des inspirations dues à la prépondérance de l'esprit mathématique, les imperfections de l'astronomie proviennent d'une trop vague appréciation de ses recherches, dont la nature n'est assez circonscrite ni quant à l'objet ni quant au sujet. Il en résulte un reste de tendance aux notions absolues. Contrairement aux préjugés plaçant les géomètres au-dessus des astronomes, la phase astronomique constitue un degré plus avancé et plus rapproché du véritable état philosophique.

A cette seconde phase de la positivité succède la phase physique et chimique. Pour diminuer le nombre des degrés de l'évolution logique, j'ai réuni les études chimiques aux études physiques.

La chimie applique avec une moindre perfection la méthode d'exploration développée par la physique. Le seul attribut logique appartenant à la chimie consiste dans l'art des nomenclatures.

Cette double étude établit un lien entre les deux termes extrêmes des spéculations. D'une part, elle complète l'étude du monde et prépare celle de l'homme ou plutôt de l'humanité ; d'autre part, la complication de son sujet est intermédiaire et correspond à un état moyen de l'investigation positive. La nature plus complexe des phénomènes exige non seulement les artifices du raisonnement mathématique et les ressources de l'exploration astronomique étendues à tous les sens, mais encore un nouveau mode de l'art d'observer, l'expérimentation. C'est en physique que la philosophie positive placera toujours le règne de la méthode expérimentale, qui n'était auparavant ni possible ni nécessaire, et qui devient ensuite insuffisante ou même illusoire.

L'artifice de la théorie corpusculeire ou atomistique achève de donner à ce troisième degré de l'esprit positif une physionomie caractéristique. S'appliquant à des phénomènes communs aux moindres particules, puisqu'ils constituent l'existence de toute matière, une telle conception est bornée à ces phénomènes, comme l'expérimentation correspondante. Quand les conditions logiques et scientifiques y seront remplies, cette troisième phase de la positivité sera aussi supérieure à la phase astronomique que celle-ci l'est à la phase mathématique.

En passant de la nature inerte à la nature vivante, la méthode positive s'élève à une élaboration supérieure aux précédentes par sa plénitude logique et par son importance scientifique. Jusqu'alors le sujet des recherches avait comporté un morcellement presque indéfini, indispensable à la positivité préliminaire. Dans les études biologiques, où les phénomènes sont caractérisés par leur solidarité, toute opération analytique doit être conçue comme préparant une détermination synthétique. La nature du sujet exige une modification du régime scientifique antérieur, et tend à faire prévaloir l'esprit d'ensemble sur l'esprit de détail. La connexité des phénomènes détermine le développement du principe des conditions d'existence.

Ce qui caractérise le mieux cette quatrième phase de la logique positive, c'est l'extension qu'y reçoit l'art d'observer par l'adjonction d'un nouveau procédé d'investigation, la méthode comparative, destinée à constituer le plus puissant instrument applicable à de telles recherches. Ce mode ne peut être apprécié qu'avec l'institution correspondante de la théorie des classifications, qui appartient au même titre à la biologie, où, scientifiquement envisagée, elle résume les résultats des comparaisons antérieures, tandis que logiquement elle dirige aussi l'étude des nouveaux rapprochements.

Le sentiment des lois naturelles ne pouvait d'abord être

développé que par les études inorganiques, mais il ne devait devenir décisif qu'après s'être étendu aux spéculations biologiques, dont la nature est si propre à montrer l'inanité des notions absolues. Supérieure aux sciences précédentes, la biologie reste comme elles préliminaire, mais à un moindre degré. Son insuffisance devient appréciable dès qu'on quitte les études élémentaires se rapportant aux phénomènes généraux de la vie organique.

L'évolution de la méthode positive demeure incomplète jusqu'à ce qu'elle s'étende à l'étude de l'humanité. C'est là que le sentiment des lois naturelles prend son entier développement en s'appliquant aux cas où l'élimination des volontés arbitraires et des entités chimériques présente le plus d'importance et de difficulté. Rien n'est plus propre à ruiner l'absolu philosophique qu'une étude instituée pour dévoiler les lois de la variation des opinions.

La récente formation de la sociologie et sa complication supérieure ne peuvent pas l'empêcher d'être la plus rationnelle de toutes les sciences, eu égard au degré de précision compatible avec la nature des phénomènes, puisque les spéculations les plus difficiles et les plus variées se trouvent rattachées à une seule théorie. Ce qu'il faut surtout remarquer, c'est l'extension des moyens d'investigation, nécessitée par les exigences du sujet le plus complexe et par le caractère des recherches correspondantes. Ce complément de la logique positive consiste dans la méthode historique, qui organise l'investigation, non par simple comparaison, mais par filiation graduelle.

Telles sont les cinq phases de la méthode positive, dont la succession a élevé l'esprit scientifique à la dignité d'esprit philosophique en effaçant la distinction qui les séparait, tant que l'évolution n'était pas suffisamment opérée.

Si l'on considère de quel misérable état théorique la

raison est partie, on cessera d'être surpris [illegible]'il ait fallu cette longue préparation pour étendre à se[illegible]éculations abstraites le même régime mental que la sagesse vulgaire emploie dans ses actes partiels et pratiques.

Rien ne peut dispenser les esprits modernes de reproduire cette succession, où réside l'efficacité du développement philosophique.

Une telle éducation, pouvant désormais devenir systématique, tandis qu'elle est restée jusqu'ici instinctive, sera plus rapide et plus facile.

SEIZIÈME LEÇON

ACTION FINALE PROPRE A LA MÉTHODE POSITIVE

Aucune des précédentes révolutions de l'humanité, pas même le passage du polythéisme au monothéisme, n'a modifié aussi profondément l'existence de l'homme et celle de la société que ne le fera, dans l'avenir, l'avènement de l'état positif. Ce sera le terme de la crise qui, depuis un demi-siècle, agite les peuples les plus avancés. Nous allons indiquer l'influence que le nouveau régime exercera sur chacun des modes de l'existence humaine, envisagée sous l'aspect intellectuel et social, c'est-à-dire au point de vue de la science, de la morale, de la politique et des beaux-arts. Telles sont les quatre classes de considérations par lesquelles nous achèverons de caractériser la rénovation philosophique.

La principale propriété intellectuelle de l'état positif consistera dans son aptitude à déterminer et à maintenir une cohérence mentale dont le passé n'a pu présenter qu'une simple ébauche.

Sans doute le polythéisme, qui forme la phase la plus importante de l'âge théologique, a longtemps offert une sorte d'unité spéculative résultant de la nature religieuse qu'avaient alors toutes les conceptions. L'intelligence n'a pas ensuite retrouvé une harmonie équivalente. Cette consistance initiale ne pouvait être aussi complète que celle que procurera l'esprit positif.

Le nouveau régime imprimera à toutes les conceptions, depuis les plus élémentaires jusqu'aux plus élevées, un même caractère, sans le moindre mélange d'aucune philosophie hétérogène.

A notre époque de transition, les meilleurs esprits, soumis à trois régimes incompatibles, ne parviennent pas à concevoir la possibilité d'établir une unité scientifique et logique. Ils ne pourraient s'en former une idée qu'en y voyant une extension de ce bon sens vulgaire, qui, longtemps borné à des opérations pratiques, s'est emparé peu à peu des diverses parties du domaine spéculatif en fondant la prépondérance de la raison sur l'imagination.

Quand cette unité aura été établie, l'intelligence fera prévaloir, dans les plus hautes recherches, cette même sagesse que les exigences de la vie active lui rendent familière dans les plus simples sujets. Renonçant à toute enquête sur la nature intime des phénomènes, elle se livrera uniquement à l'étude de leurs lois.

Le caractère relatif de toutes les connaissances étant établi, les différentes théories constitueront, à l'égard d'une réalité qui ne saurait jamais être absolument dévoilée, des approximations aussi satisfaisantes que le comportera, à chaque époque, l'état correspondant de l'évolution.

Appliquée à toutes les sciences, une culture systématique y développera un progrès supérieur à celui qui a eu lieu jusqu'ici.

Pour préciser cette indication, nous considérerons séparément l'influence de l'esprit positif, d'abord sur les spéculations abstraites, ensuite sur les études concrètes, et enfin relativement aux notions pratiques.

Sous le premier aspect, le régime de la positivité rendra

solidaires les différentes branches de la philosophie. L'ascendant de l'esprit sociologique assurera le développement de chaque science conformément à son génie propre.

Au lieu de chercher une stérile unité scientifique dans la réduction de tous les phénomènes à un seul ordre de lois, l'intelligence humaine regardera les diverses classes d'événements comme ayant leurs lois spéciales.

Ce régime augmentera l'indépendance et la dignité de toutes les sciences ; c'est la biologie qui en retirera le plus d'avantages, parce qu'elle a été jusqu'ici la plus exposée à de désastreux empiètements, contre lesquels elle n'a pu trouver de garantie que sous la protection de la théologie et de la métaphysique.

Le cours de la progression moderne a fait prévaloir la formation de la science abstraite ; l'établissement de la science concrète constituera l'une des principales attributions du nouvel esprit philosophique. Une telle étude doit être historique, parce qu'elle se rapporte à l'existence des différents êtres.

Je signalerai, à l'égard des phénomènes les plus complexes et les plus élevés, une détermination qui ne saurait être obtenue autrement. Il s'agit de la fixation de la durée des diverses existences naturelles, et entre autres de l'évolution humaine. Cette évolution restera à l'état progressif pendant une longue suite de siècles.

Il importe de reconnaître en principe que l'organisme collectif est assujetti, comme l'organisme individuel, à un déclin indépendant des altérations du milieu général. Rien ne peut empêcher la vie collective de l'humanité d'avoir une semblable destinée. Cette perspective ne doit pas plus décourager les tentatives d'amélioration que ne le fait, dans la vie individuelle, la certitude d'une inévitable destruction, même quand elle est très prochaine.

Il serait oiseux de s'arrêter à déterminer le caractère extrême de l'esprit philosophique, qui sera toujours disposé à reconnaître, sans aucun vain espoir, toute destinée inévitable, quand l'âge du déclin deviendra prochain, afin d'en adoucir l'amertume en soutenant noblement la dignité humaine.

Ce n'est pas à ceux qui sortent à peine de l'enfance qu'il appartient de préparer leur vieillesse. Cette prétendue sagesse conviendrait encore moins pour la vie collective que pour la vie individuelle.

A l'égard des connaissances pratiques, le nouveau régime établira la plus parfaite harmonie entre le point de vue actif et le point de vue spéculatif, en les subordonnant à un même esprit philosophique.

Plus ou moins comprimée jusqu'ici par de superstitieux scrupules ou détournée par de chimériques espérances, l'activité pratique sera stimulée par l'ascendant de la positivité, qui soumettra toutes les opérations usuelles à une appréciation systématique.

L'extension de l'industrie ne sera pas moins efficace pour faire apprécier la supériorité de la science sur la constitution antérieure des spéculations. Le sentiment de l'action et celui de la prévision étant devenus solidaires, une telle connexité rendra populaire la nouvelle philosophie ; chacun y reconnaîtra l'application d'une même méthode dans tous les sujets accessibles à l'intelligence.

Ces diverses influences seront surtout caractérisées dans les deux arts les plus difficiles et les plus importants, l'art médical et l'art politique.

Après avoir examiné les propriétés scientifiques de l'esprit positif, nous allons en apprécier l'aptitude pour affermir et perfectionner la moralité.

La scission qui s'est développée, pendant le cours de

la transition moderne, entre les besoins intellectuels et les besoins moraux a fait craindre que le régime le plus convenable aux uns ne pût satisfaire aux autres. Cet antagonisme est le résultat d'une situation transitoire, où les questions morales semblaient devoir indéfiniment adhérer à l'antique philosophie. L'extension de la positivité aux spéculations les plus élevées fait cesser cette opposition, en conférant la suprématie au point de vue social.

La révolution française a suscité, à défaut de principes moraux, une impulsion propre à refouler l'égoïsme. L'affaissement des passions révolutionnaires commence à mettre en évidence la fragilité des fondements de la métaphysique, incapables de résister à la moindre perturbation. Les convictions profondes que la théologie a laissé détruire, et que la métaphysique n'a pu remplacer, seront rétablies, en morale, par la prépondérance de l'esprit positif.

Dans la fluctuation inhérente à l'anarchie actuelle, on conteste les principes moraux les plus indispensables. Lorsque ces principes reposeront sur l'ensemble des lois de la nature humaine, ils ne laisseront plus aucune place à ces faciles subterfuges par lesquels tant de sincères croyants éludent, à leurs yeux comme aux yeux d'autrui, la rigueur des prescriptions morales, depuis que les doctrines religieuses ont perdu leur efficacité.

Dans les comparaisons souvent injustes que l'on tente d'établir entre la morale positive et la morale religieuse, on oublie trop que la première, à peine ébauchée, est dépourvue de toute institution régulière, tandis que la seconde, développée par une élaboration séculaire, est assistée de tout l'appareil social qu'exigeait son application.

L'influence de la philosophie positive n'est maintenant appréciable que par rapport aux doctrines, indépendamment des institutions. Nous allons, pour l'examiner, distinguer chacun des trois degrés qui sont propres à la morale, successivement envisagée au point de vue personnel, domestique et social.

Sous le premier aspect, la morale positive comportera plus d'efficacité que n'en a jamais obtenu, même à l'état monothéiste, la morale religieuse, malgré les puissants moyens dont elle a disposé. Pris pour base de tout le développement moral, ce degré initial sera soustrait à l'arbitrage de la prudence personnelle, pour être incorporé à l'ensemble des prescriptions publiques. Les anciens n'ont pu obtenir un tel résultat, bien qu'ils en aient pressenti l'importance, et le catholicisme lui-même ne l'a pas suffisamment réalisé, parce qu'il se proposait un but imaginaire.

En exagérant les dangers momentanés d'une franche renonciation à toute espérance chimérique, on a trop méconnu les avantages que produira la concentration des efforts de l'homme sur la vie réelle, soit individuelle, soit collective. Chacun sera ainsi porté à perfectionner l'économie totale par les moyens qui lui sont propres, parmi lesquels les règles morales doivent occuper le premier rang, parce qu'elles sont destinées à permettre le concours où réside la principale puissance de l'homme.

Une saine appréciation de la nature humaine, dans laquelle dominent, à l'origine, les penchants vicieux ou abusifs, rendra vulgaire l'obligation d'exercer, sur ses diverses inclinations, une sage discipline, destinée à les stimuler ou à les contenir, suivant leurs tendances respectives.

La situation de l'homme, envisagé comme chef de l'économie réelle, fera ressortir la nécessité de développer sans cesse, par un judicieux exercice, les attributs qui le placent à la tête de la hiérarchie des êtres vivants.

Le juste orgueil que suscitera le sentiment d'une telle prééminence, succédant à l'infériorité tant consacrée de l'homme à l'égard des anges, ne déterminera aucune dangereuse apathie. Le même principe indiquera un type de perfection au-dessous duquel il sera trop aisé de sentir que chacun restera, bien que des efforts persévérants puissent en rapprocher de plus en plus.

Quant à la morale domestique, la philosophie positive est seule apte à refréner les dangereuses erreurs que la métaphysique a suscitées. C'est à l'égard de l'union domestique qu'elle fera sentir combien les rapports sociaux sont naturels, puisqu'ils se rattachent au mode d'existence propre à toute la partie supérieure de la hiérarchie animale, dont l'humanité offre le plus complet développement.

L'esprit positif consolidera les notions morales qui se rapportent à ce premier degré d'association, et prouvera qu'il doit devenir prépondérant pour l'immense majorité des hommes, à mesure que la sociabilité moderne se rapproche de son état normal. Ainsi sera garanti de toute altération l'enchaînement naturel qui, sauf quelques rares anomalies individuelles, fait de l'existence domestique la préparation à l'existence sociale.

C'est par rapport à la morale sociale que la philosophie positive développera sa principale aptitude. Ni la philosophie métaphysique, qui consacre l'égoïsme, ni la philosophie théologique, qui subordonne la vie à un but chimérique, n'ont pu faire ressortir le point de vue social comme le fera cette philosophie nouvelle.

Les régimes antérieurs développaient si peu les affections bienveillantes et désintéressées qu'ils ont été conduits à en nier l'existence, tantôt d'après de vaines subtilités scolastiques, tantôt sous l'empire de préoccupations relatives au salut personnel.

Aucun sentiment n'est développable sans un exercice spécial et permanent, surtout s'il est peu prononcé.

Le sens moral, dont le degré social constitue la plus complète manifestation, a été ébauché jusqu'ici par une culture indirecte et factice. Quand une véritable éducation aura familiarisé les esprits modernes avec les notions de solidarité et de perpétuité que suggère la contemplation de l'évolution humaine, ils sentiront la supériorité morale d'une philosophie qui rattache chacun de nous à l'existence de l'humanité, envisagée dans l'ensemble des temps et des lieux.

La religion ne pouvait reconnaître que des individus, passagèrement réunis, tous absorbés par la préoccupation du salut éternel, et dont l'association finale, vaguement reléguée au ciel, n'offrait à l'imagination qu'un type stérile, faute d'un but saisissable.

La restriction de toutes les espérances à la vie réelle fournira de nouveaux moyens de rattacher l'évolution de chacun à celle du genre humain, dont la considération est seule propre à satisfaire le besoin d'éternité inhérent à notre nature.

Le respect scrupuleux pour la vie de l'homme, qui a toujours augmenté à mesure que la sociabilité s'est développée, s'accroîtra par l'extinction d'un espoir chimérique, dont la préoccupation dispose à déprécier chaque existence présente, si accessoire en comparaison de la vie future. La philosophie positive se présente donc comme plus apte que toute autre à favoriser la sociabilité.

L'esprit philosophique n'étant que le bon sens systématisé, on peut assurer que, du moins sous sa forme spontanée, il maintient seul, depuis plus de trois siècles, l'harmonie générale, malgré les perturbations dogmatiques inspirées ou tolérées par l'ancienne philosophie. Les divagations de la théologie et de la métaphysique auraient depuis longtemps bouleversé le monde, si la résistance instinctive de la raison vulgaire n'en avait contenu l'application sociale.

Conformément à ses différentes aptitudes, la morale positive représentera le bonheur de chacun comme dépendant de la plus complète manifestation des actes bienveillants et des émotions sympathiques envers l'ensemble de l'espèce humaine, et même envers tous les êtres sensibles qui lui sont subordonnés. Son efficacité sera d'autant plus assurée qu'elle s'adaptera aux exigences variables de chaque condition, individuelle ou sociale.

L'immobilité de la morale religieuse devait, au temps même de son principal empire, lui enlever presque toute sa force à l'égard de situations qui, développées après sa constitution initiale, n'avaient pu être prévues.

Avant que l'avenir ne rende manifeste les attributs moraux de la philosophie positive, c'est aux philosophes, précurseurs naturels de l'humanité, qu'il appartient de les faire ressortir aux yeux de tous par la supériorité de leur conduite, personnelle, domestique et sociale.

C'est ainsi que d'irrécusables exemples prouveront la possibilité de développer, d'après des motifs purement humains, un sentiment assez complet de la morale pour déterminer, en toute circonstance, soit une invincible répugnance pour toute violation de ses lois, soit une ardente impulsion aux plus actifs dévouements.

Après avoir caractérisé l'influence de la philosophie positive relativement à la science et à la morale, nous devons apprécier son action en politique. Nous nous bornerons à envisager la division qui doit exister entre l'organisme spirituel ou théorique et l'organisme temporel ou pratique. Nous en avons examiné l'avènement initial ; il nous reste à en juger le développement normal et l'application permanente.

La tentative du catholicisme, au moyen âge, malgré son mérite et son efficacité, a marqué, à cet égard, le but de la civilisation, sans ébaucher une solution politique qui devait dépendre d'une autre philosophie et se rapporter à une sociabilité plus avancée. Cette tentative a été, pendant les cinq siècles de transition, de plus en plus discréditée en raison de son adhérence à des doctrines arriérées, devenues oppressives. Au contraire, l'utopie transmise par la métaphysique grecque à la métaphysique moderne a pris une consistance croissante.

La civilisation actuelle assigne, en tout genre, une participation distincte à la force matérielle et à la puissance intellectuelle, dont la division et le classement, jusqu'ici confus, sont réservés à l'avenir. L'équilibre passager de ces deux pouvoirs est résulté, au moyen âge, d'un antagonisme empirique tenant au développement du système monothéiste sous une sociabilité antérieure.

L'évolution a retiré une grande utilité d'une première consécration de l'indépendance de la morale à l'égard de la politique. L'avenir devra reprendre l'ensemble de la constitution moderne à partir de cette opération initiale, conçue et conduite d'une manière insuffisante, vu l'inaptitude de la philosophie correspondante.

Le catholicisme a institué une séparation entre les règles de la conduite et leurs applications aux divers cas spéciaux, par une opposition mystique entre les intérêts célestes et les intérêts terrestres, comme le rappellent les dénominations usitées.

Si la prépondérance de l'activité pratique n'avait pas dirigé, vers sa destination sociale, un moyen logique aussi imparfait, les sociétés modernes eussent été converties en stériles thébaïdes ; la pensée du salut personnel aurait absorbé toute autre considération.

Quand le point de vue terrestre a prévalu sur le point de vue céleste, l'indépendance de la morale à l'égard de la politique s'est trouvée compromise, malgré son harmonie avec la nature de la sociabilité moderne, parce qu'elle n'avait plus aucune base capable de résister aux idées révolutionnaires.

La philosophie positive subordonne la morale elle-même au point de vue social en rapportant tout, non pas à l'homme, mais à l'humanité.

Les lois morales sont, comme les lois intellectuelles, mieux appréciables dans l'organisme collectif que dans l'organisme individuel. Le type du perfectionnement humain, identique pour l'individu et pour l'espèce, est plus caractérisé par l'évolution sociale que par l'évolution personnelle. La morale ne cessera jamais de rattacher son point de départ à la politique.

La philosophie positive conciliera les attributs opposés que la sagesse spontanée de l'humanité a manifestés successivement dans l'antiquité et au moyen âge.

Le régime monothéiste a proclamé l'indépendance de la morale, ou plutôt son caractère supérieur.

Il y avait une tendance éminemment sociale au fond de l'antique subordination de la morale à la politique, que le régime polythéiste avait portée jusqu'à une pernicieuse confusion, impossible à éviter alors, et indispensable à l'activité militaire.

L'antiquité a offert un système politique complet, comportant une entière homogénéité, et capable de conserver, pendant une longue suite de siècles, un caractère identique. Le polythéisme a présenté deux modes distincts, l'un conservateur et stationnaire sous l'ascendant théocratique, l'autre actif et progressif sous l'impulsion militaire.

Le grand effort politique, tenté au moyen âge, que l'avenir pourra réaliser, consiste dans la conciliation des propriétés opposées de ces deux régimes, dont l'un conférait la prépondérance sociale au pouvoir théorique, et l'autre au pouvoir pratique.

Tout en distinguant les exigences respectives de l'éducation et de l'action, il importera de conserver à la pratique la direction des actes journaliers. L'autorité théorique devra rester consultative. L'économie des sociétés modernes révèle déjà l'ébauche d'une telle pondération dans les rapports de l'art et de la science. Il s'agit d'étendre cette relation aux opérations les plus importantes et les plus difficiles.

La théorie doit être indépendante, pour que son essor, et par suite celui de la pratique, ne soit pas entravé. Elle est impuissante à diriger les opérations usuelles. La sagesse pratique doit y présider à l'emploi des lumières spéculatives. Une longue expérience a consacré cette nécessité dans les cas les plus simples. Des motifs analogues doivent à plus forte raison la faire sentir dans les cas les plus compliqués.

La philosophie positive dissipera les erreurs des ambitions spéculatives, qui tiennent à la nature mystique et absolue des théories initiales inspirant, pour l'esprit pratique, un profond dédain. Le progrès dépend de l'accord de ces deux modes de la sagesse humaine.

L'art politique est propre à faire apprécier la valeur de la sagesse pratique, qui s'y est montrée jusqu'ici supérieure à la sagesse théorique. Plus l'art est éminent, plus il importe que la théorie soit séparée de la pratique, et que celle-ci conserve la direction effective de chaque opération.

En politique, les mesures dictées par les circonstances surpassent les superbes inspirations de théories mal établies. Une telle différence diminuera avec le progrès des spéculations sociales. L'intérêt commun ne cessera jamais d'exiger la prépondérance journalière du pouvoir pratique ou matériel. De son côté, le pouvoir pratique devra respecter l'indépendance du pouvoir théorique ou intellectuel, et reconnaître la nécessité d'en comprendre les indications abstraites parmi les éléments de chaque détermination concrète.

La nouvelle philosophie permettra une association spirituelle beaucoup plus vaste que n'a jamais pu le comporter la philosophie antérieure. L'esprit positif constituera une harmonie mentale jusqu'ici impossible, et déterminera une communion intellectuelle et morale plus complète, plus étendue et plus stable que toute communion religieuse.

Malgré la vaine consécration qu'une aveugle routine accorde encore aux prétentions surannées de la philosophie théologique, c'est sous son inspiration que l'occident européen s'est décomposé, depuis cinq siècles, en nationalités indépendantes, dont la solidarité ne pourra être établie que par une rénovation totale.

L'organisme positif deviendra plus moral et moins politique sans faire perdre à la puissance pratique sa prépondérance. Cette progression ne sera pas moins favorable à la liberté qu'à l'ordre. A mesure que l'association intellectuelle et morale se consolidera en s'étendant, la concentration temporelle diminuera faute de besoin, et permettra le progrès spécial de chaque élément politique.

L'inévitable discordance des passions déterminera, malgré les plus sages mesures, des conflits dans l'ensemble de l'économie positive, comme en tout autre système antérieur. Leur principale intensité se rapportera plus à l'institution du nouveau régime qu'à son développement.

Dans un prochain avenir, surgiront de grandes luttes intestines, occasionnées par l'anarchie intellectuelle et morale.

Ces luttes, qui sont partout imminentes, se produiront d'abord entre les entrepreneurs et les travailleurs, et ensuite, par une influence moins aperçue et qui sera un peu plus tardive, entre les habitants des villes et ceux des campagnes.

Il n'y a de systématisé aujourd'hui que ce qui est destiné à disparaître. Tout ce qui n'est pas encore systématisé engendrera d'inévitables collisions. Dans cette orageuse situation, la philosophie positive trouvera la première épreuve de son efficacité politique, en même temps qu'une irrésistible stimulation à conquérir l'ascendant social.

Une intime solidarité s'établira entre les tendances philosophiques et les impulsions populaires. Après avoir déterminé l'avènement de l'économie positive, cette puissante liaison mutuelle en deviendra le plus ferme appui. La même philosophie qui aura fait reconnaître la suprématie de la raison commune fera pareillement admettre, sans aucun danger d'anarchie, la prépondérance des besoins populaires en fondant l'empire de la morale, qui dominera les inspirations de la science et les déterminations de la politique.

Après des orages passagers, qui résulteront surtout de l'inégal développement des besoins de la pratique et des résultats de la théorie, l'application de la philosophie positive conduira l'humanité au système social le plus convenable à sa nature. Ce système surpassera en homogénéité, en extension et en stabilité tout ce que le passé a pu édifier.

Pendant que les opinions, les mœurs et les institutions propres à la sociabilité moderne se développeront au milieu des événements les plus décisifs, la philosophie positive montrera, au sujet des beaux-arts, une quatrième aptitude, complémentaire de toutes les autres.

En étudiant le cours de l'évolution, j'ai fait ressortir

l'influence du sentiment esthétique dans l'ensemble de l'existence, individuelle ou collective, pour charmer également les êtres les plus vulgaires et les plus éminents en donnant aux uns plus d'élévation, aux autres plus de douceur. Sous cet aspect, les beaux-arts gagneront beaucoup à l'avènement du régime positif, qui saura les incorporer à l'économie sociale, à laquelle ils sont jusqu'ici restés étrangers.

La prépondérance du point de vue humain et de l'esprit d'ensemble seront favorables aux dispositions esthétiques, soit dans ce degré modéré qui suffit à déterminer un véritable goût, soit dans cette intensité qui constitue une vocation réelle.

Les circonstances les plus convenables au développement des beaux-arts ne se sont trouvées réunies que sous le régime polythéiste. La vie publique était alors caractérisée par l'activité militaire, dont l'idéalisation est, à tous égards, épuisée.

A peine ébauchée, l'activité laborieuse et pacifique, propre à la civilisation moderne, n'a pu encore être appréciée au point de vue esthétique.

L'art est comme la science, et comme l'industrie : loin d'avoir vieilli, il n'est pas assez formé; parce qu'il ne s'est pas dégagé du type que l'antiquité lui a légué.

Les œuvres admirables des cinq derniers siècles prouvent, contrairement à de vains préjugés, la conservation des facultés esthétiques et même leur accroissement continu dans le milieu le moins favorable.

L'existence moderne trouvera une idéalisation, dès que son caractère sera nettement marqué. Le double sentiment du vrai et du bien ne peut pas se développer sans faire naître le sentiment du beau. Ce dernier effet de la philosophie positive est intimement lié à chacun des trois autres.

Divinisant le type humain, la philosophie théologique devait être longtemps favorable à l'élan de l'imagination. Cette aptitude, très prononcée sous le polythéisme, s'est maintenue, pendant l'âge du monothéisme, par l'étrange expédient qui, au milieu du plus fervent catholicisme, vint prolonger l'influence contradictoire de la principale époque religieuse.

La conception de la divinité ou plutôt des dieux est devenue plus impuissante sous l'aspect esthétique qu'elle ne l'est au point de vue intellectuel et social.

Quant à la vaine entité, la nature, par laquelle la métaphysique a tenté de remplacer cette croyance initiale, sa stérilité est aussi évidente en poésie qu'en philosophie et en politique.

Le principal résultat de la progression moderne consiste dans la convergence de toutes les conceptions vers la notion de l'humanité, qui comportera, sans aucun artifice, une immense aptitude esthétique, quand elle aura convenablement prévalu.

Il y aura une source inépuisable de grandeur poétique dans la conception de l'homme, envisagé comme le chef suprême de l'économie naturelle, la modifiant sans cesse à son avantage par une sage hardiesse, affranchi de tout vain scrupule, libre de toute terreur oppressive, et ne reconnaissant d'autres limites que celles des lois positives, découvertes par son intelligence.

Précédemment, au contraire, l'humanité était passivement assujettie à une arbitraire direction, de laquelle dépendaient toutes ses entreprises.

L'action de l'homme sur la nature, encore si imparfaite, ne s'est manifestée pleinement que chez les modernes. Ce résultat d'une pénible évolution sociale n'a pu comporter aucune idéalisation.

A l'imitation de la poésie antique, l'art a continué de chanter la merveilleuse sagesse de la nature, même depuis que la science a constaté l'imperfection de cet ordre si vanté.

Depuis les plus simples appareils mécaniques jusqu'aux plus éminentes institutions sociales, les ouvrages humains sont supérieurs à tout ce qu'offre de plus parfait l'économie que l'homme ne dirige pas, où la grandeur des masses est la principale cause des admirations antérieures.

C'est en exaltant les prodiges de l'homme, sa conquête de la nature, les merveilles de sa sociabilité, que le génie esthétique trouvera des inspirations neuves et puissantes, capables de la plus grande popularité, parce qu'elles seront en harmonie avec le sentiment de notre supériorité et avec l'ensemble de nos convictions.

Loin d'être limitée à la poésie, la régénération de l'art moderne s'étendra successivement à tous les autres moyens d'expression idéale, suivant l'ordre de leur hiérarchie. L'esprit positif deviendra la base d'une rénovation esthétique, non moins nécessaire que la rénovation intellectuelle et sociale, dont elle est inséparable.

Ce rapide exposé de l'action propre à la méthode positive termine l'œuvre que j'ai osé concevoir et exécuter, pour compléter celle qui fut entreprise par Bacon et Descartes.

Dégagée de la métaphysique autant que de la théologie, et parvenue à l'état pleinement positif, mon intelligence s'efforce d'attirer au même point tous les penseurs énergiques.

FIN

DE LA MÉTHODE POSITIVE EN SEIZE LEÇONS

TABLE DES MATIÈRES

	Préface	VII
Ire Leçon. —	Nature et importance de la méthode positive	1
IIe Leçon. —	Hiérarchie des sciences positives	15
IIIe Leçon. —	Science mathématique abstraite	31
IVe Leçon. —	Géométrie	39
Ve Leçon. —	Mécanique	48
VIe Leçon. —	Astronomie	62
VIIe Leçon. —	Physique	78
VIIIe Leçon. —	Chimie	93
IXe Leçon. —	Biologie	107
Xe Leçon. —	Sociologie	153
XIe Leçon. —	Statique sociale	194
XIIe Leçon. —	Dynamique sociale	214
XIIIe Leçon. —	Évolution des sociétés humaines	246
XIVe Leçon. —	La Révolution Française	259
XVe Leçon. —	Ensemble de la méthode positive	273
XVIe Leçon. —	Action finale propre à la méthode positive	315

IMPRIMERIE DESLIS FRÈRES ET Cie, TOURS.

www.ingramcontent.com/pod-product-compliance
Ingram Content Group UK Ltd.
Pitfield, Milton Keynes, MK11 3LW, UK
UKHW021847190726
13855UKWH00001B/188

9 782013 548656